海上油田举升工艺创新与实践

杨万有　刘　敏　刘义刚
张光一　黄　波　郑春峰　等　著

科学出版社
北　京

内 容 简 介

本书是海上油田举升工艺技术成果与经验的总结，系统介绍了举升工艺技术方面所取得的研究及实践成果。全书按照大液量油井举升工况、低液量油井举升工况、高含气油井举升工况、腐蚀/高温/出砂/高含蜡特殊油井举升工况及同井注采等不同应用场景，以实用性为重要目标，全面详细地介绍了不同举升方式的工艺原理、系统结构、关键工具、设备组成、使用环境及典型井矿场应用效果分析。

本书可使采油工作人员、技术人员从不同角度了解和掌握海上油田举升技术发展水平，有助于解决实际生产中的问题；也可供油气田开发与开采相关领域的科研技术人员、管理人员和石油高等院校相关专业的师生参考。

图书在版编目(CIP)数据

海上油田举升工艺创新与实践 / 杨万有等著. —北京：科学出版社，2024.6

ISBN 978-7-03-073993-3

Ⅰ. ①海… Ⅱ. ①杨… Ⅲ. ①海上油气田－人工举升 Ⅳ. ①TE93-62

中国版本图书馆 CIP 数据核字(2022)第 222605 号

责任编辑：万群霞 崔元春 / 责任校对：王萌萌
责任印制：师艳茹 / 封面设计：无极书装

科学出版社出版
北京东黄城根北街 16 号
邮政编码：100717
http://www.sciencep.com
北京盛通数码印刷有限公司印刷
科学出版社发行 各地新华书店经销
*
2024 年 6 月第 一 版 开本：787×1092 1/16
2024 年 6 月第一次印刷 印张：15 1/4
字数：358 000

定价：230.00 元

(如有印装质量问题，我社负责调换)

本书主要作者

杨万有　刘　敏　刘义刚　张光一　黄　波　郑春峰

李　昂　李令喜　赵景辉　詹　敏　黄新春　苏作飞

前言

中国海洋石油工业的发展源于20世纪60年代初期。进入80年代初期，随着中国的改革开放，中国海洋石油集团有限公司（简称中国海油）在海洋石油工业领域开辟了一条引进、消化、吸收、再创新的高速发展道路。截至2019年底，中国海油在中国海上拥有的4个产油区开发井5000余口，油气总产量超7000万m^3油当量，原油产量超5000万t，创历史新高，呈现高质量发展态势。举升工艺是完成油田开发指标和原油生产任务重要的工程技术保证。

海上油田举升工艺面临着海上油藏性质复杂、海洋自然环境恶劣、工程投资高、风险大等挑战，因此对其提出了更高的要求。海上油田地质油藏的特点是构造破碎、断裂发育、复杂多油水系统及边底水能量充足等。储层以河流相、三角洲、古潜山为主，埋深范围广（1300～5000m），储层温度为60～150℃，原油物性丰富多样，既有稠油油藏，也有轻质油油藏和凝析油气藏。稠油具有相对密度大、高黏度、低含硫、高含蜡、凝固点变化大（–35～18℃）等特点，凝析油或轻质油具有低密度、低黏度、低含硫、低凝固点、低含蜡量等特点，产液量范围广，绝大部分井产液量100～800m^3/d（最高大于4000m^3/d）、部分井产液量低于50m^3/d，多数油田综合含水率已超过80%，采油方式以人工举升为主，机采井产油量占90%以上，人工举升方式以电泵为主，其占人工举升总井数的97%，气举、电潜螺杆泵、直线电机往复泵、射流泵为辅。海上油田人工举升具有“四多三大二复杂”的特点：“四多”指机采井多、水源井多、井口平台数量多、举升机组种类多；“三大”指机组排量和扬程跨度大、开采介质黏度差异大、机组适应温差大；“二复杂”指井型复杂、开采条件复杂。井型以大斜度井和水平井为主，产出流体具有腐蚀性、高气液比、高含蜡等特点，地层易出砂，海上作业空间受限、作业费用高、受气候影响大。经过几十年的发展，海上油田人工举升工艺技术已建成完善的技术体系，形成了具有自主特色的举升方式优选、系列化举升设备研发、举升系统参数优化、新型举升工艺技术研发及配套工具研制的技术体系。

本书从海上油田举升工艺技术应用现状及面临的诸多问题出发，系统介绍了海上油田在举升工艺技术方面所取得的研究及实践成果。鉴于此，作者基于现有的常规举升相关文献和二十余年来积累的海上油田高效举升工艺方面的科研技术成果及矿场实践积累的宝贵经验，并吸收国内外文献中的新理论、新方法，加以系统总结和合理编排，著成此书。在编排上，本书遵循问题分析、举升工艺、配套工具及矿场实践的顺序，注重新型举升工艺的创新与实践，以实用性为重要目标，对不同举升方式的工艺原理、系统结构、关键工具、设备组成、使用环境及典型井矿场应用效果分析等均给出了详细的阐述。

本书是海上油田举升工艺技术成果与经验的总结。全书分为6章：第1章主要论述油井流入动态与井筒温压计算方法，由李昂、任维娜、尹莎莎等人撰写；第2章主要论述大液量油井举升工艺创新与实践，包括大泵提液增产工艺和宽幅电泵举升工艺，由郑春峰、杜丹阳、李令喜等撰写；第 3 章主要论述低液量油井举升工艺创新与实践，包括直线电机往复泵举升工艺、水力射流泵举升工艺及电潜螺杆泵举升工艺技术，由赵景辉、甄东芳、安程、谢双喜等撰写；第 4 章主要论述高含气油井举升工艺创新与实践，包括气体加速泵举升工艺、高效气体处理器技术、气举举升工艺及井下管道式高效气液分离举升工艺技术，由谢双喜、詹敏、郑春峰、孙靖云、付军、策莎莎、苏作飞等撰写；第 5 章主要论述特殊工况举升工艺创新与实践，包括腐蚀井况举升工艺、高温井况举升工艺、出砂井况举升工艺、高含蜡井况举升工艺及双泵举升工艺技术，由李令喜、沈琼、李昂、黄新春、付军、罗会刚、刘韬、高强等撰写；第 6 章主要论述同井采油采气工艺创新与实践，包括同井采油采气管柱工艺及其配套工具，由马喜超、张凤辉、薛德栋等撰写。全书由杨万有、刘敏、刘义刚、张光一、黄波、郑春峰、李昂统稿。

本书是项目参与者集体智慧的结晶。本书是在中海油能源发展股份有限公司领导的大力支持和帮助下完成的。本书在撰写及出版过程中得到了中海石油（中国）有限公司天津分公司领导、专家的大力支持与帮助，在此一并致谢。

由于海上油田储层地质条件复杂，井下工况环境复杂，井下作业涉及步骤复杂，加之作者水平有限，书中难免存在不足之处，敬请读者多提宝贵意见！

作　者

2023 年 11 月

目录

第1章 油井流入动态与井筒温压计算方法

油气从油层流入井底和在井筒中的流动是石油开采的两个重要流动过程。准确预测油井流入动态、精准模拟井筒流体多相流动规律是油井举升方式设计和生产动态分析的理论基础。油气从油层流入井底遵循渗流规律，在井筒中的流动大都是油、气两相或油、气、水三相混合流动，因此研究气液混合物在油管中的流动规律是举升工艺参数优化设计的基础。

海上油田举升方式包括自喷和人工举升，人工举升方式产油量贡献占比超过90%，人工举升方式以电泵为主，自喷、气举、电潜螺杆泵、射流泵及直线电机往复泵为辅，其中电泵井占人工举升总井数的97%以上。因此，本章以电泵井为例，介绍海上油田油井流入动态计算方法、井筒多相流体计算方法、节点系统分析方法。

1.1 油井流入动态计算方法

油井流入动态是指油井产量与井底流压之间的关系，反映了油藏向该井供油的能力，与油藏类型、油井类型、流体性质和相态及开发方式等有关，是各类举升工艺设计的基础。表示产量与井底流压关系的曲线称为流入动态曲线(inflow performance relationship curve)，简称IPR曲线，也称指示曲线(index curve)。海上油田以定向井和水平井为主，常用的流入动态计算方法有Vogel方法、PetroBras方法、Cheng方法、水平井产能方法等。

1.1.1 Vogel方法

对于溶解气驱油藏，原始饱和油藏在$\overline{P_{\mathrm{r}}}$(原始油藏压力)$>P_{\mathrm{wf}}$(井底流压)$>P_{\mathrm{b}}$(饱和压力)条件下，其IPR曲线呈现直线形态；随生产时间延长，井底流压降至饱和压力以下时，即出现$\overline{P_{\mathrm{r}}}>P_{\mathrm{b}}>P_{\mathrm{wf}}$，应用Vogel方法做出的IPR曲线将呈现曲线(抛物线)形态。当测试点位于直线段时，产油指数(J)可以直接用$J=q_{\mathrm{o}}/(\overline{P_{\mathrm{r}}}-P_{\mathrm{wf}})$公式求取；当测试点位于曲线段时，生产指数的求取应结合Vogel公式进行。

Vogel(1968)针对不同流体性质、气油比、相对渗透率、井距及压裂过的井和油层受损害的井等各种情况下的21个溶解气驱油藏进行了计算，得出下面的经验公式：

$$\frac{q_{\mathrm{o}}}{q_{\mathrm{o\,max}}}=1-0.2\frac{P_{\mathrm{wf}}}{\overline{P_{\mathrm{r}}}}-0.8\left(\frac{P_{\mathrm{wf}}}{\overline{P_{\mathrm{r}}}}\right)^2 \tag{1-1-1}$$

式中，q_{o}为产油量，$\mathrm{m^3/d}$；$q_{\mathrm{o\,max}}$为最大产油量，$\mathrm{m^3/d}$。

当$P_{wf} > P_b$时，由于油藏中全部为单相液体流动，采油指数为常数，IPR 曲线为直线。此时的流入动态可以用式(1-1-2)表示：

$$q_o = J\left(\overline{P_r} - P_{wf}\right) \tag{1-1-2}$$

当$P_{wf} = P_b$时，有

$$q_o = J\left(\overline{P_r} - P_b\right) \tag{1-1-3}$$

当$P_{wf} < P_b$时，油藏中出现两相流动，IPR 曲线将由直线变成曲线。如果用P_b及q_c（$q_c = q_{o\max} - q_b$，q_b为饱和压力条件下的产油量）分别代替 Vogel 方程中的$\overline{P_r}$及$q_{o\max}$，则可用 Vogel 方程来描述$P_{wf} < P_b$时的流入动态，即

$$q_o = q_b + q_c\left[1 - 0.2\frac{P_{wf}}{P_b} - 0.8\left(\frac{P_{wf}}{P_b}\right)^2\right] \tag{1-1-4}$$

分别对式(1-1-3)和式(1-1-4)求导得

$$\frac{dq_o}{dP_{wf}} = -J, \quad \frac{dq_o}{dP_{wf}} = -0.2\frac{q_o}{P_b} - 1.6q_o\frac{P_{wf}}{P_b^2} \tag{1-1-5}$$

在$P_{wf} = P_b$点，上述两导数相等，即$-J = -0.2\frac{q_c}{P_b} - 1.6q_o\frac{P_{wf}}{P_b^2}$，从而可得$q_c = \frac{JP_b}{1.8}$，将其与式(1-1-3)一起代入式(1-1-4)得

$$q_o = J(\overline{P_r} - P_b) + \frac{JP_b}{1.8}\left[1 - 0.2\frac{P_{wf}}{P_b} - 0.8\left(\frac{P_{wf}}{P_b}\right)^2\right] \tag{1-1-6}$$

1.1.2 PetroBras 方法

利用 PetroBrass 方法计算综合 IPR 曲线的实质是按含水率取纯油 IPR 曲线和水 IPR 曲线的加权平均值。当已知测试点计算采液指数时，可按产量进行加权平均；当已知预测产量或流压时，可按流压进行加权平均(孙大同和张琪，1995)。

1. 采液指数(J_1)计算

已知一个测试点的井底流压$P_{wf(test)}$、对应产量$q_{t(test)}$、饱和压力P_b及原始油藏压力$\overline{P_r}$。当$P_{wf(test)} \geqslant P_b$时：

$$J_1 = \frac{q_{t(test)}}{\overline{P_r} - P_{wf(test)}} \tag{1-1-7}$$

当 $P_{wf(test)} < P_b$ 时，因为

$$q_{oil} = q_b + (q_{o\max} - q_b)\left[1 - 0.2\left(\frac{P_{wf(test)}}{P_b}\right) - 0.8\left(\frac{P_{wf(test)}}{P_b}\right)^2\right] \tag{1-1-8}$$

$$q_{water} = J_1\left(\overline{P_r} - P_{wf(test)}\right) \tag{1-1-9}$$

式中，$q_b = J_1(\overline{P_r} - P_b)$；$q_{o\max} - q_b = \dfrac{J_{1Pb}}{1.8}$；$q_{o\max} = q_b + \dfrac{J_1 P_b}{1.8}$；$q_{oil}$ 为在 $P_{wf(test)}$ 下纯油 IPR 曲线的产油量，m^3/d；q_{water} 为在 $P_{wf(test)}$ 下水 IPR 曲线的产水量，m^3/d。

因此推出采液指数表达式为

$$J_1 = \frac{q_{t(test)}}{(1 - f_w)\left(\overline{P_r} - P_b + \dfrac{P_b}{1.8}A\right) + f_w\left(\overline{P_r} - P_{wf(test)}\right)} \tag{1-1-10}$$

式中，$A = 1 - 0.2\left(\dfrac{P_{wf(test)}}{P_b}\right) - 0.8\left(\dfrac{P_{wf(test)}}{P_b}\right)^2$；$f_w$ 为含水率，无量纲。

2. 某一产量 (q_t) 下的井底流压 P_{wf} 计算

若 $0 < q_t < q_b$，则有

$$P_{wf} = \overline{P_r} - \frac{q_t}{J_1} \tag{1-1-11}$$

若 $q_b < q_t < q_{o\max}$，则按井底流压加权平均进行推导：

$$P_{wf} = (1 - f_w)P_{wf(oil)} + f_w P_{wf(water)} \tag{1-1-12}$$

式中，$P_{wf(oil)}$ 为对应产量 q_t 时纯油 IPR 曲线上的井底流压，MPa；$P_{wf(water)}$ 为对应产量 q_t 时水 IPR 曲线上的井底流压，MPa。

用组合 IPR 曲线计算：

$$P_{wf(oil)} = 0.125P_b\left(-1 + \sqrt{81 - 80 \times \frac{q_t - q_b}{q_{o\max} - q_b}}\right) \tag{1-1-13}$$

用恒定生产指数公式计算 $P_{wf(water)}$ 时有

$$P_{wf(water)} = \overline{P_r} - \frac{q_t}{J_1} \tag{1-1-14}$$

于是可以推出

$$P_{wf} = f_w\left(\overline{P_r} - \frac{q_t}{J_1}\right) + 0.125(1-f_w)P_b\left(-1+\sqrt{81-80\times\frac{q_t - q_b}{q_{o\max} - q_b}}\right) \tag{1-1-15}$$

若 $q_{omax} < q_t < q_{tmax}$（$q_{tmax}$ 为最大产液量），则综合 IPR 曲线的斜率可近似为常数，因为

$$\left.\frac{dP_{wf}}{dq_t}\right|_{q_t - q_{o\max}} = \frac{8f_w - 9}{J_1} \tag{1-1-16}$$

所以

$$P_{wf} = f_w\left(\overline{P_r} - \frac{q_{o\max}}{J_1}\right) + \frac{(q_t - q_{o\max})(8f_w - 9)}{J_1} \tag{1-1-17}$$

1.1.3 Cheng 方法

因为斜井和水平井的流入动态与垂直井不同，所以不能把 Vogel 方程不加验证地直接运用于斜井和水平井。

Cheng 对溶解气驱油藏中的斜井和水平井进行了数值模拟，并用回归方法得到了类似 Vogel 方程的不同井斜角井的 IPR 回归方程（张琪，2000）：

$$q' = A' - B(P') - C(P')^2 \tag{1-1-18}$$

式中，$P' = \frac{P_{wf}}{\overline{P_r}}$；$q' = \frac{q_o}{q_{o\max}}$；$A'$、$B$、$C$ 为取决于井斜角系数（表 1-1-1）。

表 1-1-1 不同井斜角系数表

井斜角/(°)	A'	B	C
0	1	0.2	0.8
15	0.9998	0.221	0.7783
30	0.9969	0.1254	0.8682
45	0.9946	0.0221	0.9663
60	0.9926	–0.0549	1.0395
75	0.9915	–0.1002	1.0829
85	0.9915	–0.112	1.0942
88.56	0.9914	–0.1141	1.0964
90	0.9885	–0.2055	1.1818

1.1.4 水平井产能方法

Joshi（1988）根据电场流理论，假定水平井的泄油体是以水平段两端点为焦点的椭圆，给出了水平油井的产能公式：

$$q_o = \frac{2\pi k_h h\left(P_r - P_{wf}\right)}{B_o \mu_o \ln\left[\frac{a+\sqrt{a^2+\left(L/2\right)^2}}{L/2}\right]+\frac{h}{L}\ln\left(\frac{h}{2\pi r_w}\right)} \tag{1-1-19}$$

式中，k_h为水平井的水平渗透率，m^2；μ_o为原油的黏度，Pa·s；B_o为原油体积系数(m^3/m^3)；L为水平井的水平段长度，m；r_w为水平井的井筒半径，m；h为油层厚度 m；a为水平井排驱面积椭圆的半长，m；q_o为水平井产油量，m^3/s；P_r为地层压力，Pa。

1.2 海上油田井筒多相流计算方法

多相管流理论是贯穿于石油开采全过程的基本理论。油、气、水三相流体在井筒中流动受各项介质的特性和介质的压力、流量、质量流速及流道的影响，其流型非常复杂。在垂直管中气液两相混合物的流型大致分为泡状流、段塞流、搅动流、环状流和雾状流 5 种。在水平管中气、液两相混合物的流型可分为泡状流、团状流、层状流、波浪流、段塞流、环状流和雾状流 7 种。与垂直管和水平管相比，倾斜管中气液两相混合物的流型更为复杂。目前国内外常用的多相管流计算相关式有很多种，不同的多相管流计算相关式有不同的适用条件(表 1-2-1)。海上油田推荐使用 Beggs 和 Brill(1973)、Hagedorn 和 Brown(1965)、Orkiszewski(1967)计算相关式[中海油能源发展股份有限公司工程技术分公司和中海石油(中国)有限公司深圳分公司，2016]。

表 1-2-1 常用多相管流计算相关式适用条件

序号	方法	类型	适用条件
1	Fancher 和 Brown 计算方法	A	不考虑滑脱、不做流型划分
2	Hagedorn 和 Brown 计算方法	B	建立了持液率和两相摩阻系数相关公式，是适用于所有流态计算的普适化相关式，适用于垂直油井和含水气井
3	Gray 计算方法	B	适用于凝析气井、高气液比井
4	Duns 和 Ros 计算方法	C	适用于气液两相垂直管流(尤其对雾流流态计算精度较高)，以及垂直自喷井、气井、气举井管流计算，对于低流量、高黏度的油井适用性较差
5	Orkiszewski 计算方法	C	适用于不同流型组合(泡状流、段塞流、段塞流与雾状流过渡区、雾状流)，以及垂直油井气液两相管流计算
6	Beggs 和 Brill 计算方法	C	适用于垂直井、定向井和水平井井筒两相流计算
7	Mukherjee 和 Brill 计算方法	C	在 Beggs 和 Brill 的基础上提出的更为适用的倾斜管(水平管)两相流流型判别准则与持液率及摩阻系数的经验公式，适用于垂直井、定向井和水平井井筒两相流计算

注：A-不考虑滑脱，不做流型划分；B-考虑滑脱，不做流型划分；C-考虑滑脱并划分流型。

1.2.1 Beggs 和 Brill 计算方法

1973 年，Beggs 和 Brill 基于均相流动能量守恒方程式得出压力梯度计算方法，将气液两相管流的流型归并为分离流、间歇流和分散流，并在分离流与间歇流之间增加了过渡流，采用了内插法计算。

1. 压力梯度计算方法

在假设气液混合物既未对外做功，也未受外界功条件下，单位质量气液混合物稳定流动的机械能量守恒方程为

$$-\frac{\mathrm{d}P}{\mathrm{d}z}=\rho g\sin\theta+\rho\frac{\mathrm{d}E}{\mathrm{d}z}+\rho v\frac{\mathrm{d}v}{\mathrm{d}z} \tag{1-2-1}$$

式中，P 为压力；ρ 为气液混合物平均密度；g 为重力加速度；v 为气液混合物平均流速；$\mathrm{d}E$ 为单位质量气液混合物的机械能量损失；z 为流动方向；θ 为管线与水平方向的夹角。

式(1-2-1)右端三项表示气液两相管流的压力降消耗于三个方面：位差、摩擦和加速度。

$$-\frac{\mathrm{d}P}{\mathrm{d}z}=\left(\frac{\mathrm{d}P}{\mathrm{d}z}\right)_{位差}+\left(\frac{\mathrm{d}P}{\mathrm{d}z}\right)_{摩擦}+\left(\frac{\mathrm{d}P}{\mathrm{d}z}\right)_{加速度} \tag{1-2-2}$$

1)位差压力梯度

位差压力梯度是指消耗于混合物静水压头的压力梯度：

$$\left(\frac{\mathrm{d}P}{\mathrm{d}z}\right)_{位差}=\rho g\sin\theta=\left[\rho_{\mathrm{L}}H_{\mathrm{L}}+\rho_{\mathrm{g}}\left(1-H_{\mathrm{L}}\right)\right]g\sin\theta \tag{1-2-3}$$

式中，ρ_{L} 为液相密度，$\mathrm{kg/m^3}$；ρ_{g} 为气相密度，$\mathrm{kg/m^3}$；H_{L} 为持液率，指在流动的气液混合物中液相的体积分数，无量纲。

2)摩擦压力梯度

摩擦压力梯度是指克服管壁流动阻力消耗的压力梯度：

$$\left(\frac{\mathrm{d}P}{\mathrm{d}z}\right)_{摩擦}=\lambda\frac{v^2}{2D}\rho=\lambda\frac{G/A_{\mathrm{g}}}{2D}v \tag{1-2-4}$$

式中，λ 为气液两相流动阻力系数，无量纲；D 为管的内径，mm；A_{g} 为管的流通截面积，$\mathrm{m^2}$；G 为气液混合物的质量流量，kg/s。

3)加速度压力梯度

加速度压力梯度是指由于动能变化而消耗的压力梯度：

$$\left(\frac{\mathrm{d}P}{\mathrm{d}z}\right)_{加速度}=\rho v\frac{\mathrm{d}v}{\mathrm{d}z} \tag{1-2-5}$$

忽略液体压缩性和考虑到气体质量流速变化远远小于气体密度变化，并应用气体状态方程由式(1-2-5)可导出：

$$\left(\frac{\mathrm{d}P}{\mathrm{d}z}\right)_{加速度}=\frac{-\rho v v_{\mathrm{sg}}}{P}\frac{\mathrm{d}P}{\mathrm{d}z} \tag{1-2-6}$$

$$v_{\mathrm{sg}}=\frac{q_{\mathrm{g}}}{A} \tag{1-2-7}$$

式中，A 为管路截面积，m^2；v_{sg} 为气相表观(折算)流速，m/s；q_{g} 为气体体积流量，m^3/s。

4) 总压力梯度

由式(1-2-3)～式(1-2-7)可得到总压力梯度为

$$-\frac{\mathrm{d}P}{\mathrm{d}z}=\frac{\left[\rho_{\mathrm{L}}H_{\mathrm{L}}+\rho_{\mathrm{g}}\left(1-H_{\mathrm{L}}\right)g\sin\theta\right]+\dfrac{\lambda G v}{2DA}}{1-\dfrac{\left[\rho_{\mathrm{L}}H_{\mathrm{L}}+\rho_{\mathrm{g}}\left(1-H_{\mathrm{L}}\right)\right]v v_{\mathrm{sg}}}{P}} \tag{1-2-8}$$

2. 流型判别方法

以弗劳德数 Fr 为纵坐标，入口体积含液率(无滑脱持液率) E_1 为横坐标绘制流型分布图，如图 1-2-1 所示：

$$Fr=\frac{v^2}{gD} \tag{1-2-9}$$

$$E_1=\frac{Q_1}{Q_1+q_{\mathrm{g}}} \tag{1-2-10}$$

式中，Q_1 为产液量。

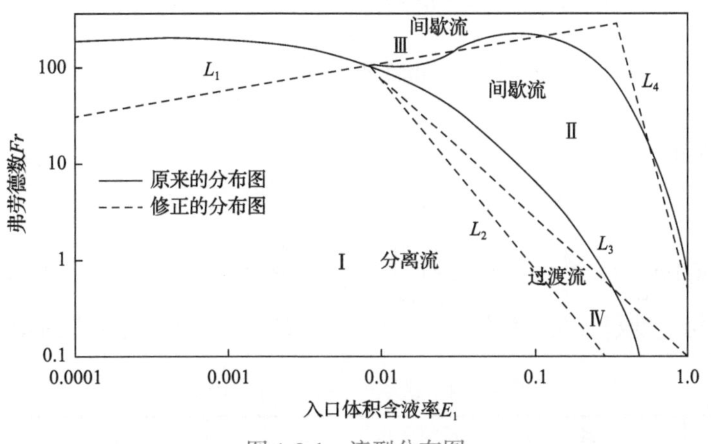

图 1-2-1　流型分布图

图 1-2-1 为流型分布图，图中用 4 条线 L_1、L_2、L_3、L_4 分成四个流型区(即Ⅰ～Ⅳ区)，在分离流与间歇流之间增加了过渡流。其中 $L_1=316E_1^{0.302}$，$L_2=92.52\times10^{-5}E_1^{-2.4684}$，$L_3=0.10E_1^{-1.4516}$，$L_4=0.5E_1^{-6.733}$。

流型判别方法见表 1-2-2。

表 1-2-2　流型判别方法

界线	流型
$E_l<0.01$ 及 $Fr<L_1$ 或 $E_l\geqslant0.01$ 及 $Fr<L_2$	分离流
$E_l\geqslant0.01$ 及 $L_2<Fr\leqslant L_3$	过渡流
$0.01\leqslant E_l<0.4$ 及 $L_3<Fr\leqslant L_1$ 或 $E_l\geqslant0.4$ 及 $L_3<Fr\leqslant L_4$	间歇流
$E_l<0.4$ 及 $Fr\geqslant L_1$ 或 $E_l\geqslant0.4$ 及 $Fr>L_4$	分散流

3. 持液率 H_L 计算

按照水平管计算，然后进行倾斜校正：

$$H_L(\theta)=H_L(0)\psi \tag{1-2-11}$$

$$H_L(\theta)=\frac{a'E_l^b}{(Fr)^c} \tag{1-2-12}$$

式中，ψ 为倾斜校正系数；a' 、b、c 均为系数，其取值与流型有关(表 1-2-3)。

表 1-2-3　系数 a'、b、c 的确定

流型	a'	b	c
分离流	0.98	0.4846	0.0868
间歇流	0.845	0.5351	0.0173
分散流	1.065	0.5929	0.0609

根据实验结果回归的倾斜校正系数的相关式为

$$\psi=1+C'\left[\sin(1.8\theta)-\frac{1}{3}\sin^3(1.8\theta)\right] \tag{1-2-13}$$

对于垂直管：

$$\psi=1+0.3C' \tag{1-2-14}$$

式中，$C'=(1-E_l)\ln\left[d(E_l)^e(N_{Lv})^f(Fr)^g\right]$，$N_{Lv}$ 为液相速度数，系数 C' 与无滑脱持液率、弗劳德数和液相速度数有关；系数 d、e、f、g 的取值与流型和流动方向相关(表 1-2-4)。

表 1-2-4　系数 d、e、f、g 的确定

流型	上/下坡	d	e	f	g
分离流	上坡	0.011	−3.768	3.539	−1.614
间歇流	上坡	2.96	0.305	−0.4473	0.0978
分散流	上坡	对于分散流，$C'=0$，不涉及系数的修正			
各种流型	下坡	4.7	−0.3692	0.1244	−0.5056

4. 混合物密度

$$\rho_L=\rho_L H_L+\rho_g\left(1-H_L\right) \tag{1-2-15}$$

式中，ρ_L 为液相密度；ρ_g 为气相密度。

5. 阻力系数

气液两相流动阻力系数 (λ) 与无滑脱气液两相流动阻力系数 (λ') 的比值和持液率与无滑脱持液率相关，其相关关系如下：

$$\frac{\lambda}{\lambda'}=e' \tag{1-2-16}$$

式中，$\lambda'=\left(2\lg\frac{Re}{4.5332\lg Re-3.8125}\right)^{-2}$。

$$S=\frac{\ln y}{-0.0523+3.18\ln y-0.8725(\ln y)^2+0.01853(\ln y)^4} \tag{1-2-17}$$

$$Re=\frac{1.474\times10-2qLM_t}{D{\mu_L}^{H_L}{\mu_g}^{(1-H_L)}} \tag{1-2-18}$$

式中，q 为产液量；μ_L 为液相黏度；μ_g 为气相黏度；M_t 为地面标准条件下每立方米气体伴生油、气、水的总质量。

当 1＜y＜1.2 时，$S=\ln(2.2y-1.2)$，$y=\frac{E_1}{\left[H_L(\theta)\right]^2}$。

两相流动的雷诺数：

$$Re=\frac{Dv\left[\rho_L E_1+\rho_g\left(1-E_1\right)\right]}{\mu_L E_1+\mu_g\left(1-E_1\right)} \tag{1-2-19}$$

气液两相流动阻力系数：

$$\lambda=\lambda' e'^S \tag{1-2-20}$$

1.2.2 Hagedorn 和 Brown 计算方法

Hagedorn 和 Brown (1965) 基于其所假设的压力梯度模型，根据现场实验数据反推管内的持液率，总结出了一个可用于各种流型下两相垂直上升管流的压降关系式。

1. 分井段井筒压力梯度计算

采用 Hagedorn 和 Brown 的方法计算井筒压力，基本方程为

$$10^6\frac{\mathrm{d}P}{\mathrm{d}h}=\rho_\mathrm{m}g+\frac{f_\mathrm{m}q_\mathrm{L}^2M_\mathrm{t}^2}{9.21\times10^9D^5\rho_\mathrm{m}}+\rho_\mathrm{m}\frac{\mathrm{d}\left(v_\mathrm{m}^2/2\right)}{\mathrm{d}h} \tag{1-2-21}$$

式中，$\mathrm{d}h$ 为垂直管深度增量，m；$\mathrm{d}P$ 为垂直管压力增量，MPa；ρ_m为气液混合物密度，$\mathrm{kg/m^3}$；f_m 为两相摩阻系数，无量纲；q_L 为地面产液量（$q_\mathrm{L}=q_\mathrm{o}+q_\mathrm{w}$，$q_\mathrm{w}$ 为地面产水量），$\mathrm{m^3/d}$；g 为重力加速度，$\mathrm{m/s^2}$；v_m为气液混合物速度，m/s。

其中，可根据质量守恒原理，确定管内任何一点的 M_t 为定值：

$$M_\mathrm{t}=10^3\gamma_\mathrm{o}f_\mathrm{o}+10^3\gamma_\mathrm{w}f_\mathrm{w}+1.205\mathrm{GLR}\gamma_\mathrm{g} \tag{1-2-22}$$

对于气水井，则 $q_\mathrm{o}=0$，$\gamma_\mathrm{o}=f_\mathrm{o}=0$，含水率 $f_\mathrm{w}=1$。

$$M_\mathrm{t}=10^3\gamma_\mathrm{w}+1.205\mathrm{GWR}\gamma_\mathrm{g} \tag{1-2-23}$$

式中，GLR 为气液比（$\mathrm{Sm^3/m^3}$）；GWR 为气水比（$\mathrm{Sm^3/m^3}$）；γ_o、γ_w、γ_g 分别为油、水、天然气的相对密度，无量纲。

气液混合物密度 ρ_m 的计算方法为

$$\rho_\mathrm{m}=\rho_\mathrm{L}H_\mathrm{L}+\rho\left(1-H_\mathrm{L}\right) \tag{1-2-24}$$

$$\rho_\mathrm{L}=\left(\frac{10^3\gamma_\mathrm{o}+1.205R_\mathrm{s}\gamma_\mathrm{g}}{B_\mathrm{o}}\right)\left(\frac{1}{1+\mathrm{WOR}}\right)+\left(\frac{10^3\gamma_\mathrm{w}}{B_\mathrm{w}}\right)\left(\frac{\mathrm{WOR}}{1+\mathrm{WOR}}\right) \tag{1-2-25}$$

$$\rho_\mathrm{g}=1.205\gamma_\mathrm{g}\left(\frac{\overline{P}}{0.101325}\right)\left(\frac{293}{\overline{T}}\right)\left(\frac{1}{Z}\right) \tag{1-2-26}$$

式中，B_o为在$\overline{P}$、$\overline{T}$（$\overline{P}$、$\overline{T}$ 为该段内的压力和温度的平均值）条件下油的体积系数；B_w 为在$\overline{P}$、$\overline{T}$ 条件下水的体积系数，通常取值为 1；R_s 为在$\overline{P}$、$\overline{T}$ 条件下天然气在油相中的溶解度（$\mathrm{Sm^3/m^3}$）；WOR 为水油比（$\mathrm{Sm^3/m^3}$）。

气液混合物速度 v_m 的计算方法为

$$v_\mathrm{m}=v_\mathrm{sl}+v_\mathrm{sg} \tag{1-2-27}$$

$$v_\mathrm{sl}=\frac{q_\mathrm{L}}{86400A}\left[B_\mathrm{o}\left(\frac{1}{1+\mathrm{WOR}}\right)+B_\mathrm{w}\left(\frac{\mathrm{WOR}}{1+\mathrm{WOR}}\right)\right] \tag{1-2-28}$$

$$v_\mathrm{sg}=\frac{q_\mathrm{L}\mathrm{GWR}}{86400A}\left(\frac{0.101325}{\overline{P}}\right)\left(\frac{\overline{T}}{293}\right)Z \tag{1-2-29}$$

式中，v_{sl}为液相表观速度，m/s；v_{sg}为气相表观速度，m/s。

2. 确定持液率 H_L

Hagedorn 和 Brown 在实验井中进行两相流实验，得出了持液率的三条相关曲线（图 1-2-2～图 1-2-4），使用这 3 条曲线时，需要计算以下 4 个无因次量。

液体速度数 N_{Lv}：

$$N_{Lv} = 3.1775 v_{sl} \left(\frac{\rho_L}{\sigma} \right)^{0.25} \tag{1-2-30}$$

气体速度数 N_{gv}：

$$N_{gv} = 3.1775 v_{sg} \left(\frac{\rho_g}{\sigma} \right)^{0.25} \tag{1-2-31}$$

液相黏度数 N_L：

$$N_L = \mu_L \left(\frac{g}{\rho_L \sigma^3} \right)^{0.25} \tag{1-2-32}$$

管子直径数 N_d：

$$N_d = 99.045 \left(\frac{\rho_L}{\sigma} \right)^{0.5} \tag{1-2-33}$$

式中，σ为液体表面张力，N/m。

上述 4 个无因次参数确定步骤如下。

(1) 计算流动条件下的上述 4 个无因次参数。

(2) 由 N_L 与 N_{cL} 关系曲线图（图 1-2-2）确定 N_{cL} 值，N_{cL} 为修正的液相黏度数。

(3) 由持液率系数曲线图（图 1-2-3）确定比值 H_L/Ψ。

(4) 由修正系数曲线图（图 1-2-4）确定 Ψ 值。

(5) 计算 $H_L = \dfrac{H_L}{\Psi}\Psi$。

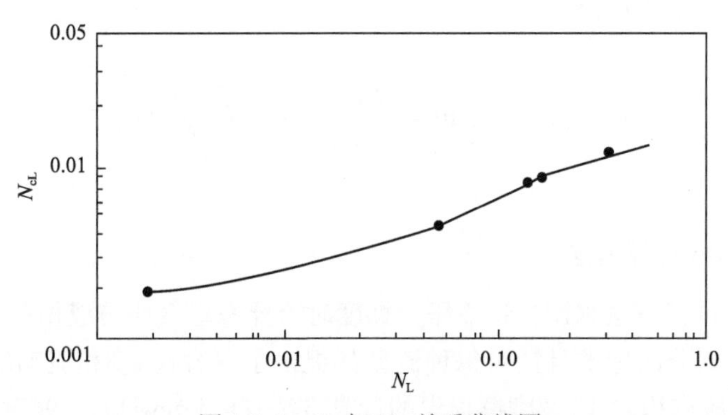

图 1-2-2 N_L 与 N_{cL} 关系曲线图

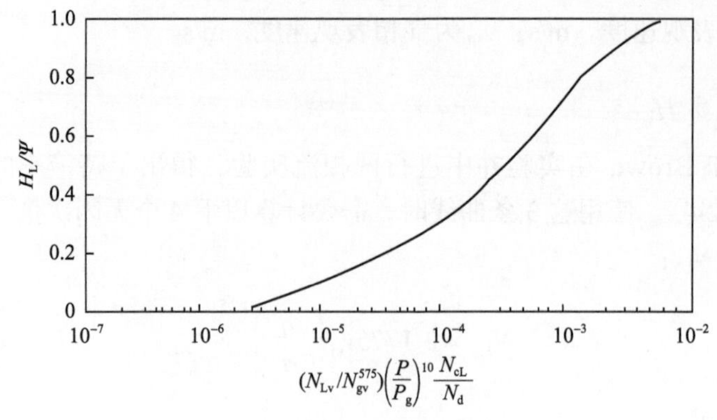

图 1-2-3　持液率系数曲线图

N_{cL}-修正的液相黏度数；P_g-气相压力

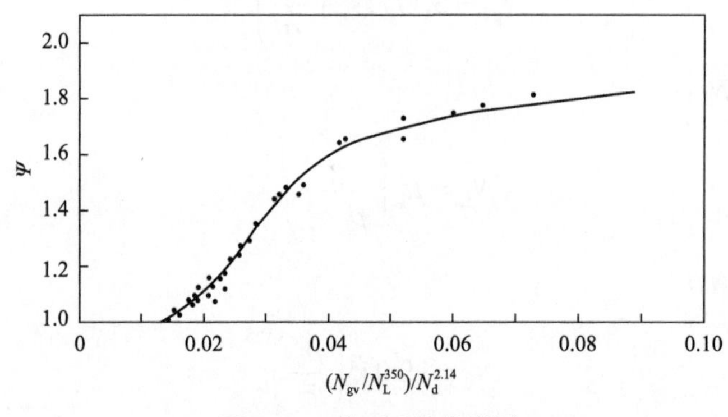

图 1-2-4　修正系数曲线图

3. 确定两相摩阻系数 f_m

根据 Hagedorn 和 Brown 定义两相雷诺数 Re_m：

$$Re_m = \frac{1.474 \times 10^{-2} q_L M_t}{D \mu_L{}^{H_L} \mu_g{}^{(1-H_L)}}$$

两相摩阻系数 f_m 的计算方法为

$$f_m = \left[1.14 - 2\lg\left(\frac{1.524 \times 10^{-5}}{D} + \frac{21.25}{Re_m{}^{0.9}}\right)\right]^{-2} \tag{1-2-34}$$

1.2.3 Orkiszewski 计算方法

Orkiszewski 计算方法强调在计算压力梯度时需要考虑气相与液相的分布关系，因此，该方法提出流型划分的标准且针对每种流型都提出了存容比（多相流动的某一管段中某相流体体积与管段容积之比）及摩擦损失的计算方法（Orkiszewski，1967）。

1. 压力梯度计算方法

$$\frac{\Delta P}{\Delta z}=\frac{\rho_{\mathrm{m}}g+\tau_{\mathrm{f}}}{1-\dfrac{Gq_{\mathrm{g}}}{A_{\mathrm{g}}^{2}\overline{P}}} \tag{1-2-35}$$

式中，ΔP 为管段的总压差，Pa；Δz 为管段的位置高差，m；g 为重力加速度，$\mathrm{m/s^2}$；τ_{f} 为管段的摩擦损失梯度，Pa/m；q_{g} 为在该管段的平均压力和温度下气体体积流量，$\mathrm{m^3/s}$；A_{g} 为管的流通截面积，$\mathrm{m^2}$；$\overline{P}$ 为管段的平均压力，Pa。

在压力梯度公式中因为 ρ_{m}、τ_{f}、q_{g} 都是压力温度的函数，所以在计算时必须将井筒分为若干管段，且每个管段的流体物理性质没有明显变化。

1) 气液混合物的质量流量

$$G=q_{\mathrm{o}}\left(\rho_{\mathrm{o}}+\rho_{\mathrm{g}}R_{\mathrm{p}}+\rho_{\mathrm{w}}f_{\mathrm{w}}\right) \tag{1-2-36}$$

式中，R_{p} 为生产气油比$(\mathrm{m^3/m^3})$。

2) 气体体积流量 q_{g}

$$q_{\mathrm{g}}=\frac{ZP_{\mathrm{sc}}\overline{T}}{\overline{P}T_{\mathrm{sc}}}q_{\mathrm{o}}\left(R_{\mathrm{p}}-R_{\mathrm{s}}\right) \tag{1-2-37}$$

式中，Z 为气体压缩因子；P_{sc} 为标准状况下的压力，Pa；T_{sc} 为标准状况下的温度，℃；$\overline{T}$ 为计算管段内的平均温度，℃；R_{s} 为在 $\overline{P}$、$\overline{T}$ 条件下天然气在油相中的溶解度$(\mathrm{m^3/m^3})$。

2. 流型划分

不同流型下的气液混合物密度 ρ_{m} 和管段的摩擦损失梯度 τ_{f} 的计算方法不同。因此，计算中首先要判断流型。Orkiszewski 方法 4 种流型的划分界线见表 1-2-5。

表 1-2-5　Orkiszewski 方法 4 种流型的划分界线

流型	界限
泡状流	$\frac{q_{\mathrm{g}}}{q_{\mathrm{t}}}<L_{\mathrm{B}}$
段塞流	$\frac{q_{\mathrm{g}}}{q_{\mathrm{t}}}>L_{\mathrm{B}}$，$\overline{\overline{v}}_{\mathrm{g}}<L_{\mathrm{S}}$
过渡流	$L_{\mathrm{M}}>\overline{\overline{v}}_{\mathrm{g}}>L_{\mathrm{S}}$
雾状流	$\overline{\overline{v}}_{\mathrm{g}}<L_{\mathrm{M}}$

注：q_{g}、q_{t} 表示在 P、T 下气体及总的体积流量。

表 1-2-5 中 $\bar{\bar{v}}_g$ 为无因次气体流速，L_B 为泡状流界线，L_S 为段塞流界线，L_M 为雾状流界线，具体计算方法为

$$\bar{\bar{v}}_g = \frac{q_g}{A_g}\left(\frac{\rho_L}{g\sigma}\right)^{0.25} \tag{1-2-38}$$

$$L_B = 1.071 - 0.7277\frac{v_m^2}{D} \tag{1-2-39}$$

$$L_S = 50 + 36\bar{\bar{v}}_g\frac{q_l}{q_g} \tag{1-2-40}$$

$$L_M = 75 + 84\left(\bar{\bar{v}}_g\frac{q_l}{q_g}\right) \tag{1-2-41}$$

实验表明，L_B 的范围应为 $L_B \geqslant 0.13$，如果 $L_B < 0.13$，则 L_B 取 0.13。

$$\rho_L = \frac{\rho_o + \rho_{ng}R_s + \rho_w f_w}{B_o + f_w} \tag{1-2-42}$$

式(1-2-38)～式(1-2-42)中，σ 为在 P、T 下的液体表面张力(如果是油、水混合物则取体积加权平均值)，N/m；q_l 为在 P、T 下液体的体积流量，m^3/s；ρ_{ng} 为标准状况下气体的密度。

3. 摩擦损失梯度

不同流型下气液混合物密度及摩擦损失梯度的计算方法不同。

1)泡状流摩擦损失梯度

$$\tau_f = f_m\frac{\rho_l}{D}\frac{v_l^2}{2} \tag{1-2-43}$$

$$v_l = \frac{q_l}{A_g\left(1 - H_g\right)} \tag{1-2-44}$$

式中，v_l 为液相真实流速，m/s。

两相摩阻系数 f_m 可根据管壁相对粗糙度 ε/D 和液相雷诺数 Re_L 查穆迪图(图 1-2-5)得出，液相雷诺数计算公式如式(1-2-45)所示：

$$Re_L = \frac{Dv_l\rho_L}{\mu_L} \tag{1-2-45}$$

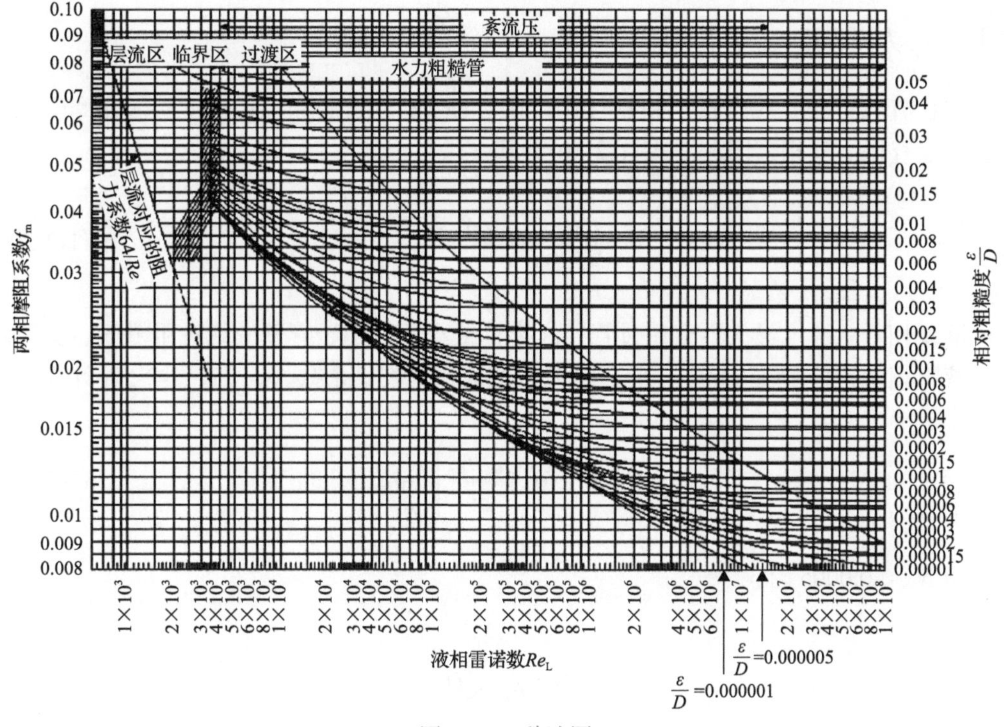

图 1-2-5　穆迪图

2) 段塞流摩擦损失梯度

$$\tau_{\mathrm{f}} = f_{\mathrm{m}} \frac{\rho_{\mathrm{L}}}{D} \frac{v_{\mathrm{m}}^2}{2} \left(\frac{q_{\mathrm{l}} + v_{\mathrm{s}} A_{\mathrm{g}}}{q_{\mathrm{t}} + v_{\mathrm{s}} A_{\mathrm{g}}} + \delta \right) \tag{1-2-46}$$

式中，v_{s}为滑脱速度，m/s；δ为液体分布系数。

3) 过渡流摩擦损失梯度

过渡流的混合物平均密度及摩擦损失梯度先按段塞流和雾状流分别进行计算，然后用式(1-2-47)和式(1-2-48)进行线性加权确定相应的数值：

$$\rho_{\mathrm{m}} = \frac{L_{\mathrm{M}} - \overline{\overline{v}}_{\mathrm{g}}}{L_{\mathrm{M}} - L_{\mathrm{S}}} \rho_{\mathrm{SL}} + \frac{\overline{\overline{v}}_{\mathrm{g}} - L_{\mathrm{S}}}{L_{\mathrm{M}} - L_{\mathrm{S}}} \rho_{\mathrm{Mi}} \tag{1-2-47}$$

$$\tau_{\mathrm{f}} = \frac{L_{\mathrm{M}} - \overline{\overline{v}}_{\mathrm{g}}}{L_{\mathrm{M}} - L_{\mathrm{S}}} \tau_{\mathrm{SL}} + \frac{\overline{\overline{v}}_{\mathrm{g}} - L_{\mathrm{S}}}{L_{\mathrm{M}} - L_{\mathrm{S}}} \tau_{\mathrm{Mi}} \tag{1-2-48}$$

式中，ρ_{SL}、τ_{SL}分别为按段塞流计算的混合物密度及摩擦损失梯度；ρ_{Mi}、τ_{Mi}分别为按雾状流计算的混合物密度及摩擦损失梯度。

4) 雾状流摩擦损失梯度

$$\tau_{\mathrm{f}} = f_{\mathrm{m}} \frac{\rho_{\mathrm{g}}}{D} \frac{v_{\mathrm{sg}}^2}{2} \tag{1-2-49}$$

式中，v_{sg} 为该管段 P、T 下气相表观流速，$v_{sg}=\frac{q_g}{A_g}$，m/s。

雾状流两相摩阻系数 f_m 可根据气相雷诺数 $(Re_g)_g$ 和液膜相对粗糙度从两相摩阻系数曲线图上查得。气相雷诺数按式(1-2-50)计算：

$$\left(Re_g\right)_g=\frac{\rho_g v_{sg} D}{\mu_g} \tag{1-2-50}$$

液膜相对粗糙度最大不会超过管径之半，最小不会小于管壁的绝对粗糙度。实验表明，液膜相对粗糙度在 0.001～0.5，具体数值需根据判别系数 N_W 用式(1-2-51)计算：

$$N_W=1.01\left(\frac{v_{sg}\mu_L}{\sigma}\right)^2\frac{\rho_g}{\rho_L} \tag{1-2-51}$$

当 $N_W \leqslant 0.0005$ 时：

$$\frac{\varepsilon}{D}=\frac{34\sigma}{\rho_g v_{sg}^2 D} \tag{1-2-52}$$

当 $N_W > 0.0005$ 时：

$$\frac{\varepsilon}{D}=\frac{174.8\sigma N_W^{0.302}}{\rho_g v_{sg}^2 D} \tag{1-2-53}$$

1.2.4 多相管流选择原则

由于气液两相流流型的多变性和流动的复杂性，寻求适用于任何流动条件的两相流压降计算方法是非常困难的。迄今已发展的许多相关计算方法均具有一定的适用条件，因此，在应用两相流压力计算相关模型时必须针对实际流动条件，对模型进行评价分析和筛选，优选合适的多相管流压降计算方法。

在优选多相管流压降计算方法时可参考以下原则。

(1)有地层测试综合数据时，选择不同管流计算相关式计算实测深度点压力，并与实测压力对比，优选相对误差最小的管流计算相关式进行井筒多相管流计算。

(2)无地层测试综合数据时，根据常用多相管流计算相关式的适用条件(表 1-2-1)，优选适合的管流计算相关式进行井筒多相管流计算，海上油田推荐使用 Beggs 和 Brill 计算相关式、Hagedorn 和 Brown 计算相关式及 Orkiszewski 计算相关式。

1.2.5 流体物性计算

准确计算井筒流体的高压物性参数是确保井筒多相管流压降预测准确的基础。在实际应用过程中，根据实验测得的流体高压物性参数，按照表 1-2-6 中给出的流体物性计算方法计算饱和压力、溶解气油比、原油体积系数和原油黏度。计算结果与实测数据相对比，优选相对误差最小的计算相关式进行流体物性计算。

表 1-2-6 不同流体物性参数模型优选表

流体物性参数		相关式							
		Lasater	Standing	Glaso	Kartoatmodjo 和 Schmidt	Vasquez 和 Beggs	Beggs 和 Robinson	Chew 和 Connally	Khan
饱和压力		√	√	√	√	√	×	×	×
溶解气油比		√	√	√	√	√	×	×	×
原油体积系数	饱和油体积系数	×	√	×	√	√	×	×	×
	未饱和油体积系数	×	×	×	×	√	×	×	×
原油黏度	死油黏度	×	×	√	√	×	√	×	×
	活油黏度	×	×	×	√	×	√	√	×
	未饱和油	×	×	×	√	√	×	×	√

注：×表示不适用；√表示适用。

渤海油田以稠油为主，对于稠油油田，实际生产过程中应考虑井筒中油水两相流动过程中的乳化情况，需确定产出液乳化点，并计算未乳化产出液黏度和乳化产出液黏度。

1. 产出液乳化点确定

产出液乳化黏度计算需确定乳化转向点 c_e 值，且发生乳化时含水率区间可定义为 $[c_e-10\%, c_e+10\%]$，可根据油井逐年预测含水率判断油井是否发生乳化。

(1)若有实测原油乳化实验数据，乳化转向点 c_e 值按实测乳化转向点选用。

(2)若无实测原油乳化实验数据，乳化转向点 c_e 值按美国石油学会(API)推荐选用(推荐乳化转向点为60%)。

2. 未乳化产出液黏度计算

未乳化产出液黏度按式(1-2-54)计算：

$$\mu_m = \frac{f_w \mu_w}{100} + \frac{100 - f_w}{100} \mu_o \tag{1-2-54}$$

3. 乳化产出液黏度计算

发生乳化的产出液黏度按以下两点执行。

(1)若有实测原油乳化实验数据，油水混合产出液的黏度按实验数据选用。

(2)若无实测原油乳化实验数据，按照产出液乳化计算方法计算油水产出乳化液的黏度，渤海油田推荐使用Woelflin模型。

Woelflin 模型计算方法为

$$\mu_{\mathrm{m}} = \mu_{\mathrm{o}}\left(1+0.00123V_{\mathrm{M}}^{2.2}\right) \tag{1-2-55}$$

式中，μ_{m} 为油水产出乳化液的黏度，mPa·s；μ_{o} 为原油的黏度，mPa·s；V_{M} 为水相体积分数，%。

1.3 基于节点系统分析的油井流入流出动态分析

节点系统分析方法广泛适用于油气井生产系统优化设计。它是应用系统工程原理，以油井生产系统为对象，把油藏到地面分离器所构成的整个油井生产系统按不同的流动规律分成若干个流动子系统，在每个流动子系统的起始及衔接处设置节点。在分析研究各个子系统流动规律的基础上分析各个子系统的相互关系及各个子系统对整个系统工作的影响，为优化系统运行参数和进行系统调控提供依据。

节点系统分析的对象是整个油气井生产系统，一般首先将整个生产系统分成流入与流出两部分，根据实际应用的需要，确定分析的节点(称为求解点)，任何压力损失点都可作为求解点。一旦求解点选定，就可以分段利用相应的公式分别计算不同产量下从油藏到求解点的压力损失，绘制出该求解点处的供液能力特性曲线(流入特性)，即流压与供液能力对应的关系曲线。

其次分段计算对应不同产量下从求解点到分离器(视要分析的侧重点而定)的压力损失，绘制出该求解点处的流出特性曲线，即流出压力与产量的关系曲线。

最后，将这两条特性曲线交会，便可求出协调点(临界)的流动压力和产量。对自喷井，求解点可选取井口、井底、地面分离器、油藏静压及油嘴等，通常选用井口或井底作为求解点。海上油田电泵井求解点可选取油嘴、井口、电泵、井底、油藏等，通常选用井底作为求解点。

海上油田电泵井井下生产系统由油层、井筒、井下电泵机组等子系统组成(图 1-3-1)。每个子系统都有各自不同的流动特点。其中，油层流动系统的流动规律可以用流入动态曲线来描述；井筒流动系统遵守气液多相管流流动规律；井下电泵机组部分包括离心泵、潜油电机、电缆、保护器和分离器等。如果电泵含水率、井液黏度过大或者存在游离气，则泵特性变差，工作不稳定，需要对电泵进行黏度校正和气体校正。由于海上油田各生产平台回压基本稳定，可将井口油压作为常数。因此，海上油田电泵井井下生产系统设置油层、井底、泵入口、泵出口和油压五个节点，以电泵作为功能节点，以井底作为求解点。

计算过程中需考虑海上油田生产管柱特点：①井身结构以斜井、大斜度井为主。②管柱内多有井下安全阀和过电缆封隔器等节流装置。③水下井口到平台有立管，周围环境为海水、空气，计算时应考虑海水热传导对井筒温度场的影响。④应考虑潜油电缆发热对井筒流体温度的影响。综合以上特点，在进行节点系统分析时需重点考虑管柱节流点对井筒流体压力分布的影响，以及井筒不同井段传热系数变化对井筒流体温度的影响。

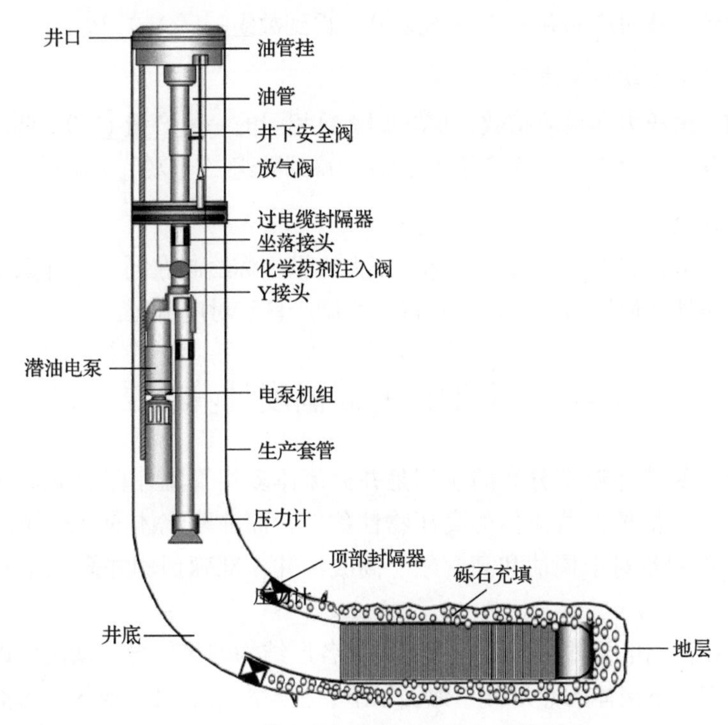

图 1-3-1　渤海油田典型电泵井节点设置图

以井底作为求解点计算这一节点位置的油井产液量时，整个生产系统分为两个部分，即油层或油井产出部分和油管部分。井口油压作为已知量，计算所给条件下可获得的油井产量及相应的井底流压，得出油井流出动态曲线；基于油藏特点、井型和流体物性参数，可通过优选油井流入动态计算方法，得出油井流入动态曲线；流入动态曲线和流出动态曲线的交点为生产协调点(图 1-3-2)。

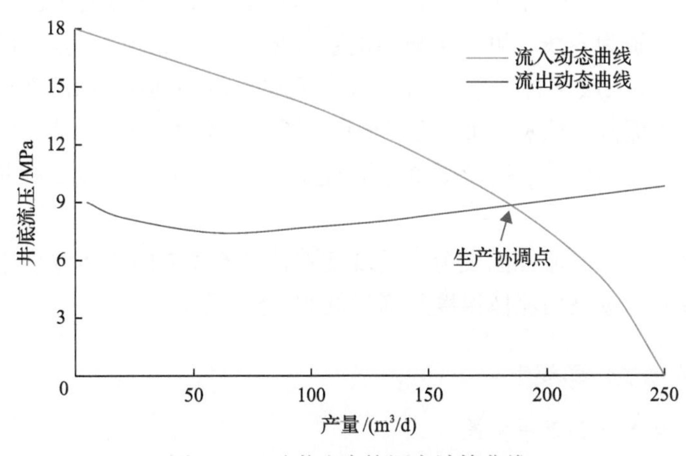

图 1-3-2　油井生产协调点计算曲线

1) 计算油井流出动态曲线数据

根据已知井口油压、举升方式和井筒结构，设定一组产量 $Q(i)$，调用井筒多相流计算模块，计算各产量对应的井底流压 $P_{wf1}(i)$，得到数组一[($Q(i)$, $P_{wf1}(i)$)]。

2) 计算油井流入动态曲线数据

根据已知油藏压力和采液指数，取与步骤 1) 相同的一组产量 $Q(i)$，调用油井流入动态模块，计算各产量对应的井底流压 $P_{wf2}(i)$，得到数组二[($Q(i)$, $P_{wf2}(i)$)]。

3) 寻找曲线交点

将数组一和数组二以产量为横坐标、压力为纵坐标绘制在同一坐标系下，两条曲线的交点即给定条件下使用当前管柱可获得的协调产量和对应流压。

1.4 海上油田井筒温度计算方法

海上油井井筒流体温度分布的预测是井筒流体多相管流计算的重要部分。在多相管流压力计算中，需要油藏流体的高压物性数据，而油藏流体的高压物性对压力和温度非常敏感，特别是对于稠油和高含蜡、高凝油井，准确预测井筒流体温度是计算压力梯度的基础。

海上油井在使用电泵井生产过程中，井筒各层结构的热传导、动液面以上气体的辐射传热、动液面以下液体的热传导、海面以下管柱与海水的对流换热、海面以上管柱对空气的辐射传热及电机和电缆等设备的发热等均会影响井筒流体的温度及其流动规律。基于海上电泵井的实际物理模型，提出如下假设。

(1) 油井内传热条件为井筒内(井内流体到水泥环外边缘)的稳态传热和地层(海水或大气)部分的非稳态导热。

(2) 潜油电机的散热作用导致的增温为点热源，电缆为均匀散热的线热源，功率恒定。所释放的热量被外部流体完全吸收。

在计算井筒流体温度分布时，可将典型电泵井井筒分为 8 段(图 1-4-1)。以图 1-4-1 中所示的动液面位置为界线，可以将典型电泵井井筒分为油层中深至泵的吸入口段、泵体段、泵的排出口至表层套管管鞋段、表层套管管鞋至动液面段、动液面至导管管鞋段、导管管鞋至海床平面段、海床平面至海平面段、海平面至井口段(动液面的位置可能根据实际流动情况有所变动)。分别将各段的长度记为 $L_1 \sim L_8$，将各节点处的井筒内流体温度记为 $T_0 \sim T_7$ 和 T_h。

海上油田电泵井井筒流体温度分布呈现随着井液流动方向流体温度逐渐降低，流经电泵有明显的温升，过泵后流体温度逐渐降低的趋势(图 1-4-2)。

1. 井筒流体温度计算模型

1) 油层中深至水下海床平面段

井筒内流体的温度分布规律可由式(1-4-1)计算，即

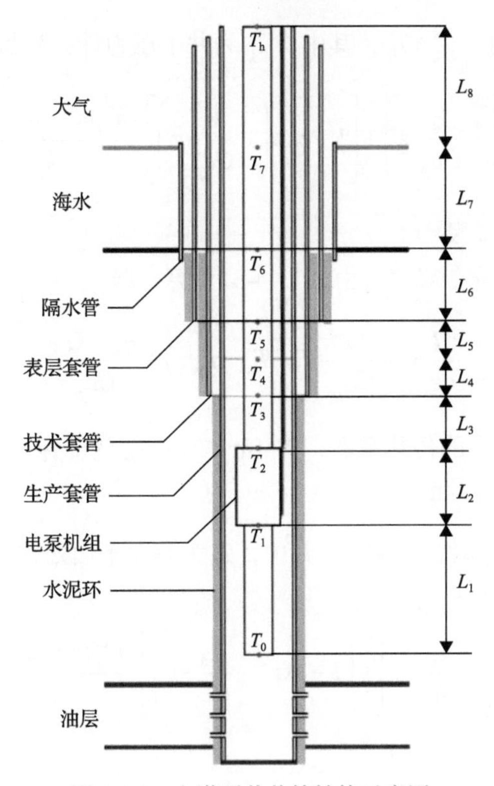

图 1-4-1　电潜泵井井筒结构示意图

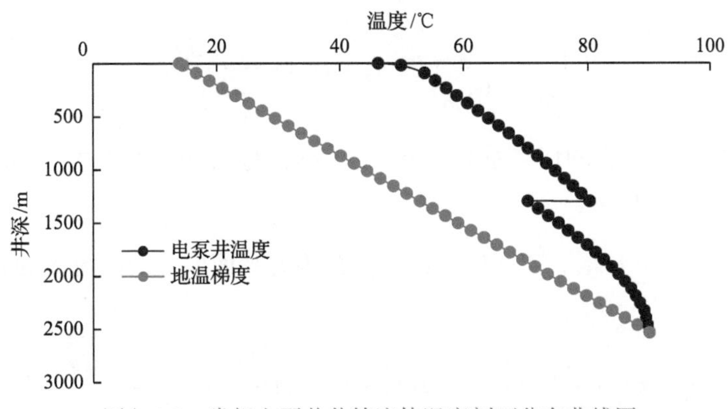

图 1-4-2　常规电泵井井筒流体温度剖面分布曲线图

$$\frac{\mathrm{d}T}{\mathrm{d}z}=-\frac{k_1}{Gc_p}\left(T-T_\mathrm{s}+m_\mathrm{s}z\right)+\frac{q_\mathrm{v}-Gg}{Gc_p} \tag{1-4-1}$$

式中，$\frac{\mathrm{d}T}{\mathrm{d}z}$为温度梯度；$k_1$为该段传热过程的传热系数，W/(m·℃)；$G$为井筒内流体的质量流量，kg/s；$c_p$为流体的定压比热容，J/(kg·℃)；$q_\mathrm{v}$为单位长度流体的内热源强度，W/m；$m_\mathrm{s}$为地温梯度，℃/m；$T_\mathrm{s}$为井下压力计处的地层温度(可根据油层温度和地温梯度计算得到)，℃。

边界条件：$z=0$ 时，$T=T_0$，其中，T_0 为井下压力计处测得的流温。

$$T=(T_0-T_s)\exp\left(-\frac{k_1}{Gc_p}z\right)+\left[1-\exp\left(-\frac{k_1}{Gc_p}z\right)\right]\frac{Gc_pm_s-q_v-Gg}{k_1}+T_s-m_sz \quad (1\text{-}4\text{-}2)$$

2) 海床平面至海平面段

井筒内流体的温度分布规律可由式(1-4-3)计算，即

$$\frac{dT}{dz}=-\frac{k_w}{Gc_p}(T-T_w+m_wz)+\frac{q_v-Gg}{Gc_p} \quad (1\text{-}4\text{-}3)$$

式中，k_w 为该段传热过程的传热系数，W/(m·℃)；T_w 为海床平面处海水的温度，℃；m_w 为海水的水温梯度，℃/m。

边界条件：$z=\sum_{i=1}^{6}L_i$ 时，$T=T_6$，其中，T_6 为海床平面处井筒内流体的温度，℃。

$$T=(T_6-T_w)\exp\left(-\frac{k_w}{Gc_p}z\right)+\left[1-\exp\left(-\frac{k_w}{Gc_p}z\right)\right]\frac{Gc_pm-q_v-Gg}{k_1}+T_w-m_wz \quad (1\text{-}4\text{-}4)$$

3) 海平面至井口段

井筒内流体的温度分布规律可由式(1-4-5)计算，即

$$\frac{dT}{dz}=-\frac{k_a}{Gc_p}(T-T_a+m_gz)+\frac{q_v-Gg}{Gc_p} \quad (1\text{-}4\text{-}5)$$

式中，k_a 为该段传热过程的传热系数，W/(m·k)；T_a 为海平面处大气的温度，℃；m_g 为大气的温度梯度，℃/m。

边界条件：$z=\sum_{i=1}^{7}L_i$ 时，$T=T_7$，其中，T_7 为海平面处井筒内流体的温度。

$$T=(T_7-T_a)\exp\left(-\frac{k_a}{Gc_p}z\right)+\left[1-\exp\left(-\frac{k_a}{Gc_p}z\right)\right]\frac{Gc_pm_g-q_v-Gg}{k_1}+T_a-m_gz \quad (1\text{-}4\text{-}6)$$

2. 各段的温度计算表达式

1) 油层中深至泵的吸入口段

$$T=(T_0-T_s)\exp\left(-\frac{k_1}{Gc_p}z\right)+\left[1-\exp\left(-\frac{k_1}{Gc_p}z\right)\right]\frac{Gc_pm_s-Gg}{k_{11}}+T_s-m_sz \quad (1\text{-}4\text{-}7)$$

式中，

$$k_{11}=\left(\frac{1}{2\pi\lambda_{\text{cas}}}\ln\frac{d_{\text{co}}}{d_{\text{ci}}}+\frac{1}{2\pi\lambda_{\text{cem}}}\ln\frac{d_{\text{h}}}{d_{\text{co}}}\right)^{-1}$$

式中，d_{ci}、d_{co}、d_{h} 分别为套管内、外径和水泥环外缘直径，m；λ_{cas}、λ_{cem} 分别为套管、水泥环的导热系数，W/(m·K)。

泵的吸入口处的温度为

$$T_1=(T_0-T_{\text{s}})\exp\left(-\frac{k_{11}}{Gc_p}L_1\right)+\left[1-\exp\left(-\frac{k_{11}}{Gc_p}L_1\right)\right]\frac{Gc_pm_{\text{s}}-Gg}{k_{11}}+T_{\text{s}}-m_{\text{s}}L_1 \tag{1-4-8}$$

式中，L_1 为油层中深至泵吸入口处的距离，m。

2) 泵体段

$$T_1=T_2-\Delta T_{\text{dj}}-\Delta T_{\text{dl}} \tag{1-4-9}$$

式中，

$$\Delta T_{\text{dj}}=\frac{N_{\text{m}}(1-\eta_{\text{m}})\times10^3}{Gc_p}$$

$$\Delta T_{\text{dl}}=\frac{3I^2R_0L_{\text{s}}}{Gc_p}$$

其中，T_1 为泵吸入口处的温度，℃；ΔT_{dj} 为电机增温，℃；ΔT_{dl} 为泵内小扁电缆发热增温，℃；N_{m} 为电机功率，kW；η_{m} 为电机效率；R_0 为小扁电缆单位长度的电阻值，Ω/m；L_{s} 为泵内小扁电缆长度，m；T_2 为泵与电机段上端流体的温度，℃；I 为泵运行电流，A。

3) 泵的排出口至表层套管管鞋段

$$T=(T_2-T_{\text{s}}+m_{\text{s}}z)\exp\left[-\frac{k_{13}}{Gc_p}\left(z-\sum_{i=1}^{2}L_i\right)\right]$$
$$+\left\{1-\exp\left[-\frac{k_{13}}{Gc_p}\left(z-\sum_{i=1}^{2}L_i\right)\right]\right\}\frac{Gc_pm_{\text{s}}-q_{\text{v}}-Gg}{k_{13}}+T_{\text{s}}-m_{\text{s}}z \tag{1-4-10}$$

式中，$q_{\text{v}}=3I^2R_{\text{c}}$，$R_{\text{c}}$ 为动力电缆电阻，Ω；$k_{13}=\left(\frac{1}{h_1\pi d_{\text{ti}}}+\frac{1}{2\pi\lambda_{\text{tub}}}\ln\frac{d_{\text{to}}}{d_{\text{ti}}}+\frac{1}{2\pi\lambda_{\text{r}}}\ln\frac{d_{\text{ci}}}{d_{\text{to}}}+\right.$ $\left.\frac{1}{2\pi\lambda_{\text{cas}}}\ln\frac{d_{\text{co}}}{d_{\text{ci}}}+\frac{1}{2\pi\lambda_{\text{cem}}}\ln\frac{d_{\text{h}}}{d_{\text{co}}}\right)^{-1}$，$d_{\text{to}}$、$d_{\text{ti}}$ 分别为油管内、外径，λ_{tub} 为油管的导热系数，λ_{r} 为油套环空中的导热系数，h_1 为井筒流体与套管内表面的表面对流传热系数。

表层套管管鞋处的温度为

$$T_3=\left(T_1-T_s+m_s\sum_{i=1}^{2}L_i\right)\exp\left(-\frac{k_{13}}{Gc_p}L_3\right)$$
$$+\left[1-\exp\left(-\frac{k_{13}}{Gc_p}L_3\right)\right]\frac{Gc_pm_s-Gg}{k_{13}}+T_s-m_s\sum_{i=1}^{2}L_i \tag{1-4-11}$$

式中，$L_i(i=2,3)$为油层中深至表层套管管鞋的深度，m。

4）表层套管管鞋至动液面段

$$T=(T_3-T_s+m_sz)\exp\left[-\frac{k_{14}}{Gc_p}\left(z-\sum_{i=1}^{3}L_i\right)\right]$$
$$+\left\{1-\exp\left[-\frac{k_{14}}{Gc_p}\left(z-\sum_{i=1}^{3}L_i\right)\right]\right\}\frac{Gc_pm_s-q_v-Gg}{k_{14}}+T_s-m_sz \tag{1-4-12}$$

式中，

$$k_{14}=\left(\begin{array}{l}\dfrac{1}{h_1\pi d_{ti}}+\dfrac{1}{2\pi\lambda_{tub}}\ln\dfrac{d_{to}}{d_{ti}}+\dfrac{1}{2\pi\lambda_r}\ln\dfrac{d_{ci}}{d_{to}}+\dfrac{1}{2\pi\lambda_{cas}}\ln\dfrac{d_{co}}{d_{ci}}\\+\dfrac{1}{2\pi\lambda_r}\ln\dfrac{d_{c1i}}{d_{co}}+\dfrac{1}{2\pi\lambda_{cas}}\ln\dfrac{d_{c1o}}{d_{c1i}}+\dfrac{1}{2\pi\lambda_{cem}}\ln\dfrac{d_h}{d_{c1o}}\end{array}\right)^{-1}$$

其中，d_{c1o}、d_{c1i}分别为表层套管内径与外径。

动液面处的温度为

$$T_4=\left(T_1-T_s+m_s\sum_{i=1}^{3}L_i\right)\exp\left(-\frac{k_{14}}{Gc_p}L_4\right)$$
$$+\left[1-\exp\left(-\frac{k_{14}}{Gc_p}L_4\right)\right]\frac{Gc_pm_s-Gg}{k_{14}}+T_s-m_s\sum_{i=1}^{3}L_i \tag{1-4-13}$$

式中，L_4为油层中深至动液面的距离。

5）动液面至导管管鞋段

$$T=(T_4-T_s+m_sz)\exp\left[-\frac{k_{15}}{Gc_p}\left(z-\sum_{i=1}^{4}L_i\right)\right]$$
$$+\left\{1-\exp\left[-\frac{k_{15}}{Gc_p}\left(z-\sum_{i=1}^{4}L_i\right)\right]\right\}\frac{Gc_pm_s-q_v-Gg}{k_{15}}+T_s-m_sz \tag{1-4-14}$$

式中，

$$k_{15}=\begin{pmatrix}\dfrac{1}{h_1\pi d_{\text{ti}}}+\dfrac{1}{2\pi\lambda_{\text{tub}}}\ln\dfrac{d_{\text{to}}}{d_{\text{ti}}}+\dfrac{1}{2\pi\lambda_{\text{r}}}\ln\dfrac{d_{\text{ci}}}{d_{\text{to}}}+\dfrac{1}{2\pi\lambda_{\text{cas}}}\ln\dfrac{d_{\text{co}}}{d_{\text{ci}}}\\+\dfrac{1}{2\pi\lambda_{\text{a}}}\ln\dfrac{d_{\text{c1i}}}{d_{\text{co}}}+\dfrac{1}{2\pi\lambda_{\text{cas}}}\ln\dfrac{d_{\text{c1o}}}{d_{\text{c1i}}}+\dfrac{1}{2\pi\lambda_{\text{cem}}}\ln\dfrac{d_{\text{h}}}{d_{\text{c1o}}}\end{pmatrix}^{-1}$$

导管管鞋处的温度为

$$\begin{aligned}T_5=&\left(T_1-T_{\text{s}}+m_{\text{s}}\sum_{i=1}^{4}L_i\right)\exp\left(-\frac{k_{15}}{Gc_p}L_5\right)\\&+\left[1-\exp\left(-\frac{k_{15}}{Gc_p}L_5\right)\right]\frac{Gc_pm_{\text{s}}-Gg}{k_{15}}+T_{\text{s}}-m_{\text{s}}\sum_{i=1}^{4}L_i\end{aligned}\tag{1-4-15}$$

式中，L_5 为油层中深至导管管鞋的距离，m。

6) 导管管鞋至隔水管管鞋(海床平面)段

$$\begin{aligned}T=&\left(T_5-T_{\text{s}}+m_{\text{s}}z\right)\exp\left[-\frac{k_{16}}{Gc_p}\left(z-\sum_{i=1}^{5}L_i\right)\right]\\&+\left\{1-\exp\left[-\frac{k_{16}}{Gc_p}\left(z-\sum_{i=1}^{5}L_i\right)\right]\right\}\frac{Gc_pm_{\text{s}}-q_{\text{v}}-Gg}{k_{16}}+T_{\text{s}}-m_{\text{s}}z\end{aligned}\tag{1-4-16}$$

式中，

$$k_{16}=\begin{pmatrix}\dfrac{1}{h_1\pi d_{\text{ti}}}+\dfrac{1}{2\pi\lambda_{\text{tub}}}\ln\dfrac{d_{\text{to}}}{d_{\text{ti}}}+\dfrac{1}{2\pi\lambda_{\text{r}}}\ln\dfrac{d_{\text{ci}}}{d_{\text{to}}}+\dfrac{1}{2\pi\lambda_{\text{cas}}}\ln\dfrac{d_{\text{co}}}{d_{\text{ci}}}+\dfrac{1}{2\pi\lambda_{\text{a}}}\ln\dfrac{d_{\text{c1i}}}{d_{\text{co}}}\\+\dfrac{1}{2\pi\lambda_{\text{cas}}}\ln\dfrac{d_{\text{c1o}}}{d_{\text{c1i}}}+\dfrac{1}{2\pi\lambda_{\text{cem}}}\ln\dfrac{d_{\text{c2i}}}{d_{\text{c1o}}}+\dfrac{1}{2\pi\lambda_{\text{cas}}}\ln\dfrac{d_{\text{c2o}}}{d_{\text{c2i}}}+\dfrac{1}{2\pi\lambda_{\text{cem}}}\ln\dfrac{d_{\text{h}}}{d_{\text{c2o}}}\end{pmatrix}^{-1}$$

其中，d_{c2i} 与 d_{c2o} 分别为导管的内径与外径。

海床平面处井筒流体温度为

$$T_6=\left(T_1-T_{\text{s}}+m_{\text{s}}\sum_{i=1}^{5}L_i\right)\exp\left(-\frac{k_{16}}{Gc_p}L_6\right)+\left[1-\exp\left(-\frac{k_{16}}{Gc_p}L_6\right)\right]\frac{Gc_pm_{\text{s}}-Gg}{k_{16}}+T_{\text{s}}-m_{\text{s}}\sum_{i=1}^{5}L_i\tag{1-4-17}$$

式中，L_6 为油层中深至海床平面的距离。

7) 海床平面至海平面段

海床平面至海平面段的温度按照式(1-4-4)计算，其中 k_{w} 的计算如下：

$$k_{\text{w}}=\begin{pmatrix}\dfrac{1}{h_1\pi d_{\text{ti}}}+\dfrac{1}{2\pi\lambda_{\text{tub}}}\ln\dfrac{d_{\text{to}}}{d_{\text{ti}}}+\dfrac{1}{2\pi\lambda_{\text{a}}}\ln\dfrac{d_{\text{ci}}}{d_{\text{to}}}+\dfrac{1}{2\pi\lambda_{\text{cas}}}\ln\dfrac{d_{\text{co}}}{d_{\text{ci}}}+\dfrac{1}{2\pi\lambda_{\text{a}}}\ln\dfrac{d_{\text{c1i}}}{d_{\text{c0}}}+\dfrac{1}{h_{\text{w}}\pi d_{\text{c30}}}\\+\dfrac{1}{2\pi\lambda_{\text{cas}}}\ln\dfrac{d_{\text{c1o}}}{d_{\text{c1i}}}+\dfrac{1}{2\pi\lambda_{\text{a}}}\ln\dfrac{d_{\text{c2i}}}{d_{\text{c1o}}}+\dfrac{1}{2\pi\lambda_{\text{cas}}}\ln\dfrac{d_{\text{c2o}}}{d_{\text{c2i}}}+\dfrac{1}{2\pi\lambda_{\text{a}}}\ln\dfrac{d_{\text{c3i}}}{d_{\text{c2o}}}+\dfrac{1}{2\pi\lambda_{\text{a}}}\ln\dfrac{d_{\text{c3o}}}{d_{\text{c3i}}}\end{pmatrix}^{-1}$$

式中，λ_a 为空气导热系数；d_{c3o} 为隔水导管的外径，mm；d_{c3i} 为隔水导管的内径，mm。

海平面处井筒内流体的温度：

$$T_7=(T_6-T_w)\exp\left(-\frac{k_w}{Gc_p}L_7\right)+\left[1-\exp\left(-\frac{k_w}{Gc_p}L_7\right)\right]\frac{Gc_p m_s-q_v-Gg}{k_1}+T_w-m_w L_7 \quad (1\text{-}4\text{-}18)$$

式中，L_7 为油层中深至海平面的距离，m。

8)海平面至井口段

海平面至井口段的温度按照式(1-4-6)计算，其中 k_a 的计算如下：

$$k_a=\left(\begin{aligned}&\frac{1}{h_1\pi d_{ti}}+\frac{1}{2\pi\lambda_{tub}}\ln\frac{d_{to}}{d_{ti}}+\frac{1}{2\pi\lambda_a}\ln\frac{d_{ci}}{d_{to}}+\frac{1}{2\pi\lambda_{cas}}\ln\frac{d_{co}}{d_{ci}}+\frac{1}{h_a\pi d_{c20}}\\&+\frac{1}{2\pi\lambda_a}\ln\frac{d_{c1i}}{d_{c0}}+\frac{1}{2\pi\lambda_{cas}}\ln\frac{d_{c1o}}{d_{c1i}}+\frac{1}{2\pi\lambda_a}\ln\frac{d_{c2i}}{d_{c1o}}+\frac{1}{2\pi\lambda_{cas}}\ln\frac{d_{c2o}}{d_{c2i}}\end{aligned}\right)^{-1}$$

海平面处井筒内流体的温度：

$$T_h=(T_7-T_a)\exp\left(-\frac{k_a}{Gc_p}L_8\right)+T_a-m_g L_8+\left[1-\exp\left(-\frac{k_a}{Gc_p}L_7\right)\right]\frac{Gc_p m_s-q_v-Gg}{k_a} \quad (1\text{-}4\text{-}19)$$

式中，L_8 为油层中深至井口的距离，m。

温度计算过程中不同材料和介质的导热系数和对流换热系数不同(表 1-4-1)。

表 1-4-1 热物性参数表 [单位：W/(m·K)]

材料	导热系数	介质	对流换热系数
碳钢	50	油套环空	45
水泥	1.4	海水	400
土壤	2	空气	50

1.5 海上油田举升工艺发展概况

举升的作用是将油气开采至地面，是油气田开发中的关键环节。截至 2020 年底，中国海油在国内海域机采井 3500 口以上，机采井产液量约占油井总产液量的 94%。油井在开采方式、井身结构、产量、流体性质等方面差异较大，经过 30 多年的发展，形成了以电泵为主，气举、电潜螺杆泵、射流泵、直线电机往复泵等多种举升方式共同发展的人工举升技术体系。本节以渤海油田为例，简述海上油田举升工艺发展概况。

1. 渤海油田举升工艺特点

渤海油田举升工艺具有以下特点。

(1)采油(气)井以大位移井或水平井开发为主，平均单井产量高，产液量范围广，日产液量为数十立方米至数千立方米；

(2)机采井产油量约占油井总产油量的95%，举升方式以电泵为主，电潜螺杆泵、直线电机往复泵、射流泵和气举为辅(图1-5-1)。

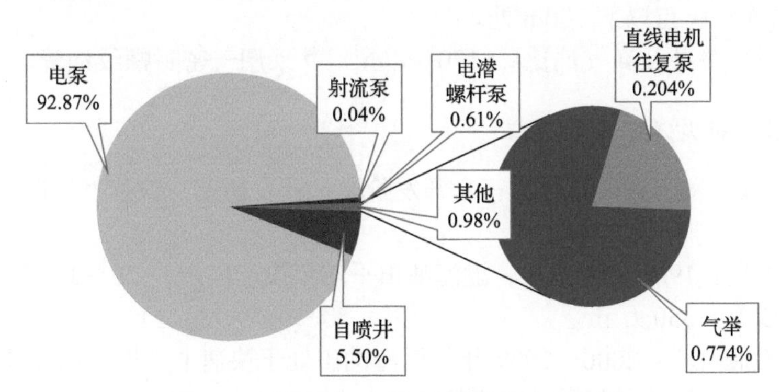

图1-5-1　渤海油田油气井举升方式占比图

渤海油田典型电泵井生产管柱(图1-5-2)具有以下特点。

(1)套管尺寸以244.5mm或244.5mm+177.8mm为主，井型以大斜度井和水平井为主。

(2)上部工具通径不小于下部工具通径，上部油管通径不小于下部油管通径。

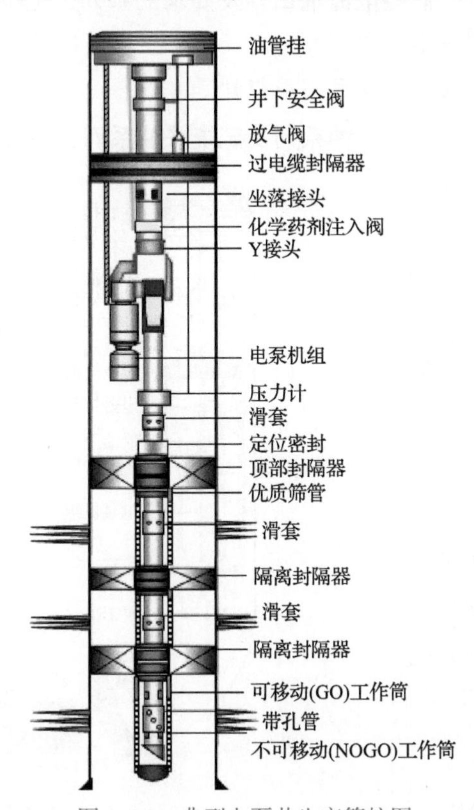

图1-5-2　典型电泵井生产管柱图

(3) 所有井需满足海上安全控制要求，均下入井下安全阀，下深一般在海床平面以下 30m。

(4) 多数井需下入用于诱喷投产、循环和洗压井等作业需求的循环滑套，一般下入至顶部封隔器以上一个单根油管位置。

(5) 考虑生产中存在结蜡、结垢、腐蚀和水合物的风险，一般要求下入化学药剂注入阀，下深一般至风险点以下 100m 处。

(6) 气井、气举井及高气油比 [$>170(m^3/m^3)$] 井采用气密封螺纹油管。

2. 渤海油田举升工艺发展历程

渤海油田的开发历程可划分为三个开发阶段：开发初期、快速发展阶段和平稳发展阶段。

(1) 开发初期：1985～1999 年，渤海油田平均年投产生产井 20～30 口，开发初期年采油气当量 45 万～350 万 m^3。

(2) 快速发展阶段：2000～2009 年，渤海油田处于快速上产期，采油井由 443 口快速增长至 1179 口，该阶段年采油气当量 443 万～2032 万 m^3。

(3) 平稳发展阶段：2010～2019 年，渤海油田自 2010 年油气当量超过 3000 万 m^3，采油井 2400 多口，最高采油气当量达到 3559 万 m^3，已 10 年稳产 3000 万 m^3。

渤海油田系列人工举升工艺经历 30 多年的发展，发展初期以借鉴陆地油田和海外油田开发经验为主，逐步发展满足渤海油田开发要求的系列人工举升工艺技术，其发展历程可划分为以下三代系列技术。

1) 第Ⅰ代采油工艺技术——普通合采管柱

第Ⅰ代采油工艺技术以自喷采油系列及笼统采油系列为主（图 1-5-3），该工艺操作简

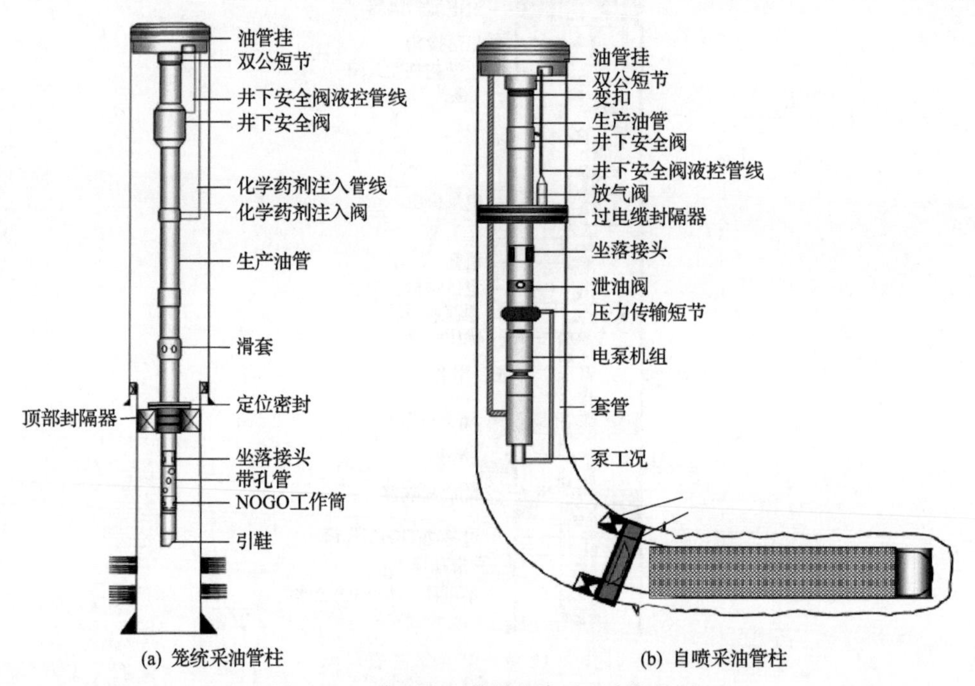

(a) 笼统采油管柱　　(b) 自喷采油管柱

图 1-5-3　典型电泵井笼统合采生产管柱图

单，作业成本低。其突出的缺点是针对油层纵向层间差异大的储层，层间干扰问题突出，多层笼统开采严重影响油田整体开发效益。

2) 第Ⅱ代采油工艺技术——Y 型分采管柱

渤海油田在 20 世纪 90 年代末期引入国外 Y-Block 工具，并应用于海上生产井分层开采工艺中，矿场试验取得成功。2000 年初渤海石油采油工程技术服务公司借鉴国外技术经验，开展井下 Y-Block 工具国产化攻关，逐步开发并形成系列分采关键工具——Y 接头。Y 接头产品的形成，标志着渤海油田第Ⅱ代采油工艺技术的形成，分为 Y 型分采和 Y 型丢手式分采两种工艺管柱(图 1-5-4)，达到了不动管柱分层开采和动态监测的目的。

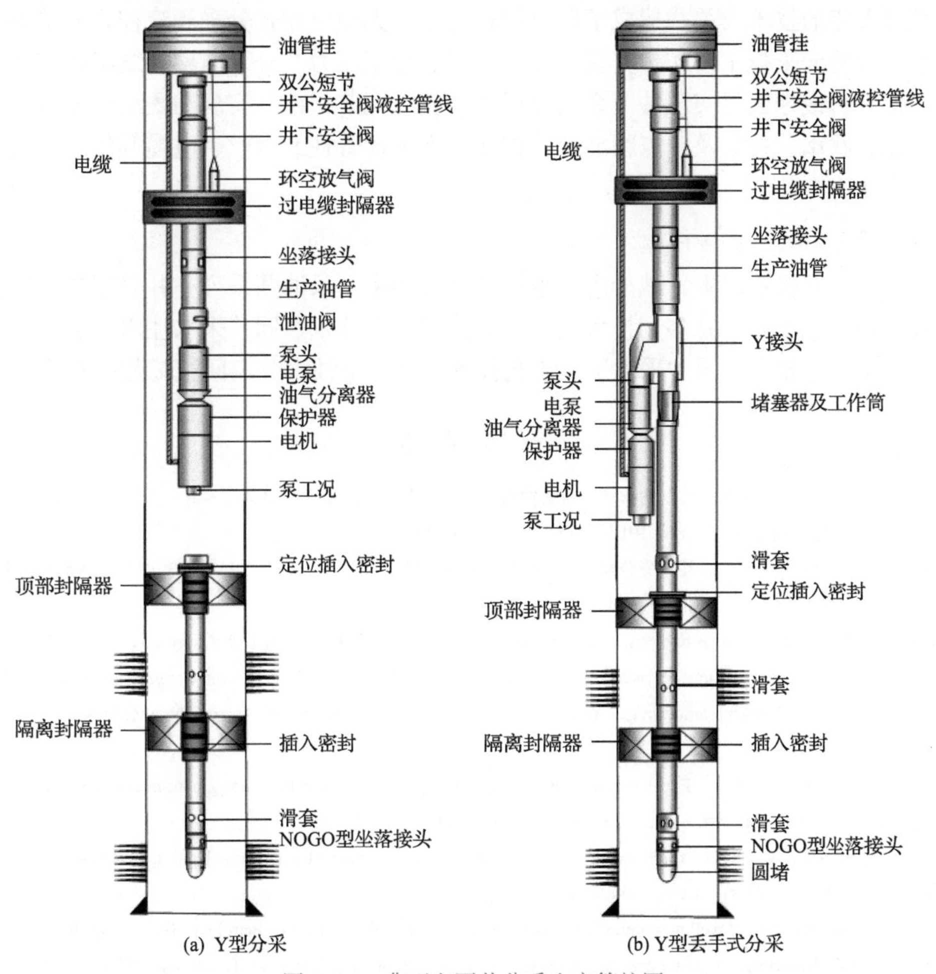

图 1-5-4　典型电泵井分采生产管柱图

Y 型分层开采原理：生产管柱采用多级滑套及插入密封配合，实现油井有选择性地分层开采。正常生产时，生产堵塞器坐落于堵塞器工作筒内，其密封总成封堵 Y 接头直孔通道，井液由电泵抽吸进入油管；生产测试时，测试堵塞器与压力计连接，用钢丝电缆下入堵塞器工作筒内并密封，达到在不动管柱的前提下动态监测生产参数(压力、流量、温度等)的目的。现渤海油田大部分采油井仍采用 Y 型分采工艺技术，具有可靠性高、技术成熟度高和生产运行稳定性高的特点，矿场应用井数逐年攀升。

3) 第Ⅲ代采油工艺技术——智能分采

第Ⅱ代采油工艺技术达到了不动管柱分层开采和动态监测的目的，但是需配备钢丝开关滑套作业或电缆分层测试作业实现开关层作业或井下压力测试。作业过程中存在调配和测试周期偏长，无法获取井下实时动态生产数据等缺点。

为此，2014 年初中海油能源发展股份有限公司工程技术分公司开始攻关智能分采工艺技术，其目的是在不动用钢丝/电缆作业的前提下，实时获取井下分层开采参数，并对井下分采产量实时调控。

经过多年的技术攻关，形成了以电控式分采、无缆压控式分采和液控式分采方式为主的系列智能分采技术，初步实现了分层产能、分层压力及分层温度在线实时监测与显示，且在平台或地面可实现井下系列分层产量实时调节，精准实现油藏配产要求，实现分层测试、找水、控水及定点精准酸化作业，无须动管柱或钢丝、电缆等作业，大幅度降低了作业成本。

4) 采油井系列一井多用技术

为降低钻井投资成本，减少生产平台井槽占用率，采油井系列一井多用技术逐步形成，海上现有采油井一井多用技术包括一井双泵工艺技术、同井采水注水工艺技术、同井采油注水工艺技术、同井采油采气工艺技术以及井下油水分离回注工艺技术等。

参考文献

孙大同, 张琪. 1995. 基于 Petrobras 方法含水综合 IPR 曲线公式的修正. 断块油气藏, 2(4): 37-40

张琪. 2000. 采油工程原理与设计. 东营: 中国石油大学出版社: 14-15

中海油能源发展股份有限公司工程技术分公司, 中海石油(中国)有限公司深圳分公司. 2015. 潜油电泵采油系统功率计算: Q/HS 2008—2015. 北京: 石油工业出版社

Beggs H D, Brill J P. 1973. A study of two-phase flow in inclined pipes. Journal of Petroleum Technology, 25(5): 607-617

Duns H, Ros N C J. 1963. Vertical flow of gas and liquid mixtures in wells//The 6th World Petroleum Congress, Frankfurt am Main

Gray H E. 1978. Vertical flow correlation in gas wells//User's Manual for API 14B, SSCSV Sizing Computer Program. 2nd edition. API Appendix B: 38-41

Hagedorn A R, Brown K E. 1965. Experimental study of pressure gradients occurring during continuous two phase flow in small-diameter vertical conduits. Journal of Petroleum Technology, 17(4): 475-484

Hagedorn A R, Brown K E. 1973. Experimental study of pressure drop in inclined and vertical pipes. Technology Report No. 80063-81, Cambridge: Massachusetts Institute of Technology

Joshi S D. 1988. Augmentation of well production with slant and horizontal wells. Journal of Petroleum Technology, 40(6): 729-739

Orkiszewski J. 1967. Predicting two-phase pressure drops in vertical pipe. Journal of Petroleum Technology, 19(6): 829-838

Vogel J V. 1968. Inflow performance relationship for solution gas drive wells. Journal of Petroleum Technology, 20(1): 83-93

第 2 章　大液量油井举升工艺创新与实践

海上油田储层岩性较为疏松，孔隙度大，连通性好，属于高孔高渗储层，且为复杂多油水系统，边底水能量充足。生产实践证实该类油田具有开发初期产油量高、产液量波动幅度大、含水率上升快、产液量高及无水采油期短(2～3 年)等特点。海上油田单井产液量最高可达到 4000m^3/d，单井开发前中期产液量可在 100～2000m^3/d 范围内波动，开发后期含水率高于 92%。因常规电泵高效运行区间较窄，提液增产时需要主动更换大排量电泵，一方面影响单井生产时率，另一方面增加检泵作业费用。为此，针对大液量油井举升面临的困境，海上油田开始研发大泵提液增产技术和宽幅电泵举升技术，现已初步形成了海上油田大液量油井举升技术体系。

2.1　大泵提液增产工艺创新与实践

海上油田在 2005 年初开始探索通过放大生产压差提高单井产液量的方式实现产能挖潜，逐步掌握了边底水油藏提液增油机理、提液时机、提液幅值、井筒换大泵优化设计方法及地面配套设备选型等技术，2010 年在渤海油田开始大规模推广应用。截至 2020 年底，累计实施大泵提液 900 多井次，矿场实践证明大泵提液增产技术可有效提高采油速度，达到了提液增油的目的。大泵提液增产技术已经成为渤海油田增产、稳产的重要措施之一，也是渤海老油田挖潜的重要手段。

2.1.1　大泵提液电泵机组优化设计

因海上油田检泵作业费用高，为保证电泵机组高效合理运行，提高检泵运转周期，需对大泵提液电泵机组进行优化设计，一般应遵循以下原则。

(1)选择合理的泵型：使泵在最高效率点附近工作，并考虑油井多年内供液能力的变化，优选电泵额定排量应满足 3～5 年的产液需求。

(2)电泵额定排量与油藏配产要求相匹配，额定扬程满足油井的总动压头，并满足计量和外输的需要。

(3)电机输出功率应能够满足举升液体需求，尽可能涵盖较宽变化范围，具有一定的提频空间。

(4)根据井况条件及电机参数选择规格配套的动力电缆。

2.1.2　大泵提液增产技术限制因素分析

1. 平台限制条件分析

(1)电泵变频器/变压器容量限制：大泵提液的实施会导致电泵井耗电量增加，现有的电泵变频器/变压器容量若不满足提液后的容量需求，需根据提液量计算地面变频器/

变压器设备容量，并进行地面控制设备的更换。

(2)油田/平台电量负荷限制：单井大泵提液实施会造成电泵井耗电量增加，若大规模实施大泵提液会导致平台或油田整体耗电量增加，提液后整体用电负荷应低于平台或油田发电量。

(3)流程液量处理能力限制：大泵提液的实施将直接造成中心平台或浮式生产储卸油装置(FPSO)处理液大幅度增加，油田大规模实施大泵提液需开展整体增加产液量预测，并分批次有计划地制定实施方案。

2. 井筒限制条件分析

(1)套管尺寸限制：更换大排量机组后，电泵机组最大外径增加，套管尺寸会限制电泵机组的下入，特别是对海上常用Y型管柱而言，应设计合理的举升工艺管柱，保证大排量机组顺利下入。

(2)油管尺寸限制：提液后油管尺寸的选择应尽量降低油管摩阻和避免流体冲蚀油管。

(3)生产压差限制：提液后必然造成单井井下生产压差增加，因此生产压差的设置应重点考虑避免地层出砂而导致油井大修等事件的发生。

2.1.3 大泵提液矿场实践及效果分析

截至2020年底，以渤海油田为例，大泵提液增产工艺技术在渤海油田已累计应用于34个油田，累计实施大泵提液976井次，其中925井次有效，措施成功率94.8%，平均日增油量1.80万m^3左右，累计措施增油380.89万m^3，占渤海油田所有措施工艺增油量的32.2%，大泵提液技术已然成为渤海油田最重要的措施挖潜方式(表2-1-1)。

表2-1-1 渤海油田大泵提液井数及增油量统计表

油田	井次/口	有效井次/口	累计措施增油/万m^3	平均日增油量/m^3
SZ36-1	285	264	138.71	6221.6
LD10-1	6	6	11.88	502.1
LD4-2	4	3	1.09	54.2
LD5-2	10	10	6.21	321.0
LD27-2	5	5	1.66	70.2
LD32-2	15	14	8.96	504.8
JZ9-3	54	52	31.87	1232.3
JZ25-1S	8	8	5.59	279.1
JX1-1	9	8	0.91	63.8
CB	32	29	9.57	493.1
QK17-2	29	29	8.33	384.2
QK17-3	9	9	0.73	38.1
QK18-1	7	6	0.79	41.6
NB35-2	5	5	0.42	40.6
QHD33-1	3	3	0.13	11.1
BZ28-2S	5	5	1.12	47.7

续表

油田	井次/口	有效井次/口	累计措施增油/万 m^3	平均日增油量/m^3
BZ34-1	26	25	7.23	343.9
BZ34-2/4	9	7	1.83	78.3
BZ29-4	4	4	1.34	62.0
BZ35-2	11	11	4.63	245.4
KL10-1	5	5	1.54	62.2
KL10-4	2	2	0.95	38.0
BZ34-9	1	1	0.14	13.5
QHD32-6	256	249	83.38	4074.3
BZ25-1	6	5	1.68	92.9
BZ25-1S	109	104	25.64	1306.7
BZ19-4	16	15	6.06	328.4
CFD11-1	19	19	11.46	628.8
CFD11-2	5	4	1.67	89.6
CFD11-3/5	1	1	0.19	20.2
CFD11-6	8	7	2.25	192.2
PL19-3	9	8	1.96	65.1
PL19-9	1	1	0.48	56.6
PL25-6	2	1	0.49	15.2
合计	976	925	380.89	18019

以 QHD32-6 油田为例，该油田为典型的层状边水和块状底水的岩性构造油藏，地层能量充足，单井最高日产液量可达到 3500m^3，该油田亦是渤海油田大泵提液技术主要应用的矿区之一。以该油田 11 口典型大泵提液矿场实践井为例，平均日增油量 43.3m^3，措施有效期 508.1d，最高日产液量 3388.0m^3，提液幅值最高达 544.1%(表 2-1-2)。

表 2-1-2 QHD32-6 油田典型大泵提液矿场实践效果统计表

井号	措施日期	措施前			措施后			提液幅值/%	日增油量/m^3	措施有效期/d
		日产液量/m^3	日产油量/m^3	含水率/%	日产液量/m^3	日产油量/m^3	含水率/%			
DV-1h	2017/4/25	92.4	42.7	53.8	291.2	71.6	75.4	315.2	28.9	602
DV-2h	2017/5/15	159.8	47.1	70.5	468.0	68.3	85.4	292.9	21.2	486
DV-3h	2015/3/7	122.8	25.9	78.9	397.7	42.3	89.4	323.9	16.4	157
DV-4h	2015/3/9	136.2	44.4	67.4	358.9	76.9	78.6	263.5	32.5	470
DV-5	2018/9/19	463.9	23.1	95.0	934.5	61.4	93.4	201.4	38.3	741
DV-6h	2017/3/16	338.7	21.3	93.7	1546.6	83.5	94.6	456.6	62.2	375
DV-7h	2017/3/23	340.2	25.2	92.6	1851.0	97.6	94.7	544.1	72.4	539
DV-8h	2017/8/6	382.1	22.7	94.1	1731.8	80.4	95.4	453.2	57.7	463
DV-9h	2018/4/1	831.4	22.9	97.2	1883.3	64.9	96.6	226.5	42.0	714
DV-10h	2016/1/24	161.5	31.7	80.4	440.4	65.6	85.1	272.7	33.9	647
DV-11h1	2020/6/27	1152.3	31.1	97.3	3388.0	101.6	97.0	294.0	70.5	395
平均值								331.3	43.3	508.1

1. 大泵提液 500m^3 量级矿场实践与效果分析

1) 生产现状及存在问题

DV-2h井于2013年10月29日投产，采用Y型合采管柱，投产初期下入额定排量100m^3/d、额定扬程1200m的电泵机组，初期日产液量59.9m^3，日产油量58.6m^3，含水率2.2%。2014年电泵机组故障停机，11月19日下入额定排量150m^3/d、额定扬程1200m的新机组，作业前计量日产液量113.8m^3，日产油量37.9m^3，含水率66.7%；作业后计量日产液量76.5m^3，日产油量34.2m^3，含水率55.3%。检泵后该井运行平稳，油压3.2MPa，电流29.5A。

2017年5月7日过载停机，测量电泵机组三相直阻分别为2.6Ω、3.7Ω、3.7Ω，直阻不平衡，绝缘为0Ω。平台采取正挤方式试图重新启动电泵机组，挤注量约8m^3/h，挤注油压5MPa，随后立即环空补液8m^3/h，补液1h，重新启井后电流瞬间升高到80A，瞬间过载停机。

DV-2h井对应临井注水井DU03井于2015年7月转注，从动态响应来看注水受效明显，2017年日注水量增至745m^3，进一步补充了DV-2h井地层能量。油藏分析认为该井具有提液潜力，建议采用大泵提液生产。预测提液后日产液量150～200m^3，含水率70%，后期随着注水受效，地层能量得到进一步补充，含水率上升，日产液量可达到400m^{3}左右。

2) 工艺方案及参数设计

依据油藏提液需求，生产管柱采用普通合采管柱，设计电泵额定排量400m^3/d，额定扬程1000m，电机功率提升至93.3kW，现有地面变压器容量可满足需求无需更换，采用4#圆电缆，设计泵挂斜深1238.83m，用88.9mm油管生产（表2-1-3）。

表 2-1-3　大泵提液 500m^3 量级参数设计表

	措施前井下/地面运行参数	措施后井下/地面运行参数
管柱类型	Y 型合采管柱	普通合采管柱
额定排量/(m³/d)	100	400
额定扬程/m	1200	1000
电机功率/kW	50	93.3
泵挂斜深/m	1609.87	1238.83
电缆类型	4#圆电缆	4#圆电缆
变压器容量/(kV · A)	315	315
变压器电压挡位/V	1240～1980	1240～1980
生产油管尺寸/mm	88.9	88.9

3) 实施效果分析

2017年5月15日实施换大泵提液措施，检泵作业后采用35Hz启井，2017年6月17日逐步将电泵频率调整至工频生产，换大泵检泵作业含水恢复期为9d左右，作业后平均日产液量468m^3，日产油量68.3m^3，含水率85.4%，平均日增油量21.2m^3，提液幅

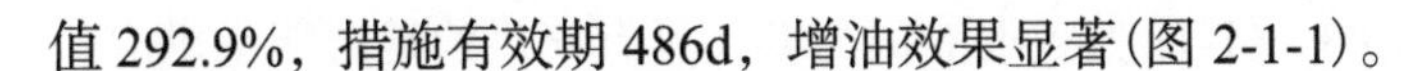
值 292.9%，措施有效期 486d，增油效果显著(图 2-1-1)。

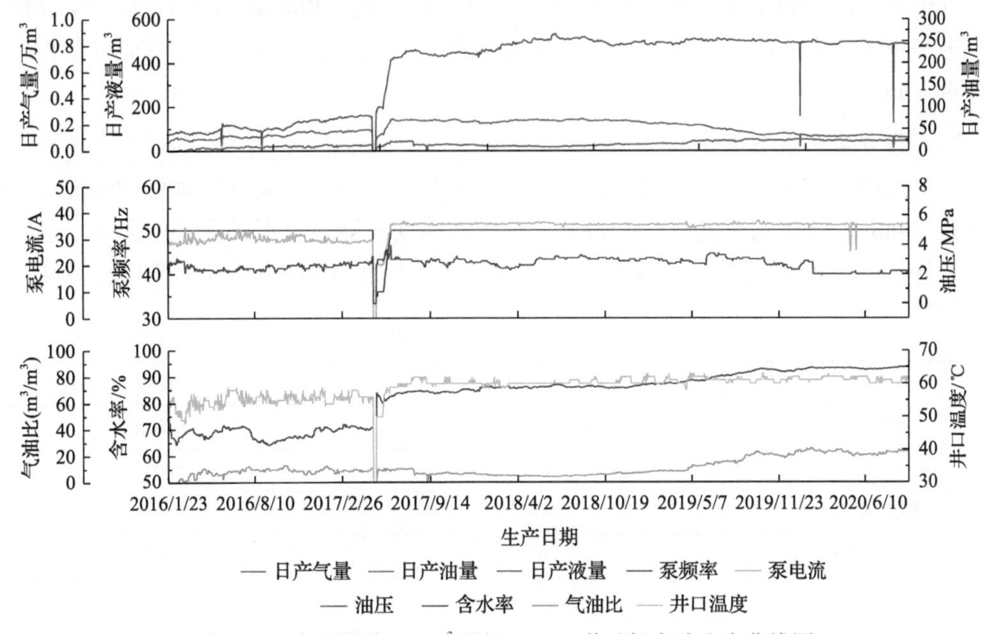

图 2-1-1 大泵提液 500m^3 量级 DV-2h 井矿场实践生产曲线图

2. 大泵提液 1000m^3 量级矿场实践与效果分析

1) 生产现状及存在问题

DV-5 井于 2001 年 10 月 8 日投产，投产初期下入 244.5mm Y 型合采管柱。投产初期下入额定排量 150m^3/d、额定扬程 1000m 的电泵机组，初期稳定生产时油压 2.6MPa，日产液量 118m^3，含水率 0%。2003 年 8 月 21 日更换 244.5mm Y 型分采管柱，下入额定排量 150m^3/d 及额定扬程 1200m 的电泵机组，作业后日产液量 109m^3，日产油量 51.6m^3，含水率 52.7%。

2004 年 4 月 25 日关闭 P1 防砂段，作业前日产液量 158m^3，日产油量 34.6m^3，含水率 78.1%；作业后日产液量 101m^3，日产油量 27.5m^3，含水率 72.8%。2005 年 3 月 3 日关闭 P3 防砂段打开 P1、P2 防砂段合采，作业后日产液量 115m^3，日产油量 13.3m^3，含水率 88.5%。2006 年 7 月 9 日打开 P3 防砂段，换泵作业下入额定排量 400m^3/d、额定扬程 1000m 的电泵机组，作业前日产液量 203m^3，日产油量 17.3m^3，含水率 91.5%；作业后日产液量 381m^3，日产油量 41.5m^3，含水率 89.1%。2007 年 6 月 3 日关闭 P1、P2 防砂段，打开 P3 防砂段，作业前后产液量和含水率基本稳定，油压 2.5MPa、套压 1.7MPa，日产液量 474m^3，含水率 95.6%。2018 年 8 月 29 日该井瞬间电流突然升高，电机过载停机，停机检查后试启该井，频率到 13Hz 时无法再上调，瞬间电流达到 60A，变频器过载保护停机，现场初步判断电泵电缆击穿或井下电机故障造成停泵，截至 2018 年 8 月 29 日该井已平稳运行 4434d。

DV-5 井对应邻井注水井 DU14、DU05、DU14 和 DU10 井，从动态响应来看注水受效非常明显，且 DV-5 井 P2 和 P3 防砂段为底水油藏类型，具有充足的地层能量供应，油藏分析认为地层静压保持较高水平（约为 7.3MPa，基准面 966m），生产压差约为 1MPa。建议进一步扩大生产压差提液生产，预测日产液量 800m^3/d 左右，含水率 98%左右，日增油量 15m^3。

2）工艺方案及参数设计

依据油藏提液需求，生产管柱采用普通合采管柱，设计电泵额定排量 800m^3/d、额定扬程 1000m，电机功率提升至 156kW，现有地面变压器容量不满足需求需更换更高容量的设备，采用 4#圆电缆，设计泵挂斜深 1155m，采用 88.9mm 油管生产（表 2-1-4）。

表 2-1-4　大泵提液 1000m^3 量级参数设计表

参数项	措施前井下/地面运行参数	措施后井下/地面运行参数
管柱类型	Y 型分采管柱	普通合采管柱
额定排量/(m^3/d)	400	800
额定扬程/m	1000	1000
电机功率/kW	93	156
泵挂斜深/m	1167	1155
电缆类型	4#圆电缆	4#圆电缆
变压器容量/(kV·A)	160	300
变压器电压挡位/V	700～1890	700～1980
生产油管尺寸/mm	88.9	88.9

3）实施效果分析

2018 年 9 月 19 日实施换大泵提液措施，检泵作业后采用 35Hz 启井，逐步将频率调整至工频生产，2018 年 9 月 24 日电泵运转频率调至 44Hz，含水率降至 94.9%，日产液量 794m^3，日产油量 40.1m^3，换大泵检泵作业含水恢复期 16d 左右，作业后平均日产液量 934.5m^3，日产油量 61.4m^3，含水率 93.4%，平均日增油量 38.3m^3，提液幅值 201.4%，措施有效期 741d，增油效果显著（图 2-1-2）。

3. 大泵提液 2000m^3 量级矿场实践与效果分析

1）生产现状及存在问题

DV-8h 井于 2014 年 8 月 15 日投产，该井采用裸眼完井，井筒内通径为 215.9mm，水平段长度 310m，下入 139.7mm 3D 星孔优质筛管砾石充填防砂，下入 88.9mm 外加厚油管（EUE），采用普通合采管柱生产。投产初期下入额定排量 600m^3、额定扬程 1200m 的电泵机组。

该井投产即见水，且含水率较高，生产初期以控液生产为主，电泵运转频率控制在 32Hz 运行，日产液量 174m^3，日产油量 71.7m^3，含水率 58.8%。2015 年 7 月含水率上升至 86%左右，开始逐步放大生产压差提液生产，直至 2015 年底电泵运转频率由初期的 32Hz 提至 38Hz 运转，日产液量维持在 580m^3，日产油量 53.8m^3，含水率 90.7%左右。

2017 年 6 月含水率突破至 95%，开始大幅度提液生产，电泵频率提至 50Hz 运转，日产液量 823m³，日产油量 26.3m³，含水率 96.8%。

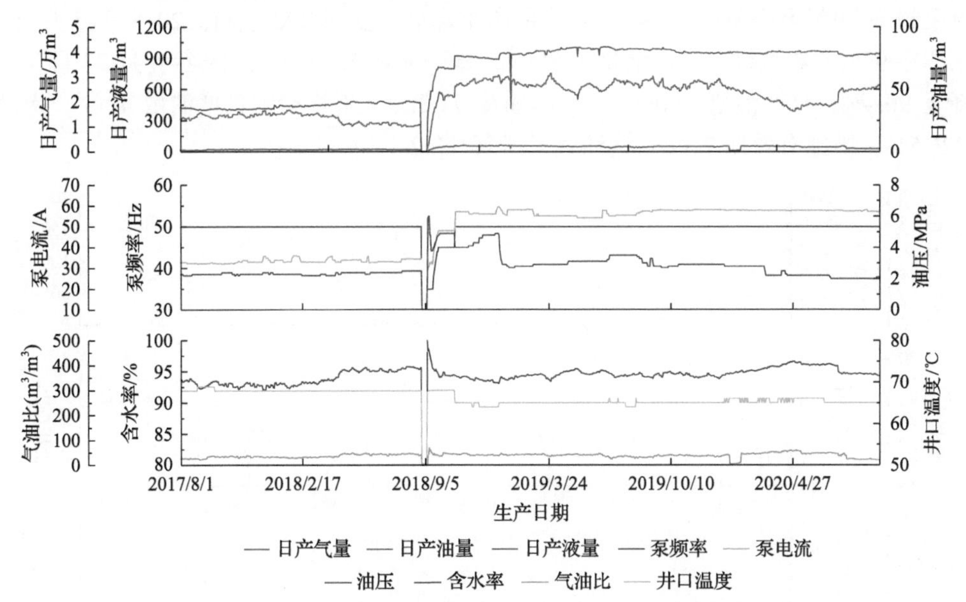

图 2-1-2 大泵提液 1000m³ 量级 DV-5 井矿场实践生产曲线图

由 DV-8h 井和邻井 DV-6h 生产动态的对比分析可知，DV-8h 井地层能量充足，生产压差约 0.8MPa，油藏分析认为该井具有提液潜力，建议采用大泵提液生产，预测提液后日产液量 2000m³ 左右，预测含水率 95%左右。

2) 工艺方案及参数设计

依据油藏提液需求，生产管柱采用普通合采管柱，设计电泵额定排量 2000m³/d、额定扬程 600m，电机功率提升至 217.74kW，现有地面变压器容量不满足需更换，需更换为 2#圆电缆，设计泵挂斜深 1614m，采用 88.9mm 油管生产(表 2-1-5)。

表 2-1-5 大泵提液 2000m³ 量级参数设计表

参数项	措施前井下/地面运行参数	措施后井下/地面运行参数
管柱类型	Y 型合采管柱	普通合采管柱
额定排量/(m³/d)	600	2000
额定扬程/m	1200	600
电机功率/kW	157	217.74
泵挂斜深/m	1139.86	1614
电缆类型	4#圆电缆	2#圆电缆
变压器容量/(kV·A)	315	400
变压器电压挡位/V	1240～2890	1240～2890
生产油管尺寸/mm	88.9	88.9

3) 实施效果分析

2018 年 4 月 8 日实施换大泵提液措施，检泵作业后采用 35Hz 启井，历时 32d 逐步将电泵频率调整至工频生产，换大泵检泵作业含水恢复期 20d 左右。2018 年 5 月 29 日含水率在 97%左右波动，日产液量 1880m^3，日产油量 53.1m^3，2019 年 4 月 22 日含水率下降至 96.4%，日产液量 1909m^3，日产油量 71.3m^3。平均措施日增油量 42m^3，提液幅值 226.5%，措施有效期 714d，增油效果显著(图 2-1-3)。

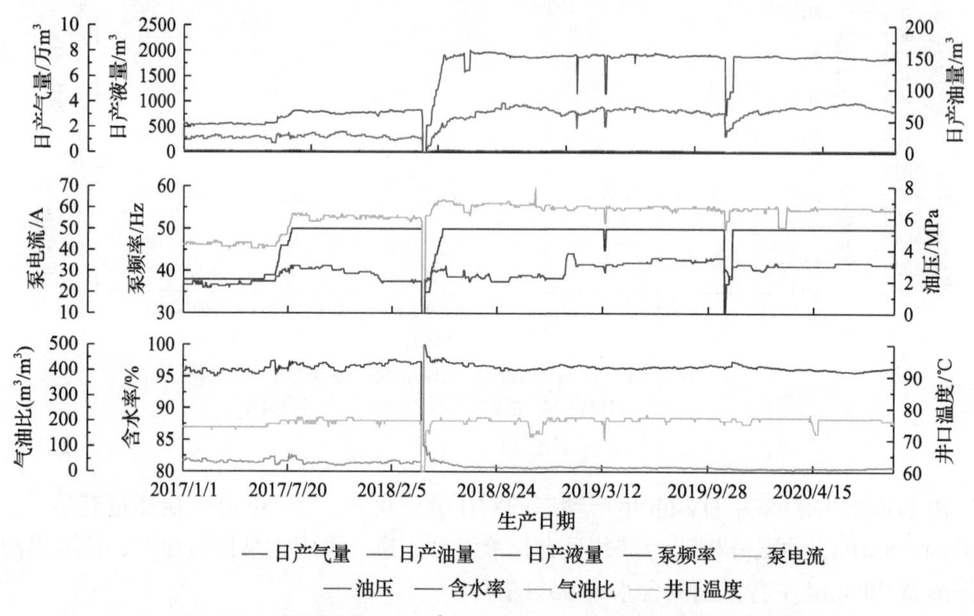

图 2-1-3　大泵提液 2000m^3 量级 DV-8h 井矿场实践生产曲线图

4. 大泵提液 4000m^3 量级矿场实践与效果分析

1) 生产现状及存在问题

DV-10h1 井于 2018 年 6 月 1 日投产，为 DV-10h 井同层侧钻井，完井井深 3045m，完钻垂深 1728.69m，水平段长度 367m，砾石充填防砂，下入 244.5mm 普通合采管柱生产。投产初期下入额定排量 800m^3/d、额定扬程 1000m 的电泵机组。

该侧钻井投产即见水，且含水率较高，日产液量 1112m^3，日产油量 26.3m^3，含水率 97.6%。该井生产层位为刚性底水油藏，地层能量充足，根据压力监测数据及周边井投产时压力数据估算地层静压约 14MPa，地层压降 0.5MPa，生产压差 0.6MPa，产液指数 1928m^3/(d·MPa)，分析认为该井具有很大的提液空间，建议采用大泵提液生产，预测提液后日产液量 4000m^3 左右，预测含水率 97%左右。

2) 工艺方案及参数设计

依据油藏提液需求，生产管柱采用普通合采管柱，设计电泵额定排量 4000m^3/d、额定扬程 600m，电机功率提升至 418kW，现有地面变压器容量不满足需求需更换更高容量的设备，需更换为 2#圆电缆，泵挂斜深 1888m，用 88.9mm 油管生产 4000m^3 产液沿程摩阻过大且有冲蚀风险，需更换为 114.3mm 油管生产(表 2-1-6)。

表 2-1-6　大泵提液 4000m^3 量级参数设计表

参数项	措施前井下/地面运行参数	措施后井下/地面运行参数
管柱类型	普通合采管柱	普通合采管柱
额定排量/(m^3/d)	800	4000
额定扬程/m	1000	600
电机功率/kW	179.1	418
泵挂斜深/m	1452.9	1888
电缆类型	4#圆电缆	2#圆电缆
变压器范围/(kV · A)	315	1000
变压器电压挡位/V	1240～2890	1360～4231
生产油管尺寸/mm	88.9	114.3

3) 实施效果分析

2020 年 6 月 26 日实施换大泵提液措施，检泵作业后采用 31Hz 启井，逐步上调电泵频率生产，措施作业第 6d 产油量就已恢复至作业前日产油量 30m^3 的水平，换大泵检泵作业含水恢复期 4d 左右，随后逐步上调运转频率。运转频率 40Hz 时，日产液量 2482m^3，日产油量 60.7m^3，含水率 97.6%。运转频率 44Hz 时，日产液量 3364m^3，日产油量 93.9m^3，含水率 97.2%，截至 2020 年 11 月 25 日平均日增油量 70.5m^3，提液幅值 294%，措施有效期 395d，增油效果非常显著(图 2-1-4)。

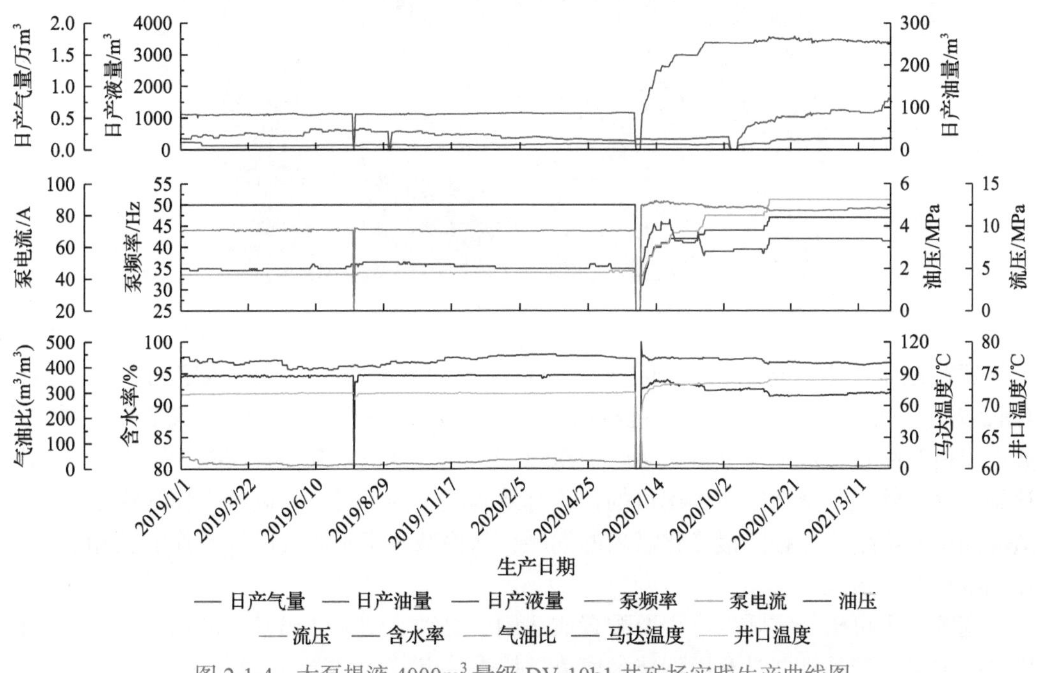

图 2-1-4　大泵提液 4000m^3 量级 DV-10h1 井矿场实践生产曲线图

2.2 宽幅电泵举升工艺创新与实践

渤海油田电泵举升井数占总井数的 95.6%，电泵举升产量贡献达到 94.7%。常规电泵机组推荐的运转高效区较窄(排量范围有限)，同时由于油藏地质的不确定性，选泵设计与实际投产经常存在一定差异，导致电泵往往不能在其高效区内工作。长期偏离高效区的运行，造成叶轮及止推垫片严重偏磨，影响电泵效率及其运行寿命。此外，因排量无法满足要求而产生的非故障换泵作业给油田公司造成了额外的修井作业费和原油产量的损失。

现有常规电泵机组型号种类多，渤海油田常用的 50～2000m^3/d 排量对应的电泵型号多达 20 多种，而相同排量产品又可衍生出 3～5 种型号电泵，再根据不同扬程的需求，电泵机组型号可多达上千种(梅思杰等，2004；邵永实等，2004；张琪，2000)，造成油田公司库存积压，也影响了作业准备时效。

2.2.1 宽幅电泵举升工艺特点

宽幅电泵(图 2-2-1)举升工艺及举升原理与常规电泵一致，即由电机、保护器、分离器、电泵、电缆及下井附件等组成，通过地面供电设备向井下潜油电机提供动力，由多级离心泵提供不同排量和扬程以满足将井液举升至地面的要求。宽幅电泵举升工艺技术适用套管内径不小于 139.7mm，其在套管空间允许条件下可适用于各类常规及特殊普通合采或分采工艺管柱。

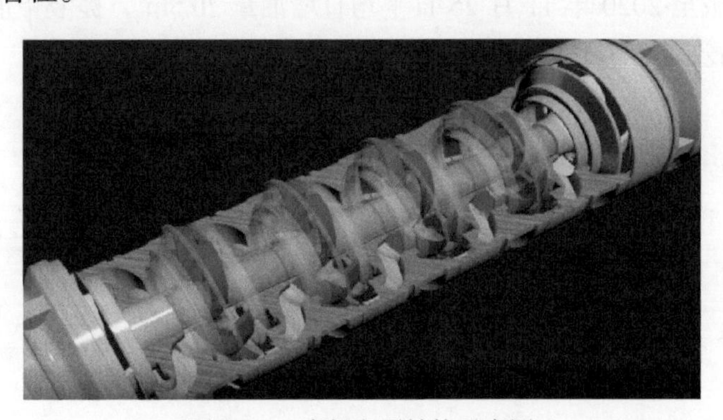

图 2-2-1 宽幅电泵结构示意图

宽幅电泵与常规电泵的区别在于，宽幅电泵内部配置混流型三维空间曲面叶导轮(图 2-2-2)，可将电泵高效工作区范围由 10%～30%拓展到 43%～61%，仅 2 个系列 6 种典型规格产品排量范围即可覆盖 40～1900m^3/d，较常规电泵泵型种类减少了 72%，不仅达到了优化管理、降低资金占用目的，还有效解决了因常规电泵高效工作区窄不能有效适应油田实际生产大幅产液变化需求的问题，从而减少了不必要的换泵作业及相应的作业成本和产量损失。

宽幅电泵可根据实际生产需要配置成适用于腐蚀、结垢、出砂、高温、高含气等特殊井况的电泵产品，并具有以下技术优势及技术特点。

（1）提供更宽的高效工作区，从而满足油藏产液大幅变化生产需求。
（2）减少叶导轮种类，降低库存资金占用，优化管理及提高作业准备效率。
（3）大流道三维叶导轮更有利于复杂流体通过及高含气井况生产。
（4）全压紧结构设计更有利于含砂流体的举升。

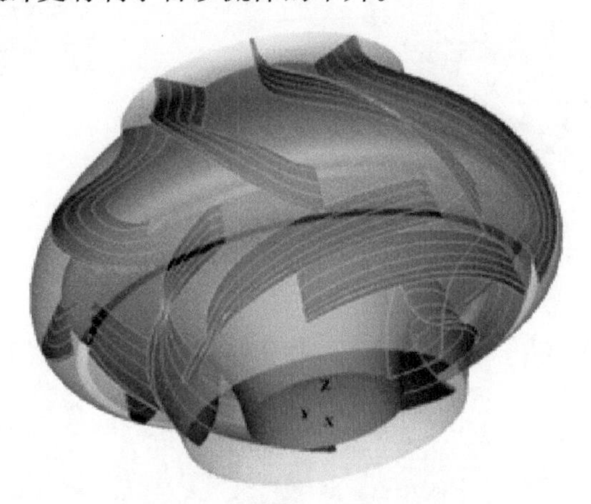

图 2-2-2　宽幅电泵及叶导轮结构示意图

2.2.2　宽幅电泵关键部件开发

1. 宽幅电泵叶导轮开发

电泵的水力性能主要是指其叶导轮流量-效率、流量-扬程、流量-轴功率特性（邵永实等，2004），而宽幅电泵的开发主要有以下几个难点。

（1）流量、效率、扬程三者息息相关，常规二维叶导轮无法满足既拓宽高效区，又满足不降低电泵效率、扬程性能的需求。

（2）开发三维空间曲面叶导轮替代二维叶导轮需要进行大量的计算，常规计算方式为手工计算，计算准确率受到经验制约，并且开发时间长，不能计算效率，需要铸造开模试制样件进行测试，开发成本高。

（3）宽幅电泵高效区拓宽后，高效区内轴向力变化更大，对叶导轮磨损加剧，所以在叶导轮水力性能满足宽幅高效的同时要求扬程变化幅度尽可能变小。

基于以上开发难题，常规手工计算无法满足设计要求，宽幅三维空间叶导轮的水力开发创新采用了 CFTurbo 水力建模+ANSYS 软件模拟仿真（图 2-2-3）+3D 打印样件测试等工业化开发方式，不但解决了手工计算工作量大的问题，同时突破了无法计算效率的极限难题，大大缩短了开发周期，降低了开发成本。

2. 宽幅电泵叶导轮样件水力性能测试

为加快叶导轮水力性能验证时效及降低铸造开模成本，宽幅电泵叶导轮样件水力性能测试采用 3D 打印制作（图 2-2-4），测试时效提高了 3～4 个月，测试成本降低了 95%以上。随后对铸造含镍铸铁材质叶导轮样件进行水力性能测试，测试结果优于 3D 打印产品泵效。

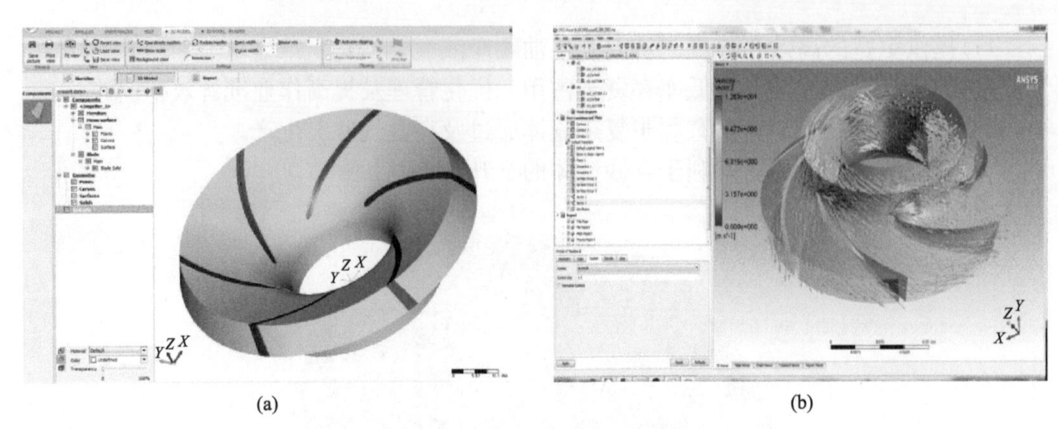
(a) (b)

图 2-2-3　宽幅电泵叶导轮水力设计及性能仿真

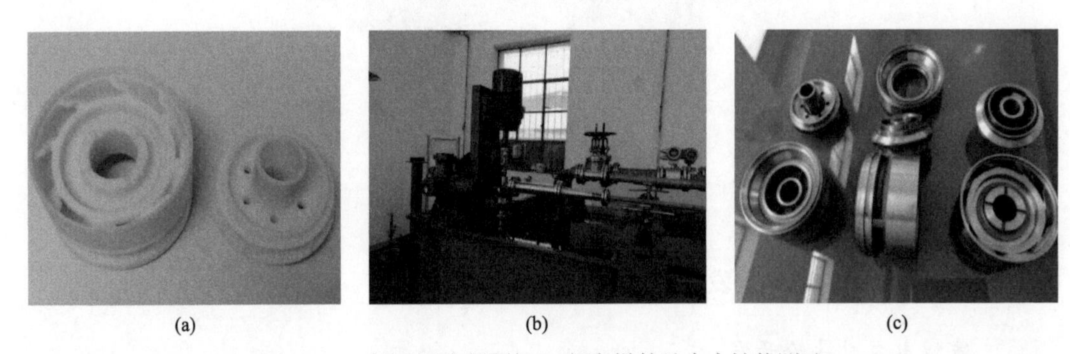
(a) (b) (c)

图 2-2-4　宽幅电泵叶导轮 3D 打印样件及水力性能测试

宽幅电泵叶导轮试制加工后组装成整机宽幅电泵机组，并开展了整机性能测试验证(图 2-2-5)。试验结果表明，开发的宽幅电泵叶导轮可以达到设计效果，在满足排量范围覆盖 40～1900m^3/d 的同时，泵效扬程高、轴向力变化小，试验结果指标满足《潜油电泵机组》(GB/T 16750—2015)对电泵水力性能的要求。

(a) (b)

图 2-2-5　宽幅电泵水力性能测试

3. 宽幅电泵举升工艺技术开发效果评价

试验结果表明，叶导轮高效工作区由常规电泵的 10%～30%拓展到 43%～61%，高效工作区上限拓宽了 50%左右，高效流量区范围性能(表 2-2-1)优于常规电泵最高达 275%。宽幅泵效指标(表 2-2-2)优于国标最高达到 17.5%，宽幅技术性能(表 2-2-3)达到同期国际行业先进水平。2019 年 10 月，宽幅电泵举升技术通过中国海油集团公司开发生产部专家组评审，通过采油(气)适用工艺评估，被评定为“适用工艺”，推广有效期自 2019 年 12 月 1 日至 2024 年 12 月 30 日。

表 2-2-1　宽幅电泵机组样机测试性能与常规电泵数据对比表

型号	系列	宽幅电泵排量范围/(m^3/d)	泵效/%	常规电泵泵型	常规电泵排量范围/(m^3/d)	泵效/%	排量范围增幅/%
KF1	387	40～145	62.3	BD300	22～50	42	275
KF2		70～260	66.6	BD980	80～180	62	138
KF3		110～460	61.5	BD1750	120～290	61.5	106
KF4	538	110～530	62.7	BG2500	200～425	62	87
KF5		255～1100	72.6	BG3100	190～470	55	202
KF6		700～1900	64.0	BG7000	638～1200	64	114

表 2-2-2　宽幅电泵机组样机测试性能与国标指标数据对比表

序号	型号	系列	排量范围/(m^3/d)	额定点泵效/%	国标泵效/%	比国标增长/%
1	KF1	387	40～145	62.3	53	17.5
2	KF2		70～260	66.6	59	12.9
3	KF3		110～460	61.5	58	6.00
4	KF4	538	110～530	62.7	60	4.50
5	KF5		255～1100	72.6	64	13.4
6	KF6		700～1900	64	60	6.70

表 2-2-3　宽幅电泵机组样机测试性能与国外类似产品数据对比表

序号	宽幅电泵		国外某产品		对比	
	型号	高效区范围/(m^3/d)	型号	高效区范围/(m^3/d)	高效区范围差值/(m^3/d)	差值比例/%
1	KF1	40～145(110)	X1	6～66(60)	50	83
2	KF2	70～260(190)	X2	35～215(180)	10	6
3	KF3	110～460(350)	X3	90～345(255)	95	37
4	KF4	110～530(420)	X4	193～533(340)	80	24
5	KF5	255～1100(845)	X5	317～775(458)	387	84
6	KF6	700～1900(1200)	X6	445～1383(938)	262	28

注：括号内为最优值。

2.2.3　宽幅电泵举升工艺矿场实践及效果分析

截至 2020 年 11 月，宽幅潜油电泵举升技术已在渤海油田渤南、辽东、渤西、曹妃甸、蓬勃等油田作业区累计现场应用 104 井次(表 2-2-4)，产品运行平稳，产液量稳定，结合变频调速运行，满足了油田产液大幅度变化生产对潜油电泵的宽幅高效工作区要求。

表 2-2-4 宽幅电泵机组渤海油田应用情况统计表

序号	井号	排量/(m^3/d)	扬程/m	下井日期	运行时间/d	备注
1	BZ29-4-KV01	120	1500	2017/12/7	1071	正常生产
2	NB35-2-KV-02	100	1500	2018/7/13	853	正常生产
3	LD5-2-KV25h	300	1200	2018/7/9	857	正常生产
4	KL10-1-KV04	200	1700	2019/6/2	529	正常生产
5	JZ9-3W-KV-4	400	1200	2019/6/13	518	正常生产
6	BZ35-2-KV13	350	1500	2019/6/13	518	正常生产
7	JZ9-3-KV13	350	1500	2019/8/30	440	正常生产
8	CFD11-KV-X1	180	1350	2019/9/29	410	正常生产
9	CFD11-6-KV16	180	1350	2019/9/29	410	正常生产
10	CFD11-6-KV25	350	1200	2019/9/29	410	正常生产

1. 旅大 5-2 油田 KV25h 井矿场实践与效果分析

1) 生产现状及存在问题

旅大 5-2 油田 KV25h 井于 2011 年 4 月投产，开发初期下入电泵机组额定排量 $400m^3/d$，额定扬程 1500m，投产初期日产液量 $104m^3$，日产油量 $100m^3$，含水率 4.0%。2011 年 8 月产液量和含水率有所上升。2013 年 9 月生产趋于稳定，日产液量 $320m^3$，日产油量 $16m^3$，含水率 95%。2017 年 1 月实施自动流入控制装置(AICD)堵水工艺，2 月启泵生产未见明显堵水效果。2018 年 6 月电机三相直阻不平衡，对地绝缘为 0MΩ，机组短路停机，故障电泵机组为 387 系列 A 型电泵机组，其特性曲线高效区间较窄，排量高效工作区范围为 270～$455m^3/d$(图 2-2-6)，使用 387 系列 A 型常规电泵，实际生产已超出最佳工作区间，导致泵叶轮和导壳磨损严重，运行稳定性存在较大风险。

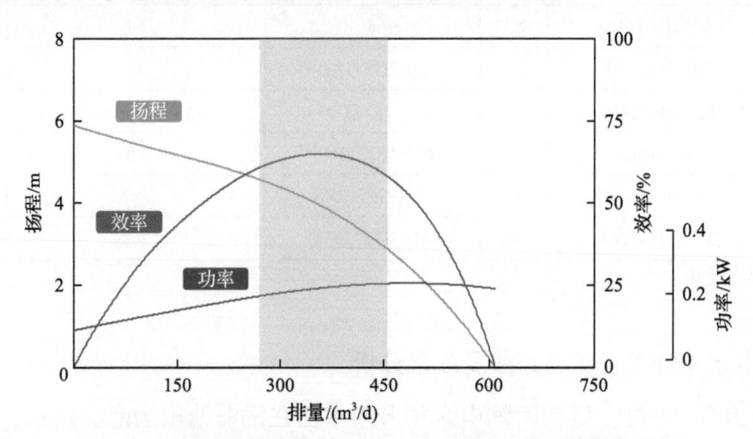

图 2-2-6 旅大 5-2 油田 KV25h 井 A 型常规电泵特性曲线图

参照临近 KV27 井测压数据以及该井生产历史，认为 KV25h 井地层能量充足，具有提液潜力，属于典型的“双高”油藏井况。油藏预测井底流压 8～12MPa，日产液量最高可达 $400m^3$，含水率 88.0%。

2) 工艺方案及参数设计

依据油藏提液需求，生产管柱采用普通合采管柱，将原井下 A 型常规电泵优化为 KF3 型宽幅电泵(图 2-2-7)，其排量高效区范围为 110～$460m^3/d$，详细参数见表 2-2-5。

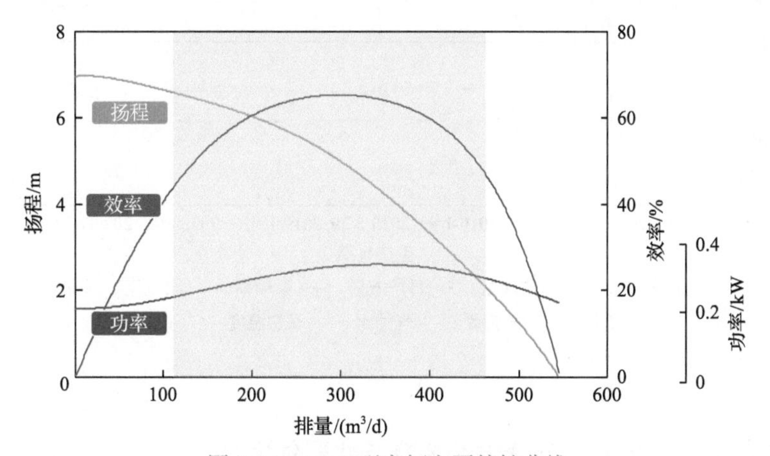

图 2-2-7 KF3 型宽幅电泵特性曲线

表 2-2-5 渤海油田旅大 5-2 油田 KV25h 井电泵机组选型设计方案

序号	名称/代号	规格型号	外径/in
1	动力电缆	QYYENY-6-3×20mm²/120℃	—
2	引接电缆和电缆头	MLE456T-6-3×13mm²/150℃	—
3	传压短节	88.9mm	5.9
4	泵出口接头	73.0mm EUE	3.87
5	电泵	KF3-300/1200	3.87
6	吸入口	BIN387	3.87
7	上保护器	BPR387BPBSL-HL-120℃	3.87
8	下保护器	BPR387BPBSL-120℃	3.87
9	上节电机	BM456UT-66.5HP-120℃	4.56
10	下节电机	BM456LT-66.5HP-120℃-DS	4.56

注：1in=2.54cm。

3) 实施效果分析

2018 年 7 月 9 日检泵作业采用 KF3 型宽幅电泵，检泵作业后采用 30Hz 启井，2018 年 11 月 1 日逐步将电泵频率调整至工频生产，换大泵检泵作业含水恢复期 12d 左右，作业后平均日产液量 $443m^3$，日产油量 $39.9m^3$，含水率 91.0%(图 2-2-8)。正常生产时电流运行平稳，产液量、流压及含水率保持稳定。

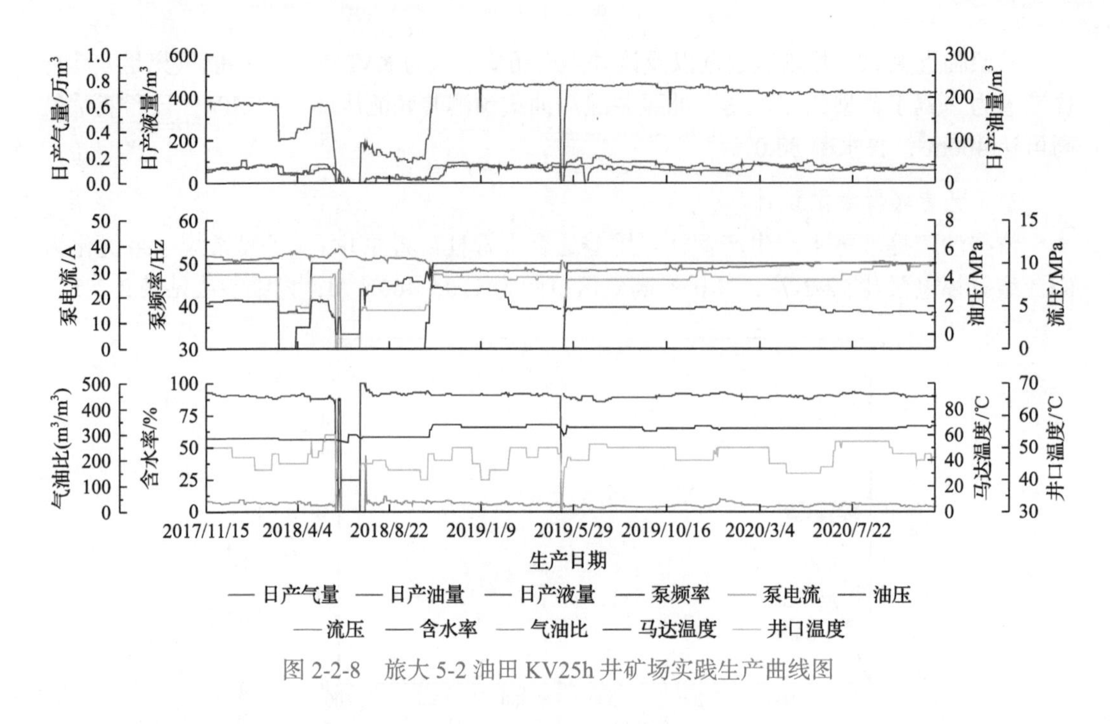

图 2-2-8　旅大 5-2 油田 KV25h 井矿场实践生产曲线图

2. 秦皇岛 32-6 油田 KV07h 井矿场实践与效果分析

1）生产现状及存在问题

秦皇岛 32-6 油田 KV07h 井生产层位为明化镇组Ⅳ油组 1 小层（$Nm_{Ⅳ}^{1}$），油层厚度 8.0m，水平段长度 234m，防砂方式为砾石充填，下入 88.9mm EUE 油管，采用普通合采管柱生产。投产初期下入额定排量 120m^3/d 的电泵机组。

该井于 2014 年 12 月投产，初期日产液量 168m^3，日产油量 50m^3，含水率 70.2%。2015 年 9 月含水率升至 87%，主动采用额定排量为 600m^3/d 的换大泵措施，检泵后日产液量最高 360m^3，该机组仅运行 75d 过载停机，2015 年 12 月在检泵作业过程中循环冲砂返出陶粒，分析认为因地层出砂导致机组砂卡故障停机。2015 年 12 月检泵下入额定排量为 400m^3/d 的电泵机组，考虑地层再次发生出砂风险，启井以低频生产为主，日产液量 121m^3，日产油量 10m^3，含水率 91.7%，随后产液量逐渐上升，生产情况发生好转，2019 年平均日产液量 410m^3，日产油量 21m^3，含水率 94.9%。2019 年 12 月 25 日机组故障停机，井口化验发现有出砂迹象。

油藏分析认为 KV07h 井周边有注水井 KU04、KU09 井。其中 KU09 井与早期定向井 KU08、KU30 井注水受效明显，后 KU09 井进行调剖作业，KV07h 井有明显的降水增油效果。井组注采曲线对比显示，KU09、KU04 与 KV07h 井注水受效明显。因此 KV07h 井投产后含水率较高，呈现出次生底水的生产特征。综合分析认为该井油层厚度 6m，底部 1m 中水淹，上部 5m 为油层。该井正常生产时地层静压约为 10MPa（基准面 1130m），生产压差约 2.5MPa，产液指数 160m^3/（d·MPa）。检泵作业后预测日产液量在 700m^3左右，含水率 96.5%左右。从 2015 年 9 月换大泵后仅运行 75d，检泵情况、2015～2016 年井口取样化验出砂证明，该井在高液量生产时会有出砂风险，检泵作业应高度关注出砂问题。

2) 工艺方案及参数设计

依据油藏提液需求，生产管柱采用普通合采管柱，将原井下 A 型常规电泵优化为 KF5 型宽幅电泵(图 2-2-9)，其排量高效区范围为 250～1100m³/d，详细参数见表 2-2-6 所示。

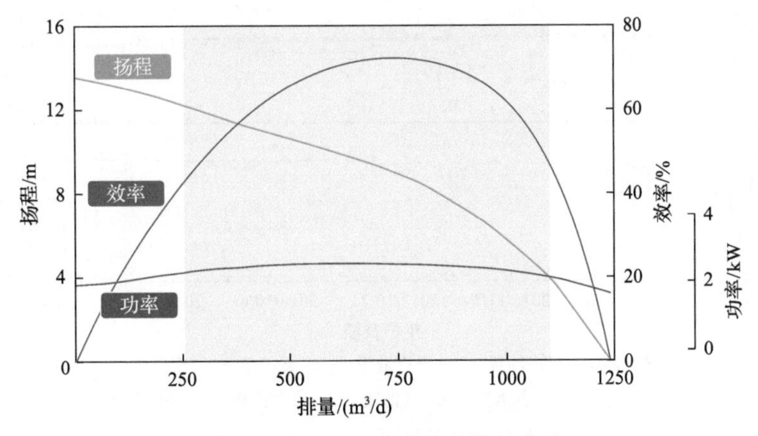

图 2-2-9　KF5 型宽幅电泵特性曲线

表 2-2-6　渤海油田秦皇岛 32-6 油田 KV07h 井电泵机组选型设计方案

序号	名称/代号	规格型号	外径/in
1	动力电缆	QYYENY-6-3×33mm²/120℃	N/A
2	引接电缆和电缆头	MLE540T-6-3×20mm²/150℃	N/A
3	泵出口接头	88.9mm EUE	5.25
4	电泵	BP538-700m³/d-1000m-KF5	5.38
5	分离器	BS513	5.13
6	上保护器	BPR513BPBSL-HL-120℃	5.13
7	下保护器	BPR513BPBSL-120℃	5.13
8	电机	BM562ST-149kW-120℃	5.62

注：N/A 表示该电缆是不能用外径参数描述的。

3) 实施效果分析

2020 年 1 月 10 日启泵生产，截至 2020 年 11 月 12 日宽幅电泵已累计平稳运行 308d，启泵初期以 48Hz 运行，计量日产液量 632m³，日产油量 27.0m³，含水率 95.7%。2020 年 1 月 28 日提频至 50Hz 运转，计量日产液量 723m³，日产油量 278.5m³，含水率 61.5%(图 2-2-10)。运行期间井口化验含砂量在 0.1%～1.5%[而国标《潜油电泵机组》(GB/T 16750—2015)中对电泵耐砂性能上要求运行环境含砂量不大于 0.5‰]，对比 2015 年下入的 60m³/d 常规电泵仅运行 75d，间接证明宽幅电泵在井液含砂量更大情况下可更加稳定地运行。

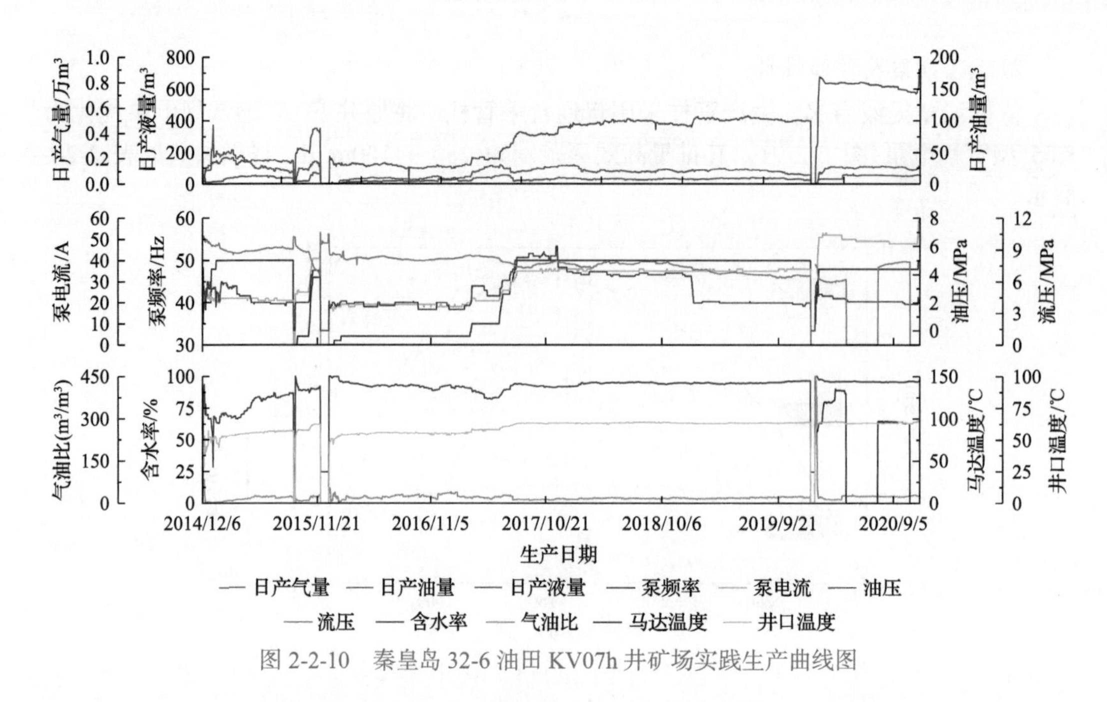

图 2-2-10　秦皇岛 32-6 油田 KV07h 井矿场实践生产曲线图

参 考 文 献

梅思杰, 邵永实, 刘军, 等. 2004. 潜油电泵技术. 北京: 石油工业出版社: 58-112

邵永实, 师世刚, 刘军, 等. 2004. 潜油电泵技术服务手册. 北京: 石油工业出版社: 58-112

张琪. 2000. 采油工程原理与设计. 东营: 中国石油大学出版社: 30-91

第3章　低液量油井举升工艺创新与实践

海上油田将日产液量低于 50m^3 的油井认定为低液量油井。据统计，海上油田低液量油井 450 余口，占总井数的 11%。低液量油井采用电泵举升时，易发生供液量不足、电机散热差而导致电机频繁故障停机，检泵周期大幅缩短，特别是稠油低液量井因井筒流体温度低、流动性差，进一步加剧了举升困难。为此，针对低液量油井举升难题，渤海油田自投产之初引进水力射流泵举升工艺技术，后续逐步发展了电潜螺杆泵举升工艺，近年来又研发了直线电机往复泵举升工艺技术，初步形成了海上油田低液量油井举升技术体系。

3.1　直线电机往复泵举升工艺创新与实践

直线电机往复泵是一种可适用于海上油田低液量油井的一种人工举升技术，该技术对地层流体性质适应性较好，特别是对稠油井、高含气井及低液量油井等，与常规电泵相比具有较好的适用性。

3.1.1　直线电机往复泵举升技术原理

直线电机往复泵主要由直线电机、往复泵(柱塞泵)及变频控制柜三大部分组成。其利用直线电机往复运动方向与管式泵柱塞运动方向一致的特点，由直线电机驱动柱塞做往复运动，将油液举升至地面(刘聪，2016)(图 3-1-1)。

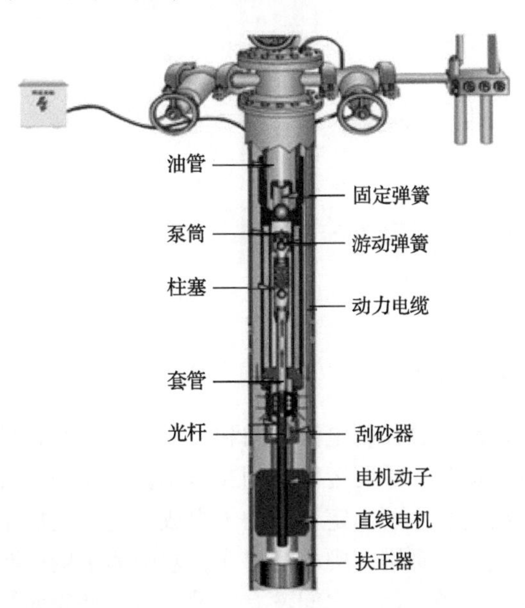

图 3-1-1　直线电机往复泵结构示意图

1. 往复泵原理、结构及特点

直线电机往复泵具有间歇式工作，防砂，防气锁，适用于垂直井、定向井和水平井，泵效高(60%～95%)等特点。直线电机往复泵在上行时靠油液推力打开固定凡尔，上行冲程结束后柱塞下行，在反力弹簧的作用下，固定凡尔球沿导向阀迅速坐封，泵腔开始充液，周而复始，实现抽汲。为满足海上油田大位移井及水平井的举升需求，将陆地常用直线电机往复泵的固定凡尔改为双固定凡尔结构，并增加强制复位弹簧及导向轨。固定凡尔设计在泵的上端，在凡尔罩内设有限位滑道和复位弹簧，限制凡尔只能沿直线运动、强制关闭，直线电机在泵下端，动子通过推杆与柱塞相接，在泵下端设有进液筛网，筛网下端设有防砂装置，防止砂粒进入电机。为满足高含气井况需求，将固定凡尔设计在泵腔上端，柱塞运行至上行程止点时，柱塞与固定球座之间的距离小于10mm。上冲程结束时，泵腔基本被排空，大大降低了气锁发生的概率。为满足出砂井况需求，在柱塞端部设计有合金钢刮砂器，有效地将贴附在泵筒内壁上的砂粒、垢块刮除，具有防砂、防卡的特点，电机上端设计有多刀刃刮砂装置，与刮砂光杆紧密配合将砂粒刮下(图3-1-2)。

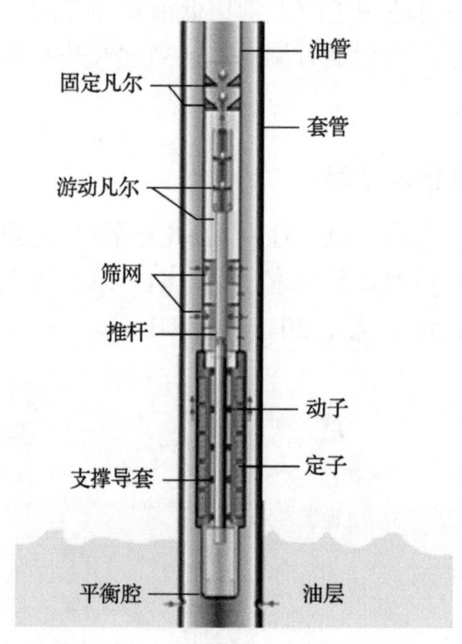

图3-1-2　往复泵凡尔结构示意图

2. 直线电机原理、结构及特点

直线电机的工作原理是通过控制电流方向和交变频率，使定子产生周期交变的行波磁场(曹卉，2008)，该磁场与动子固定磁场相互作用，实现动子直线往复运动，从而带动抽油泵柱塞工作。直线电机主要由定子和动子组成，直线电机定子由绕组铁芯、内筒和外壳组成。动子由永磁体、磁堆、中心杆组成，永磁体采用抗腐合金材料密封，磁堆和中心杆为不锈钢材料。定子、动子之间没有轴承，磁堆外表面与定子支撑导套构成摩擦副(图3-1-3)。

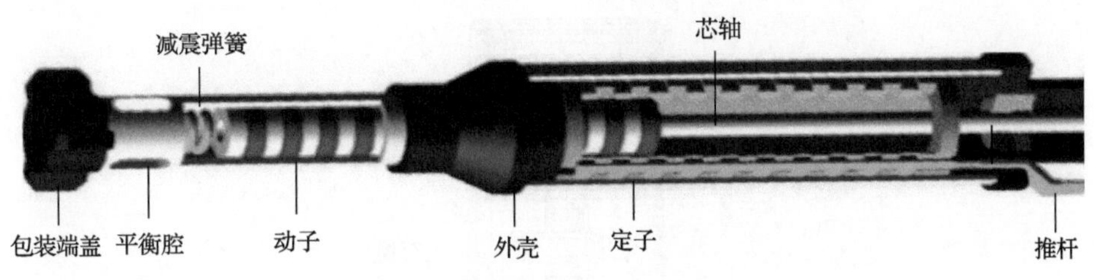

图 3-1-3　直线电机结构示意图

直线电机主要性能特点如下所述。

(1)耐密封压力：在 30MPa 压力的水介质中试验 24h，无变形、无渗漏，防护等级为 IP58。

(2)耐电压：直线电机绕组在环境温度 200℃热态下，施加 50Hz 交流电，电压 3300V，1min 后测试介电强度，无闪络和击穿。

(3)耐绝缘：用 2500V 兆欧表做绝缘电阻测试，绝缘电阻不低于 1000MΩ，绝缘等级为 H 级。

(4)耐高温：直线电机绕组烧结温度为 380℃，直线电机在温度不高于 150℃的介质中运行，可保证额定推力输出。

3. 直线电机变频控制原理及特点

直线电机变频控制柜是直线电机往复泵的专用地面控制设备，可根据需要对直线电机往复泵的上行频率、下行频率和冲次进行调节。一般情况下上行频率在 8～15Hz 范围内可调，下行频率在 15～24Hz 范围内可调。同时地面控制设备设置有短路、过载等保护，运行电压、运行电流及各种故障显示集成在控制柜显示器上(唐兵等，2018；国家能源局，2016)。地面控制设备结构紧凑，布局合理，可满足多种环境条件下的使用要求，主要特点如下。

(1)手动控制功能：判定动子在运行腔内的相对位置，控制动子的运行方向；交替使用“手动上行”和“手动下行”按钮，可排除柱塞砂卡等因素造成的轻微阻塞。

(2)自动保护功能：遇有强雷电、输出电缆或负载短路、柱塞阻卡、油管堵塞、控制柜超高温等异常情况时，控制系统会自动启动停机保护功能。

(3)自启功能：电网意外停电时电机停止运行，送电后电机自动开启。

(4)过载保护功能：控制程序设定上行和下行电流保护值，当电流超过设定值时，系统自动停机。

3.1.2　工艺管柱设计

井液由往复泵下端吸入口进入泵内，由直线电机带动往复泵柱塞做上下往复运动，将泵筒内液体举升至油管内。为降低机组运行时带来的振动影响，电机尾部接三根配重油管，压力计托筒位于泵出口上端，压力计信号电缆沿油管引至地面。直线电机往复泵因其结构特点，管柱设计中无须使用单流阀，整体管柱采用一趟管柱下入形式(图 3-1-4)。

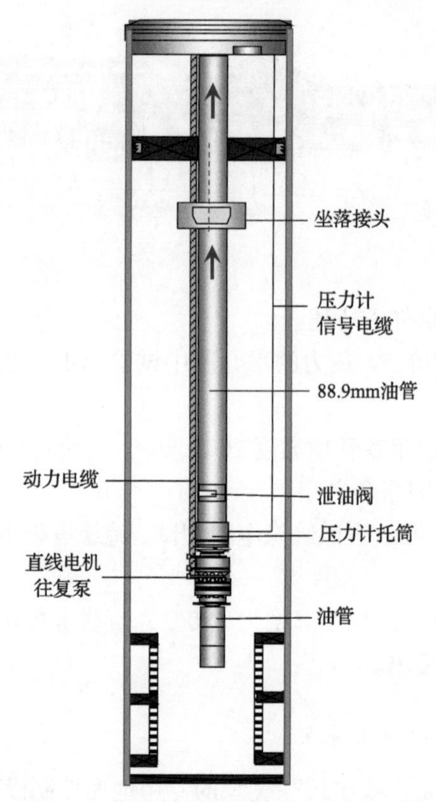

图 3-1-4 直线电机往复泵工艺管柱图

3.1.3 直线电机往复泵关键部件开发

1. 往复泵双凡尔结构

设计复位弹簧及导向轨，并且采用双固定凡尔结构，确保直线电机往复泵运行时无漏失，提高泵效(图 3-1-5)。

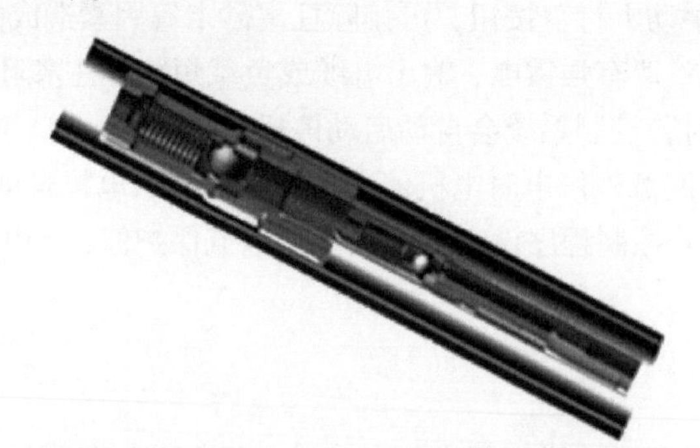

图 3-1-5 复位弹簧及导向轨示意图

2. 减振结构

为降低直线电机往复泵振动对管柱带来的影响，除了在电机尾部加装配重油管外，在电机底部加装减振装置，电机运行在下冲程末端时通过减振装置形成缓冲。通过调整变频器的控制程序，增加软启功能，对上下行程末端进行斩波控制，进一步改善振动问题。

3. 引接电缆工艺优化

为便于运输，引接电缆原有设计长度较短，且缠绕在电机头处。这种结构增加了一次电缆连接，且引接电缆经过短距离大幅度缠绕后，可能会导致绝缘层和护套层的破坏。优化后的工艺是将引接电缆增长，将引接线由缠绕固定方式改为轴向固定方式，减少故障风险点，提高可靠性(图 3-1-6)。

图 3-1-6　引接电缆原设计结构

3.1.4　直线电机往复泵举升工艺矿场实践及效果分析

截至 2020 年底，直线电机往复泵在海上油田共计应用 18 井次，矿场实践证明，直线电机往复泵运行性能优于同井电泵的运行性能，检泵周期提升显著(表 3-1-1)。

表 3-1-1　直线电机往复泵应用情况统计表

序号	井号	井况特点	启泵日期	日产液量/m^3	日产油量/m^3	含水率/%
1	QK18-1 W5	高温、高含气、深井、斜井	2016/1/4	17.7	15	15
2	QK18-1 W5	高温、高含气、深井、斜井	2019/1/24	21.0	2.4	89
3	QK18-1 W5	高温、高含气、深井、斜井	2019/5/28	16.0	14	12.5
4	NB35-2 W1	稠油井、斜井	2016/1/20	2.7	2.3	14.8
5	QK18-1 W9	高温、高含气、斜井	2016/9/5	18.9	17.9	5.3
6	QK18-1 W9	高温、高含气、斜井	2018/5/13	24.0	14.6	39
7	QK18-1 W9	高温、高含气、斜井	2018/12/11	21.0	15.4	26.7
8	BZ26-2 W10	低产	2017/2/19	14.0	7.9	43.6
9	BZ26-2 W10	低产	2017/10/21	11.0	7.5	31.8

续表

序号	井号	井况特点	启泵日期	日产液量/m^3	日产油量/m^3	含水率/%
10	WC13-6 W8	低产	2017/4/23	30.0	25	16.7
11	WC13-6 W8	低产	2018/7/17	30.0	25	16.7
12	WC13-6 W8	低产	2020/3/27	30.0	25	16.7
13	QK18-1 W14	低产	2017/7/29	20.0	19.8	1
14	PL25-6 W13	低产、稠油	2018/2/8	17.0	6.1	64
15	PL25-6 W17	低产、稠油	2018/2/8	15.0	5.2	65.3
16	NB35-2 W29	低产	2019/1/9	6.0	3.5	41.7
17	NB35-2 W33	低产	2019/2/24	16.0	14.9	6.9
18	KL10-1-W30	低产	2019/8/3	20.0	8.5	57.5

1. 低液量歧口 18-1 油田 W5 井矿场实践与效果分析

1) 生产现状及存在问题

W5 井采用 Y 型分采管柱，生产层位为沙二段和沙三段($E_2s_2+E_2s_3$)油组。2012 年 10 月，W5 井换泵后产液量逐渐下降，2013 年 2 月，计量日产液量 13m^3，日产油量 2m^3，含水率 85%，泵吸入口压力 4.4MPa。2013 年 4 月 22 日，W5 井配电盘跳闸停泵，停泵后测绝缘电阻为 0Ω，直阻为 7.9Ω、8.0Ω 和 7.9Ω，之后反洗井，4 月 23 日启泵，10min 后出现短路故障停泵，初步判断为井下电泵机组故障，需进行检泵作业。

根据本井生产历史及该井区开采情况，设计生产采液指数 4m^3/(d·MPa)，生产压差 5～6MPa，设计日产液量 20～24m^3。该井是一口典型的低液量油井，采用传统的电泵举升方式时，供液量严重不足，导致电机散热条件较差，最终电机绝缘被破坏而故障停机，检泵周期较短，需要采用一种能够适用于低产井的有效举升方式。

2) 工艺方案及参数设计

W5 井的生产特点为高温、低液、深抽，直线电机往复泵技术对该类型井况具有较好的适用性。直线电机往复泵机组配套方案主要由直线电机、往复泵、变频控制柜及动力电缆组成，参数及型号规格见表 3-1-2。

表 3-1-2 歧口 18-1 油田 W5 井直线电机往复泵机组配套方案

序号	配套内容		参数值	数量
1	直线电机	型号	WFQYDB-143-1140-80	1 台
		功率/kW	80	
		电压/V	1140	
		电流/A	70	
		外径/mm	143	
		额定推力/kN	60	
2	往复泵	规格	Φ50mm	1 台

续表

序号	配套内容		参数值	数量
2	往复泵	排量/(m^3/d)	30	1 台
		泵出口规格	73.025mm EU	
3	变频控制柜	型号	OTSVFDS-Z/1140/80	1 台
		额定电流/A	80	
4	动力电缆	规格	4#圆电缆，耐温 204℃	1 盘
		尺寸/mm^2	20	
		长度/m	2650	

注：EU 表示外加厚油管扣型。

3) 实施效果分析

W5 井于 2016 年 1 月 8 日下入直线电机往复泵举升生产，启泵初期上运行频率 10Hz，上运行电流 51A，下运行频率 20Hz，下运行电流 14A，冲次 8 次/min，日产液量 20.8m^3，日产油量 18.9m^3，含水率 9.1%，日产气量 9000m^3 左右，生产运行平稳。于 2018 年 12 月 30 日因电缆故障停机。直线电机往复泵在 W5 井中共计运行 1092d，与之前的常规电泵在 W5 井平均运转周期 209d 相比，运转周期是其 5.2 倍(表 3-1-3，图 3-1-7)。

表 3-1-3 歧口 18-1 油田 W5 井历次下井记录

机组类型	额定排量/(m^3/d)	下泵日期	检泵周期/d	故障原因
电潜泵	100	2010/6/27	422	无产出停泵
		2011/12/21	159	动力电缆故障
	50	2012/7/6	79	无产出停泵
		2012/10/27	178	
往复泵	20	2016/1/4	1092	绝缘电阻为零

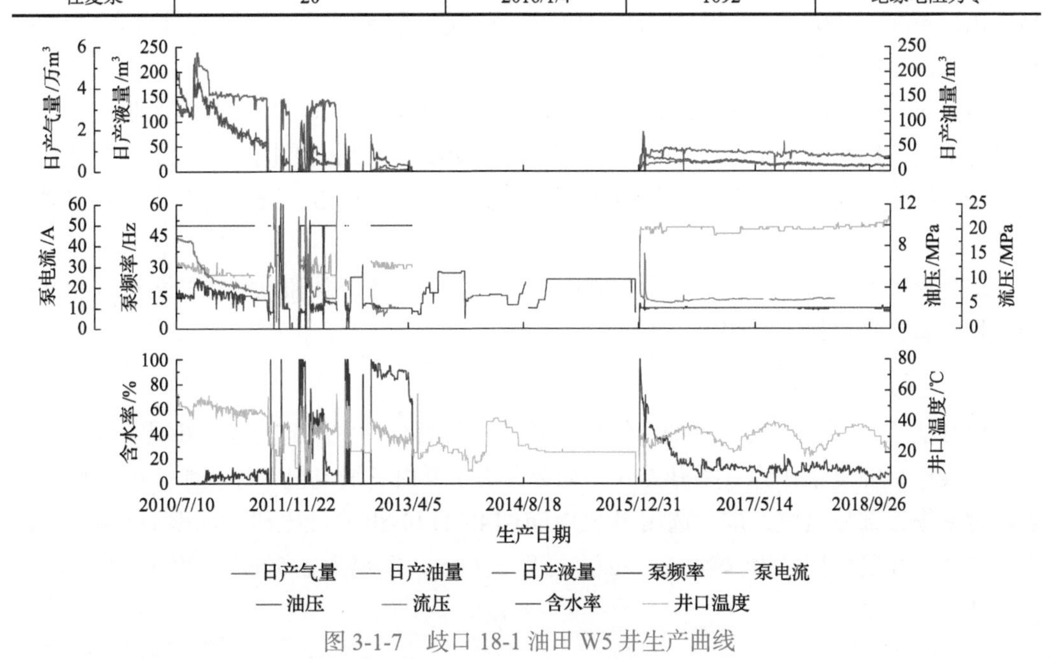

图 3-1-7 歧口 18-1 油田 W5 井生产曲线

2. 低液量NB35-2油田W01井矿场实践与效果分析

1) 生产现状及存在问题

W01井是NB35-2油田南区的一口定向井，于2006年2月25日投产，生产层位为明化镇组Ⅰ油组($Nm_Ⅰ$)油组，射开厚度 32.8m，考虑到黏度的影响，投产初期下入额定排量75m^3/d的常规电泵机组。投产后该井生产稳定，初期日产油量15m^{3}左右，含水率7.0%，生产过程中产油量有所下降。2006年9月27日检泵发现油管外壁、动力电缆及机组外壁有一层浅绿色结垢物，冲砂返出浅绿色结垢物和少量细砂，对油管外壁垢样进行化验分析，80%为$CaCO_3$成分。

2006年10月5日检泵结束，启泵生产，10月7日再次故障停泵，检泵发现泵头出口有细砂、垢片，泵盘轴不能转动，泵入口处见大量泥沙，泵头端叶轮、导壳流道内有较多纤维状物体。10月15日检泵结束后启泵，返排过程中日产液量50m^{3}左右，含水率100%。10月31日产液量大幅下降，日产液量15m^3，含水率100%，11月24日因井口无产出手动停泵。

2006年12月9日对其实施酸化作业，12月10日启泵排酸。12月12日排酸过程中过载停泵，2006年12月15日进行检泵作业，启泵后日产液量控制在10m^3，2007年2月2日导入生产流程，产油量逐渐恢复，日产油量10m^{3}左右，含水率20%左右。

2007年5月13日过载停泵，故障前动液面垂深650m左右，供液严重不足。日产液量10.5m^3，日产油量7.5m^3，含水率28.6%，之后长期处于待检泵状态，直到2007年10月14日，实施检泵作业，更换为额定排量16m^3/d的地面驱动螺杆泵，于2007年10月21日以35Hz启泵生产，逐渐提频至工频，日产油量8m^{3}左右，含水率40%，由于出现地层供液不足，2007年11月12日工频转变频并逐渐降频率生产，随着含水率的下降，动液面依然不断降低。

该井正常生产时产液量呈缓慢下降趋势。2012年6月6日W01井地面驱动装置故障进行更换，同日启泵生产，2012年6月27日因无液主动停泵生产。2012年7月更换为电潜螺杆泵，启泵后一直依靠补液才能维持正常生产。2013年6月18日因减速器故障停泵。

综合该井生产历史，可以看出常规电泵、地面驱动螺杆泵和电潜螺杆泵对该井况适应性均较差，平均检泵周期仅有124d。

2) 工艺方案及参数设计

W01井开发特征表现为稠油、结垢、低液。根据不同举升工艺适用井况条件，推荐使用直线电机往复泵作为其举升方式，配套方案主要由直线电机、往复泵、变频控制柜及动力电缆四部分组成，推荐选用WFQYDB-143-1140-80直线电机，功率80kW，运行电流70A，往复泵型号为Φ44mm，额定扬程2100m，额定排量50m^3/d(表3-1-4)。

表 3-1-4 NB35-2 油田 W01 井直线电机往复泵机组配套方案

序号	成套内容	型号规格	参数	数量
1	直线电机	型号	WFQYDB-143-1140-80	1台
		功率/kW	80	
		电压/V	1140	
		电流/A	70	
		外径/mm	60	
2	往复泵	型号	Φ44mm	1台
		额定扬程/m	2100	
		额定排量/(m^3/d)	50	
3	变频控制柜	泵出口规格	OTSVFDS-Z/1140/80	1台
		型号	80A	
4	动力电缆	额定电流/A	4#圆电缆，耐温 120℃	1盘
		尺寸/mm^2	20	
		长度/m	1350	

3) 实施效果分析

直线电机往复泵机组于 2016 年 1 月下井起泵，2017 年 11 月绝缘为 0Ω 故障停机，共计运行 676d。NB35-2 油田 W01 井历次井下记录及生产曲线如表 3-1-5 和图 3-1-8 所示。

表 3-1-5 NB35-2 油田 W01 井历次下井记录

机组类型	额定排量/(m^3/d)	下泵日期	检泵周期/d	故障原因
常规泵	75	2006/2/25	214	低产液井，不利于电机散热而故障停机
	50	2006/10/5	2	低产液井，不利于电机散热而故障停机
	50	2006/10/15	58	动力电缆无绝缘电阻
	50	2007/1/13	120	结垢、卡泵
电潜螺杆泵	33	2012/11/2	228	减速器故障
直线电机往复泵	20	2016/1/20	676	绝缘电阻为零

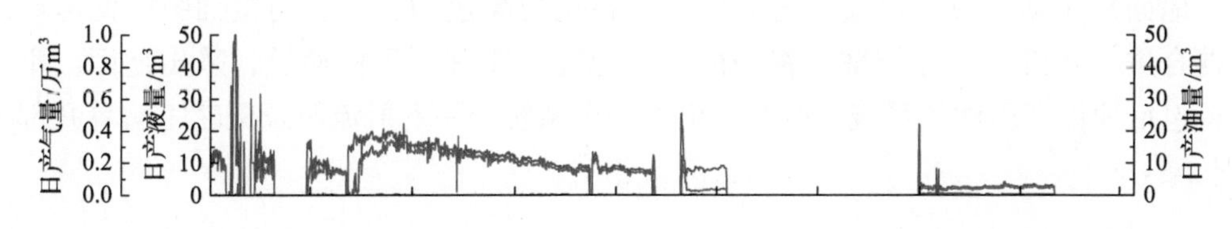

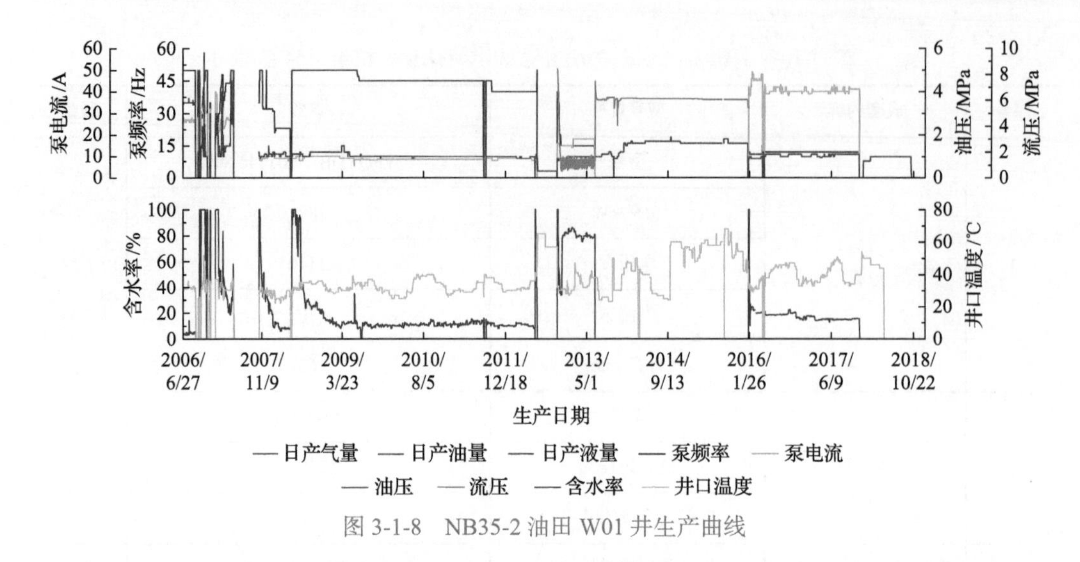

图 3-1-8 NB35-2 油田 W01 井生产曲线

W01井于2016年1月20日下入直线电机往复泵举升生产，启泵初期上运行频率11Hz，上运行电流 48A，下运行频率 19Hz，下运行电流 10A，冲次 3 次/min，日产液量 3.2m^3，含水率 15.6%，日产油量 2.7m^3，日产气量在 100m^3 左右，生产运行平稳。于 2017 年 11 月 26 日因短路故障停机。直线电机往复泵在 W01 井中共计运行 676d，与之前常规电泵在 W01 井的平均运转周期 99d 相比，运转周期提高了 5.8 倍(表 3-1-5，图 3-1-8)。

3.2 水力射流泵举升工艺创新与实践

海上油田水力射流泵举升工艺的应用始于 1987 年，共有 40 多口井采用过水力射流泵举升工艺，除用于常规油井举升外，部分还用于试采及解决稠油热采井、高温井及含蜡井的举升问题。对水力射流泵举升工艺的实践和认识，大致可以分为两个阶段。

第一阶段为 20 世纪 80 年代，以埕北油田为代表采用水力射流泵作为常规举升工艺并实现规模化应用。因其具有无运动部件，作业简单，维修保养方便等优点，实现了油田整装应用。

第二阶段为 21 世纪初期，随着渤海油田的大规模开发，针对特殊井况举升工艺的研究逐渐增多，此时水力射流泵在结蜡井、稠油热采井、高温低液量油井、出砂井、酸化返排等井况举升方面具有的优点逐渐显现，作为海上油田特殊井况下举升方式的有效补充，发挥了重要的作用。

3.2.1 水力射流泵举升技术原理

地面高压动力液通过喷嘴将高压势能转化为高速动能后，与被抽吸的低速地层液混合进入喉管，通过扩散管将动能转变为静压能进入管柱通道，采出地面。举升系统包括地面高压注入系统、地面产出液处理系统、井下射流泵及配套工具等几部分(图 3-2-1)。

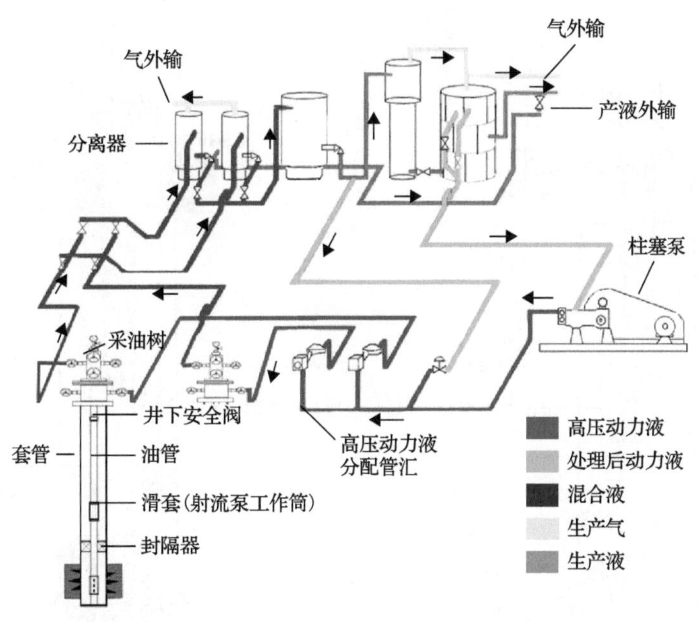

图 3-2-1　海上水力射流泵生产系统流程图

1. 工艺管柱

水力射流泵管柱根据动力液注入方式可分为正、反循环两种管柱。正循环生产动力液从油管注入，混合液由油套环空产出。反循环生产与之相反，即反循环生产动力液从油套环空注入，混合液从油管产出。根据作业方式可将水力射流泵工艺划分为钢丝投捞水力射流泵工艺和液力投捞水力射流泵工艺。钢丝投捞水力射流泵工艺适用于井斜角小于 60°的井况，该工艺作业简单、工艺较为成熟，海上油田水力射流泵举升以该工艺为主。液力投捞水力射流泵工艺适用于井斜角较大的井况，通过环空注入高压动力液将射流泵反循环至井口，并用捕捉器捕捉。

1) 钢丝投捞水力射流泵工艺

通过钢丝作业将射流泵投入生产滑套内，动力液由油管经射流泵与生产液混合后从油套环空增压举升到地面。井下工艺管柱由油管、生产滑套、射流泵、深井安全阀、挡砂皮碗和封隔器等组成(图 3-2-2)。

2) 液力投捞水力射流泵工艺

射流泵通过油管投入井下，地面注高压液推动射流泵坐封至射流泵工作筒，动力液由油管注入与生产液混合后从油套环空被举升到地面。该工艺具有起下泵方便的优点。

海上油田液力投捞水力射流泵工艺管柱分为单管液力投捞水力射流泵工艺管柱和同心双管液力投捞水力射流泵工艺管柱。

(1) 单管液力投捞水力射流泵工艺管柱。

单管液力投捞水力射流泵工艺管柱由捕捉器、油管、射流泵工作筒、液力投捞射流泵、深井安全阀和封隔器等井下工具组成(图 3-2-3)。

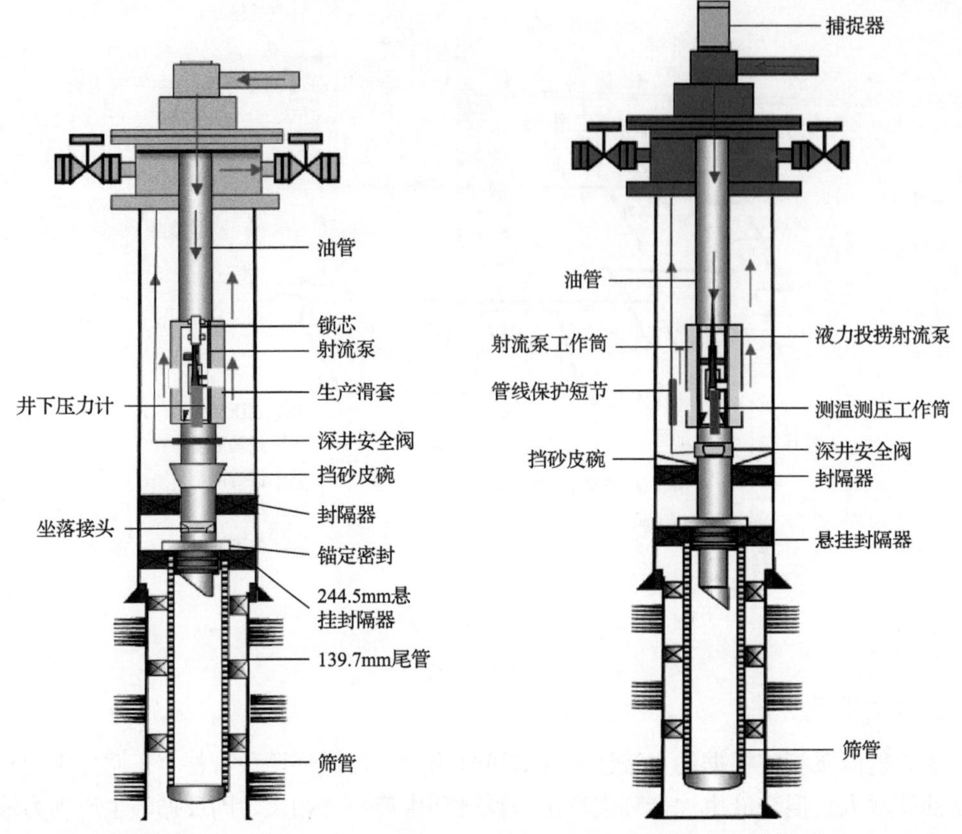

图 3-2-2　钢丝投捞水力射流泵工艺管柱图　　图 3-2-3　单管液力投捞水力射流泵工艺管柱图

单管液力投捞水力射流泵举升工艺是由油管注入高压动力液，其在射流泵处与低压地层产出液混合后，使低压地层液压力提高并经油套环空产出，由封隔器密封油套环空建立循环通道，采用深井安全阀保证生产安全。通过动力液正循环实现射流泵的投放，通过动力液反循环实现射流泵的打捞。

单管液力投捞水力射流泵举升工艺的优点是作业方便，后期维护调节产量效率高，整体工艺经济性好，可实现多次不动管柱酸化作业，但缺点是生产过程中油套环空带有一定压力。

(2) 同心双管液力投捞水力射流泵工艺管柱。

同心双管液力投捞水力射流泵工艺管柱由同心双层油管、捕捉器、射流泵工作筒、液力投捞射流泵、深井安全阀和封隔器等井下工具组成(图 3-2-4)。

同心双管液力投捞水力射流泵举升工艺是由内层油管注入高压动力液，其在射流泵处与低压地层产出液混合后，使低压地层液压力提高，并经同心双层管环空产出，依靠动力液正反循环打压实现射流泵投捞作业，采用封隔器密封油套环空建立循环通道，采用深井安全阀保证生产安全。

同心双管液力投捞水力射流泵举升工艺与单管液力投捞水力射流泵举升工艺相比除了具有单管液力投捞水力射流泵举升工艺的优点外，还能有效避免生产套管承压，保持井筒的完整性，但该工艺施工作业复杂，工艺作业成本高。

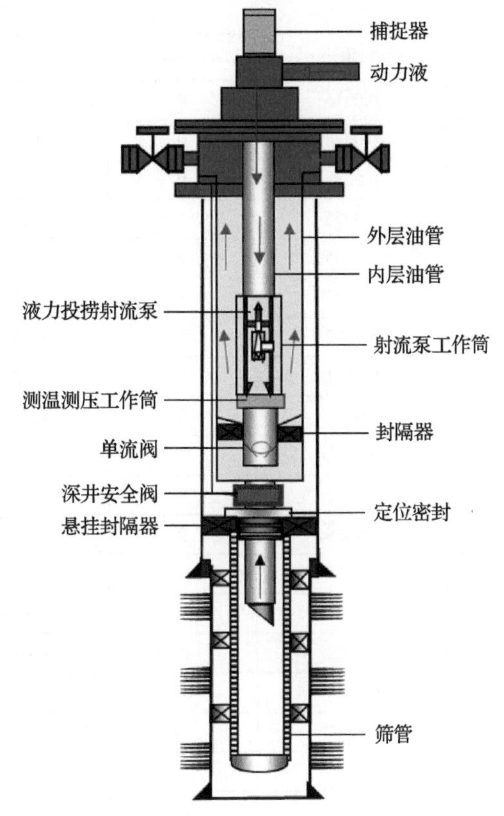

图 3-2-4 同心双管液力投捞水力射流泵工艺管柱图

2. 水力射流泵结构组成

水力射流泵泵体由喷嘴、喉管和扩散管组成。喷嘴位于喉管的入口处，其作用是将来自地面高压动力液的势能转换为高速喷射的动能，产生喷射流的高压流体速度显著增加，压能显著降低，从而在喷嘴周围形成“负压区”，井液被吸入喉管并与动力液混合，经扩散管扩散，压能恢复，混合液在压能作用下从井下举升出井口。喉管是一个直的圆筒，长度为其直径的5～7倍，是动力液和井液初步混合的区域，将动力液能量传给井液，使其动能增加。扩散管与喉管相连，面积逐渐增大，混合液进入扩散管后，流速逐渐降低，混合液的动能转化为压能，将混合液举升出井口。

为延长水力射流泵使用寿命，射流泵喷嘴和喉管需选用耐磨性能好的材质，如碳化钨硬质金属、硬质合金钢或陶瓷等。水力射流泵具有多种喷嘴和喉管尺寸，每个射流泵制造商所制造的射流泵尺寸都有所不同，目前海上常用的水力射流泵系列为Guibuson公司系列水力射流泵(表3-2-1)。

不同喷嘴和喉管组成特定性能的水力射流泵泵型，每个泵型具有不同的水力射流泵特性曲线，而特性曲线可以反映出不同工况下水力射流泵的运行效率(图3-2-5)。

表 3-2-1　Guibuson 公司系列水力射流泵喷嘴和喉管尺寸表

喷嘴			喉管		
喷嘴编号	喷嘴直径/in	喷嘴面积/in^2	喉管编号	喉管直径/in	喉管面积/in^2
DD	0.0451	0.0016	0	0.0749	0.0044
CC	0.0597	0.0028	0	0.0951	0.0071
BB	0.0696	0.0038	0	0.1151	0.0104
A	0.0837	0.0055	1	0.1350	0.0143
B	0.1100	0.0095	2	0.1552	0.0189
C	0.1252	0.0123	3	0.1752	0.0241
D	0.1502	0.0177	4	0.2000	0.0314
E	0.1752	0.0241	5	0.2200	0.038
F	0.2000	0.0314	6	0.2400	0.0452
G	0.2400	0.0452	7	0.2601	0.0531
H	0.2790	0.0611	8	0.2902	0.0661
I	0.3300	0.0855	9	0.3200	0.0804
J	0.4002	0.1257	10	0.3501	0.0962
K	0.4501	0.159	11	0.3903	0.1196
L	0.5001	0.1963	12	0.4301	0.1452
M	0.5601	0.2463	13	0.4751	0.1772
N	0.6301	0.3117	14	0.5241	0.2156
P	0.7001	0.3848	15	0.5762	0.2606
			16	0.6311	0.3127
			17	0.6744	0.357
			18	0.7582	0.4513
			19	0.8312	0.5424
			20	0.9112	0.6518

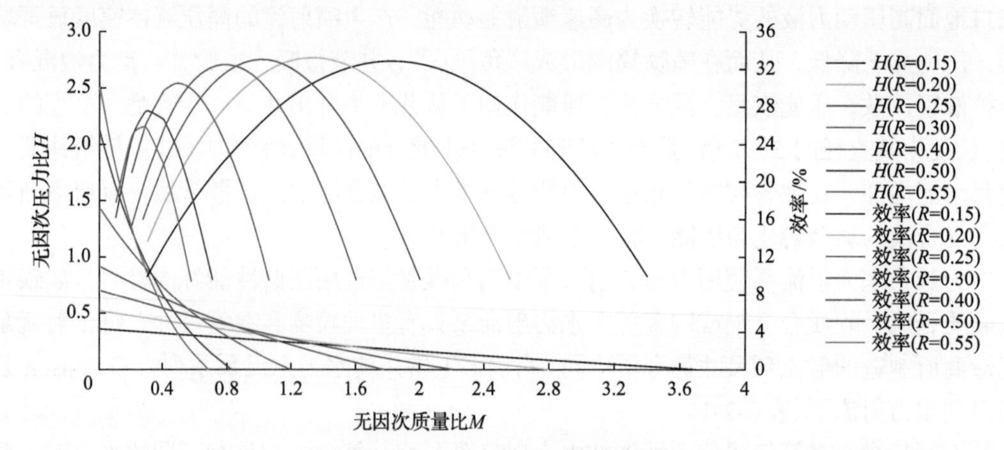

图 3-2-5　水力射流泵特性曲线

R-喷嘴面积与喉管面积之比

3. 动力液地面供给系统

1) 动力液地面系统流程

海上常用生产水或海水作为水力射流泵的动力液，其供液系统与注水系统共用。因为海上油田注入水水质标准高于动力液水质标准，所以此动力液可直接从注水系统中引出使用。另外，有少量稠油井使用轻质原油作为动力液，以降低井筒稠油黏度。利用动力液地面供给系统可为射流泵提供满足举升要求的动力液压力和液量并且可根据需要随时调节，以满足油井生产变化需求。

2) 动力液选择

水力射流泵举升动力液一般采用水动力液或油动力液，主要推荐指标见表 3-2-2。

表 3-2-2 水动力液和油动力液标准推荐表

技术指标	水动力液标准	油动力液标准
黏度/(mPa·s)	—	10～100
含水率/%	—	＜10
最大机械杂质含量/(mg/L)	15	20
最大机械杂质直径/mm	10	15
含氧量/(mg/L)	＜0.5	—
腐蚀速度/(mm/a)	＜0.05	—
结垢速度/(mm/a)	＜0.02	—

3.2.2 选型设计方法

为了合理选择水力射流泵规格型号，保证油井长期稳定生产，在选型设计时一般遵循以下原则：①满足油井配产需求；②井斜角在 55°以内宜选用钢丝投捞水力射流泵，井斜角大于 55°宜选用连续油管投捞水力射流泵或液力投捞水力射流泵；③由于海上作业的特殊性及产层压力预测的不确定性，射流泵应按油井全生命周期需求进行设计；④应根据井下流体工况环境，优选合理材质的水力射流泵。

水力射流泵选型设计方法如下所述。

1) 确定油井设计产量

根据油井产量指标数据和井下压力数据，确定其在不同井底流压下的产液量，绘制油井流入动态曲线。

2) 选择泵挂深度

(1) 利用油井流入动态曲线，计算设计产量下的井下流体压力分布。

(2) 确定泵沉没率(沉没率是指泵沉没度垂深与泵挂垂深的比值)在 30%～40%井深范围。

(3)结合井身结构、生产管柱等，最终选择合理的泵挂深度。

$$f=\frac{h_3}{h_p} \tag{3-2-1}$$

式中，f为泵沉没率，无量纲；h_3为泵沉没度垂深，m；h_p为泵挂垂深，m。

3)计算泵吸入液相对密度

$$\gamma_s=\gamma_o(1-f_w)+\gamma_w f_w \tag{3-2-2}$$

式中，γ_s为井液相对密度，无量纲；γ_o为油相对密度，无量纲；γ_w为水相对密度，无量纲；f_w为含水率，无量纲。

4)计算泵吸入口压力

根据生产井设计产液量、井底流压、井斜角数据、生产管柱尺寸以及流体物性等，利用井筒垂直管流公式，计算出泵吸入口处井液流动压力。

5)计算最小气蚀面积

$$A_{cm}=q_1\left[3.24\sqrt{\frac{\gamma_s}{102P_s}}+6.37\times10^{-3}\frac{(1-f_w)R_p}{P_s}\right] \tag{3-2-3}$$

式中，A_{cm}为泵的最小气蚀面积，mm^2；q_1为油井产液量，m^3/d；R_p为生产气油比(m^3/m^3)；P_s为泵吸入口压力，MPa。

6)初选喷嘴和喉管组合

根据式(3-2-3)计算的最小气蚀面积 A_{cm}，从喷嘴和喉管组合表中初选喷嘴和喉管组合，需满足其环形面积大于最小气蚀面积。

7)动力液地面工作压力初值

一般选取地面泵额定压力的70%～85%为动力液地面工作压力初值。

8)初算喷嘴处动力液压力

$$P_n=0.8P_{so}+\frac{\gamma_n}{102}h_p \tag{3-2-4}$$

式中，P_n为动力液压力，MPa；P_{so}为地面泵工作压力，MPa；γ_n为动力液相对密度，无量纲。

9)计算动力液流量

根据初选的喷嘴大小、喷嘴处动力液压力和泵吸入口处井液流动压力，计算动力液流量：

$$q_n=0.371A_n\sqrt{\frac{102(P_n-P_s)}{\gamma_n}} \tag{3-2-5}$$

式中，q_n为动力液流量，m^3/d；A_n为喷嘴面积，mm^2。

10）计算泵排出混合液流量

动力液流量和油井产液量之和为水力射流泵排出混合液流量：

$$q_d = q_n + q_l \tag{3-2-6}$$

式中，q_d为泵排出混合液流量，m^3/d。

11）计算混合液含水率和气液比

$$f_{wd} = \frac{q_n + q_l f_w}{q_d} \tag{3-2-7}$$

$$R_{gl} = \frac{q_l(1-f_w)R_p}{q_d} \tag{3-2-8}$$

式中，f_{wd}为混合液含水率，无量纲；R_{gl}为混合液气液比（m^3/m^3）；R_p为生产气油比（m^3/m^3）。

12）计算泵排出压力

根据泵排出混合液流量、含水率和气液比以及设计的井口油压，利用垂直多相管流相关式，计算出泵挂处的出口压力。

13）计算无量纲质量流量

油井产液量和动力液流量之比为射流泵的无量纲质量流量：

$$M = \frac{q_l B_t \gamma_s}{q_n \gamma_n} \tag{3-2-9}$$

式中，M为无量纲质量流量；B_t为井液的体积系数（m^3/m^3）。

14）计算无因次压力

$$R = \frac{A_n}{A_t} \tag{3-2-10}$$

$$y = 2R + (1-2R)\frac{M^2R^2}{(1-R)^2} - (1+K_{td})(1+M)^2 R^2 \tag{3-2-11}$$

$$H = \frac{y}{1+K_n-y} \tag{3-2-12}$$

式中，R为喷嘴面积与喉管面积之比，无量纲；A_t为喉管面积，无量纲；H为无因次压力比；K_n为喷嘴损失系数；K_{td}为能量损伤系数。

15）计算新的喷嘴处动力液压力

$$P_n' = P_d + \frac{P_d - P_s}{H} \tag{3-2-13}$$

式中，P_n' 为新的喷嘴处动力液压力，MPa；P_d 为泵挂深度处射流泵排出口压力，MPa。

16）若 P_n 和 P_n' 的值在误差范围内，则进入步骤 17）计算地面泵工作压力 P_{so}，否则返回步骤 9）重新计算动力液流量。

17）计算地面泵工作压力 P_{so}

$$P_{so} = P_n - \frac{\gamma_n h_p}{102} + \Delta P_{fw} \tag{3-2-14}$$

式中，ΔP_{fw} 为动力液在管柱中的流动摩阻损失，MPa。

18）水力射流泵泵效计算

$$\eta_p = M \times H \tag{3-2-15}$$

式中，η_p 为水力射流泵泵效，无量纲。

19）地面泵功率计算

$$N = \frac{q_n P_{so} \gamma_n}{88.128 \eta_{sp}} \tag{3-2-16}$$

式中，N 为地面泵的功率，kW；η_{sp} 为地面泵泵效，无量纲，推荐取值为 0.85。

3.2.3 水力射流泵举升工艺矿场实践及效果分析

渤海油田水力射流泵举升工艺的应用始于埕北油田，从 1987 年起逐渐增加应用井数，在 20 世纪 90 年代达到最大应用规模，共有 33 口采油井采用过水力射流泵工艺进行举升（表 3-2-3）。

表 3-2-3 渤海油田水力射流泵举升应用统计表

井号	下入射流泵日期	泵挂深度/m	平均运转周期/d	日产液量/m³	日产油量/m³	油压/MPa
JW01	1996/4/11	1725	4300	46～368	6～83	2.0
JW02	1988/5/23	1909	705	6～243	1～90	0.7
JW03	1988/6/6	1728	1740	11～355	2～64	1.4
JW04	1989/6/13	1862	977	14～174	12～117	0.5
JW05	1988/7/27	1851	431	47～144	2～26	7.9
JW06	1988/6/20	1763	864	7～245	6～107	—
JW07	1989/2/25	1709	2435	1.38～400	1.3～77	0.6
JW08	1989/7/6	1674	1243	1～163	1～70	1.2
JW10	1992/7/2	1677	621	66.5～99.5	27～58	—
JW11	1997/9/29	1777	254	5～278	0～27	0.5
JW12	1998/4/15	1642	761	18.5～299	3.2～103	1.3
JW16	1988/6/9	1903	1628	0.4～201	0.1～56	1.3

续表

井号	下入射流泵日期	泵挂深度/m	平均运转周期/d	日产液量/m^3	日产油量/m^3	油压/MPa
JW17	1988/6/13	2001	778	2.4～91.5	0.7～32	0.4
JW18	1989/3/19	1980	1896	24～116	1.7～70	1.3
JW20	1995/2/23	1955	2703	17～315	2.3～167	1.7
JW22	1997/6/14	1500	2373	9.6～324	2～30.5	1.6
JW24	1996/4/4	1655	4186	36.7～272	2.3～133	3.0
JW30H	1989/3/15	1860	5235	7～50	3～44	1.5
JP01	2002/4/11	1678	2826	56.4～335.9	3.4～51.8	0.8
JP03	1993/4/16	1698	239	1～281	0～5	0.4
JP08	1988/2/1	1828	3681	43～308	6～141	0.8
JP13	1989/5/25	1738	5125	12～201	6～38	0.6
JP16	1996/1/30	1692	1762	10～152	6～59	2.0
JP17	1988/12/18	1740	567	3～124	1～92	0.7
JP18	1991/1/24	1612	1572	1～50	0.25	0.5
JP19	1988/1/25	1742	6637	2～291	1～193	0.7
JP20	1991/1/26	1628	775	22～254	2～61	0.8
JP21	1991/1/26	1777	3315	2～216	1.8～125	0.6
JP23	1997/4/24	1605	3974	13～172	0～35	0.8
JP24	1996/1/31	1703	1842	6～123	6～52	0.6
JP25	1990/3/5	1809	1079	57～219	12～65	1.1
JP26	1990/3/14	1724	1074	24～207	11～40	1.0
QP8	2014/9/4	2804	581	0～45	0～11	2.1

从埕北油田水力射流泵应用统计可以看出，水力射流泵适用产液范围宽，水力射流泵总体运行稳定，日产液量在 0～400m^3，日产油量在 0～193m^3，动力液流量在 0.8～1000m^3/d，动力液压力在 3～15MPa。水力射流泵运转周期较长，平均运转周期可达 2066d，最长达 6637d（18.18 年）。

1. 水力射流泵在埕北油田矿场实践及效果分析

1）生产现状及存在问题

埕北油田于 1985 年正式投产，是中海油开发的第一个海上稠油油田，主要开发油层为东营组，地层原油黏度 57mPa·s，地面 50℃原油黏度 731mPa·s，是一个具有气顶和边水的层状构造油藏。在自喷转人工举升后，为探求一套针对中等黏度重质稠油的低成本高效人工举升方式。以 JW07 井为例，该井射孔井段斜深 1777m，垂深为 1660m，垂厚共计 14.5m，油层平均孔隙度 30.7%，平均渗透率 1863mD①。1987 年 4 月自喷投产，

① $1D=0.986923\times10^{-12}m^2$。

投产初期日产油量 5.8m^3，几乎不含水，至 1989 年 2 月，日产液量 2.8m^3，含水率 30%。根据前期采油工程方案设计，自喷转机采下入水力射流泵进行生产。

2）工艺方案及参数设计

投产初期根据油藏预测指标及产液需求设计滑套（射流泵工作筒）参数及下入深度，井筒停喷后针对实际生产数据、油藏参数等设计水力射流泵型号及地面动力液注入压力、注入量（表 3-2-4）。

表 3-2-4　JW07 井射流泵举升工艺设计参数表

产液量/(m^3/d)	井底流压/MPa	射流泵型号	泵挂深度/m	管柱尺寸	井口油压/MPa	注入压力/MPa	注入量/(m^3/d)	射流泵下入方式
100	14	D-6	1709	88.9mm EU	1	10	150	钢丝投捞

3）实施效果分析

JW07 井水力射流泵生产初期日产油量 20m^3，含水率 55%。1993～1996 年日产液量 150m^3，日产油量 20m^3。1996～1997 年底日产液量升至 350m^3，含水率在 90%以上。1999 年 12 月～2000 年 2 月间开，日产液量 100m^3，含水率 98%（图 3-2-6）。

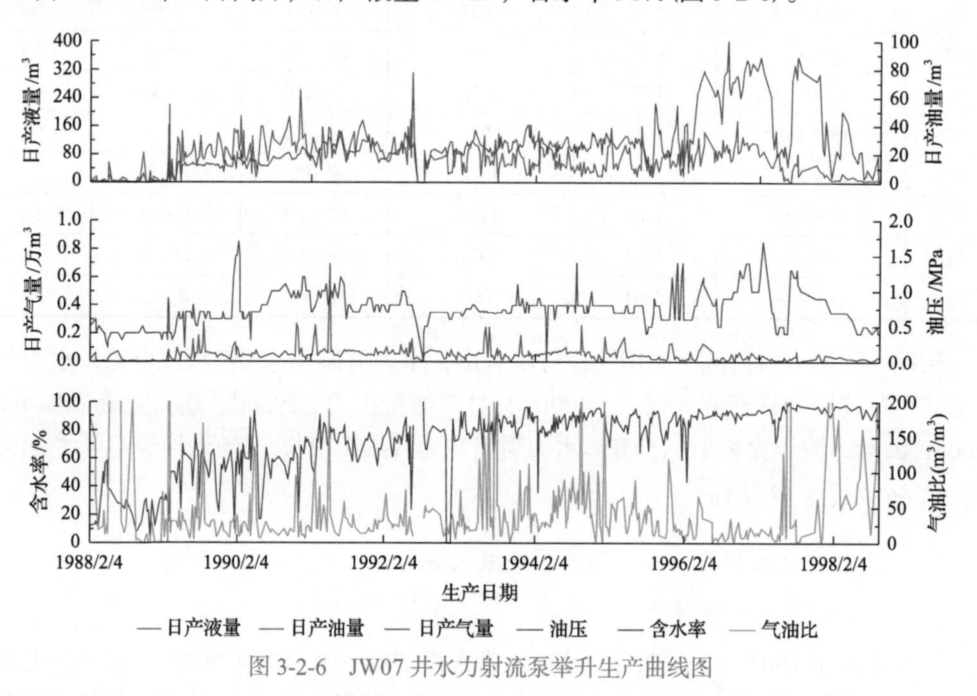

图 3-2-6　JW07 井水力射流泵举升生产曲线图

埕北油田整装采用水力射流泵举升方式，开创了海上油田整装人工举升的新模式。JW07 井是埕北油田水力射流泵举升工艺的典型井，针对中等黏度的重质稠油，在中低含水期采用水力射流泵采油效果十分明显，从长期应用效果来看，主要表现在以下几个方面。

(1)使用寿命长，检泵作业量少。

(2)成本低，稳定性高，调参等施工作业简单。

(3)排量范围宽，耗电量低，动力液用量少。

(4)有利于解除井底污染，保证油井产能。

(5)采用高温污水做动力液有利于井筒降黏。

(6)大规模应用有利于降低地面成本。

2. 高含蜡井况水力射流泵举升矿场实践及效果分析

1)生产现状及存在的问题

QP8 井位于歧口 18-2 油田 QP8 井区，是 2012 年投产的调整井。该井射孔层位为 E_3s_1 Ⅰ油组，射开油层厚度 5.1m，差油层厚度 9.5m，合计 14.6m。采用普通合采管柱，开发初期下入额定排量 $75m^3/d$ 的电泵机组，投产后该井产量一直较低，流压下降较快，该井计量日产液量 $5.9m^3$，日产油量 $5.9m^3$，含水率 0%，日产气量 0.38 万 m^3。

2012 年 10 月 9 日～11 月 25 日 QP8 井进行两次压力恢复测试，泵吸入口压力下降较快，间歇套管补液维持生产。2014 年 1 月 10 日起 QP8 井泵吸入口压力与泵出口压力几近持平。2014 年 2 月 7 日 QP8 井无产出停泵，间歇补液生产。该井产量过低无法计量，油压 2.2MPa，套压 2MPa，泵吸入口压力 10.88MPa。

启泵投产后该井产量一直较低，流压下降较快，间歇套管补液维持生产，产液量较低，同时根据生产取样分析，该井的析蜡温度在 43℃，析蜡温度较高，存在结蜡风险。为实现该井的稳产目标，设计更换为水力射流泵生产。

2)工艺方案及参数设计

在产液量 $10m^3/d$、下泵深度 1500m、动力液温度 50℃、射流泵型号 B2、动力液流量 $30m^3/d$ 条件下，对该井采用水力射流泵生产的结蜡风险进行预测分析(图 3-2-7)。

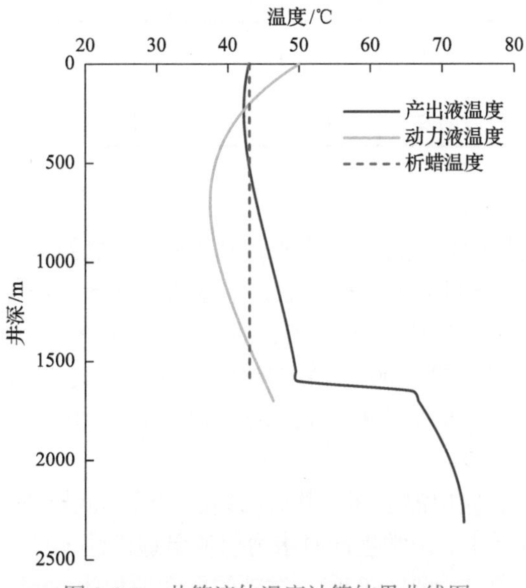

图 3-2-7 井筒流体温度计算结果曲线图

通过图 3-2-7 的敏感性分析结果可知，在产液量 $10m^3/d$、动力液流量 $30m^3/d$ 时，产出液有结蜡风险，因此重新对该井进行优化设计，受井身结构限制，该井无法提高下泵深度；考虑同一井场注入温度要求，如提高动力液温度，成本花费大。因此，选择依靠提高动力液流量确保井筒流体温度高于析蜡温度，优化设计后，泵型为 C3，动力液温度 50℃，动力液流量 40m^3/d，根据敏感性分析结果(图 3-2-8)可知，此时井筒流体温度高于析蜡温度，满足生产要求。

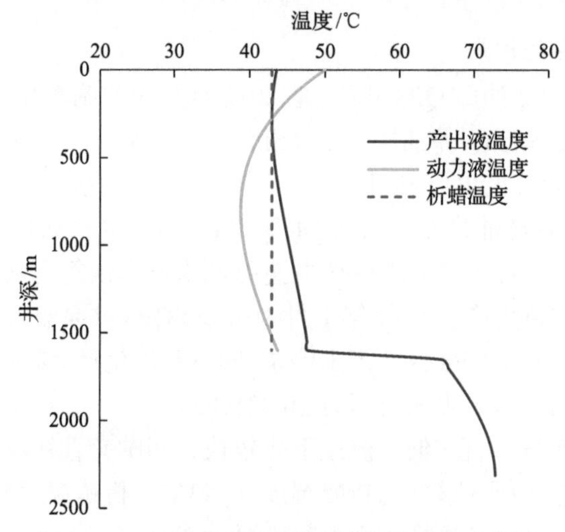

图 3-2-8　优化后井筒流体温度计算结果曲线图

根据井筒液面深度、油藏参数及地面要求等条件，对 QP8 井进行水力射流泵举升，并对相关参数进行设计(表 3-2-5)。

表 3-2-5　QP8 井射流泵举升工艺设计参数表

产液量/(m^3/d)	井底流压/MPa	射流泵型号	下泵深度/m	管柱尺寸	井口油压/MPa	注入压力/MPa	注入量/(m^3/d)	射流泵下入方式
10	13	C3	1702	88.9mm EU	2	10	140	钢丝投捞

3. *实施效果分析*

水力射流泵生产初期因作业原因含水率达到 100%，之后日产液量缓慢上升，含水率 0%，油压 2.1MPa，日产气量 0.0817m^3，日产液量维持在 5～6m^3，含水率 0%。2016 年 4 月 7 日封井停泵，2018 年 8 月 19 日复产，油压 2.2MPa，套压 2.5MPa，计量日产液量 23.2m^3，日产油量 0m^3，含水率 100%。后期油压 2.2MPa，套压 11.6MPa，计量日产液量 7.06m^3，日产油量 0.48m^3，含水率 93.2%，日产气量 0m^3。2019 年 6 月 14 日因油田弃置开始进行封井作业(图 3-2-9)。

QP8 井具有储层深、储层温度高、井筒结蜡、渗透率低导致储层供液低的特点，从现场应用数据分析可以看出，正常生产时水力射流泵地面注入压力在 10MPa 左右，此时地面采出液的含水率稳定在 96%～97%，对应的日产油量为 8m^3，生产相对稳定，射流泵运转正常。

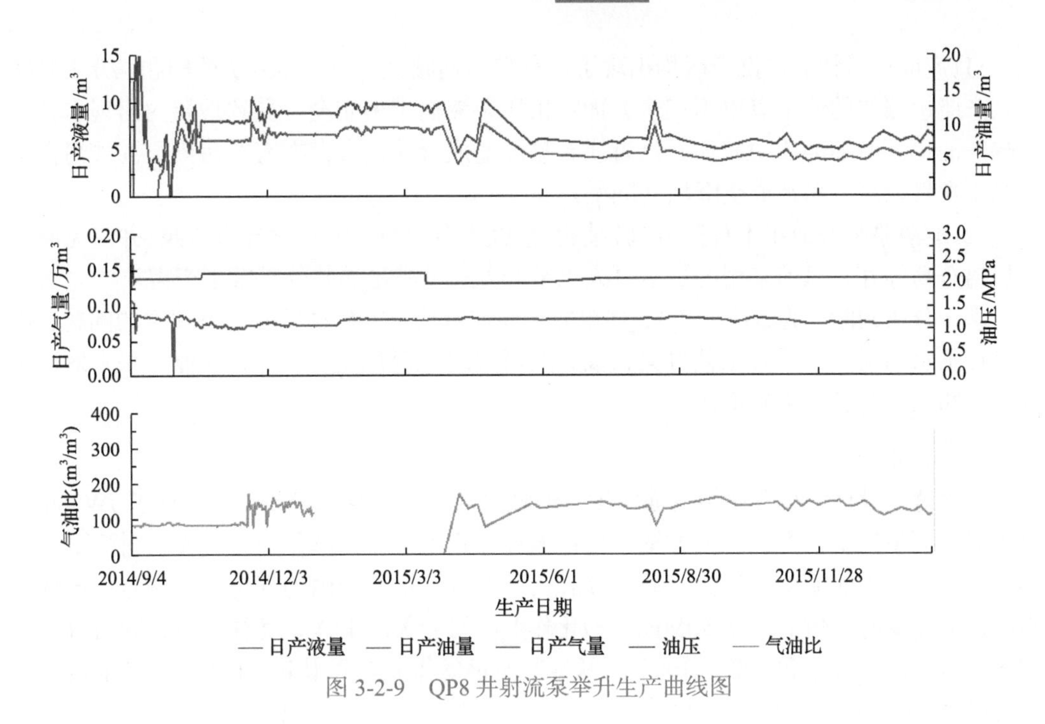

图 3-2-9　QP8 井射流泵举升生产曲线图

4. 低液、高温、深抽水力射流泵举升矿场实践及效果分析

1) 生产现状及存在的问题

JW38h 井作为沙河街组特低渗油藏先导试验井于 2016 年底压裂沙三段投产，为水平压裂井，分三段进行压裂，压裂射孔层段斜深为 4418.2～4671.7m，垂深为 3786.7～3802.5m，估算原始地层压力为 56.5～58MPa。JW38h 井投产后以自喷方式生产，初期日产油量 86.0m^3，含水率 2.0%。后产量下降较快，投产一个月后，日产液量已下降至 47.0m^3，不含水，油压从投产初期的 10MPa 下降至 4MPa。至 2017 年 8 月该井间歇性出液。

2018 年 8 月转抽作业下入额定排量 80m^3/d、额定扬程 2600m 的电泵机组。启井后正常生产时日产液量 20m^3，含水率 20%。后产液量不断下降，流压下降较快，井口频繁无液，需每天补水生产，运行两个月后，该井因井口无液停井。通过循环洗井、正反转、工频直启等方式均未能恢复生产，表现为井口无液产出，电流偏低接近空载电流且频率调整后电流无变化。转抽作业后，总共生产 67d，累计产液量 1977m^3，累计产油量 793m^3。

2019 年 1～2 月，进行连续油管生产水清洗、检泵作业，期望解决清洗井筒、排除井筒内堵塞问题。启井后日产液量不足 15m^3，不含水，流压呈缓慢上涨趋势。2019 年 3 月由于电机运行温度、运行电流过高，手动停井，判断存在电泵卡堵问题。2019 年 4 月进行正挤作业，井口憋压严重，判断泵腔有堵塞导致正挤时无法建立循环通道。尝试启井，由于电流过高变频器自动降频保护，未能启井成功。之后恢复井口自喷流程生产，日产液量 0.1m^3，含水率 100%。截至 2020 年 3 月 25 日，JW38h 井处于井口低产自喷状态。

JW38h 井生产过程中总体表现为自喷阶段产量递减大、递减快；机采阶段，电泵举升效果不理想。分析存在的主要问题如下。

(1)产能递减快。在投产后均出现了产量自然递减大、产能递减快的问题。分析判断导致产能递减快的缘由有以下三个方面：①压裂液返排不完全，导致地层内出现水锁，影响产油；②原油品质中胶质、沥青质含量高造成近井地带存在有机污染；③沙河街地层黏土含量较高，易造成空喉堵塞问题。

(2)电潜泵举升效果不理想。在转抽后，泵腔内多次被油泥堵塞导致卡泵、井口无液、电机温升高停井。目前采用的电潜泵人工举升方式不满足油井的正常生产需求。

基于分析判断，为解决 JW38h 井单井产能递减快、电泵举升效果不理想的问题，优化设计了水力射流泵举升工艺方案，该方案可实现一趟管柱多次酸化作业、水力射流泵返排酸和水力射流泵举升生产。

2)工艺方案设计

根据地质设计，结合井筒液面深度、油藏参数及地面要求等条件，设计了 JW38h 井水力射流泵举升工艺方案。该方案采用正循环方式生产和钢丝作业方式投捞射流泵，采用生产滑套作为射流泵工作筒，通过锁芯实现射流泵在滑套内的锁定，封隔器优选液压坐封，上提解封，耐下压差 50MPa。酸化作业时滑套关闭下入，管柱到位，验封合格后完成封隔器的坐封，开展酸压作业。正常生产时钢丝作业打开滑套，下入带锁芯射流泵，进行反排/生产(图 3-2-10)。

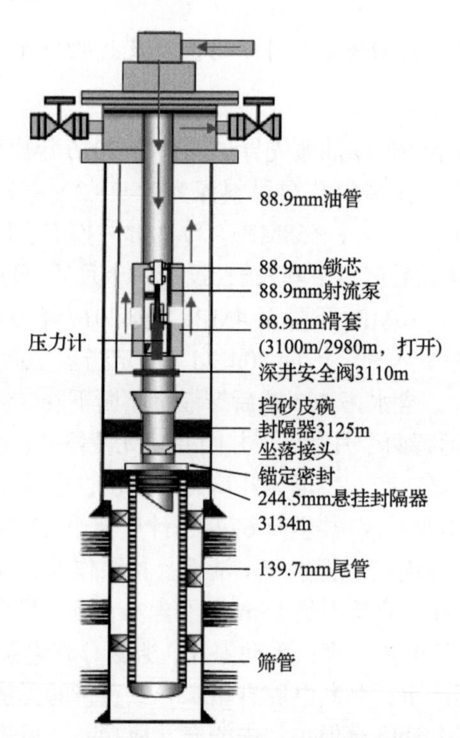

图 3-2-10　JW38h 井水力射流泵举升工艺管柱图

水力射流泵举升工艺管柱采用正循环液力投捞工艺管柱，下泵深度 3100m，射流泵喷嘴型号为 D，射流泵喉管型号为 3，地面注水泵最高注入压力 25MPa，地面最大注入量 300m^3/d，设计井口油压 2MPa(表 3-2-6)。

表 3-2-6 JW38h 井射流泵举升工艺设计参数表

产液量 /(m^3/d)	井底流压 /MPa	射流泵型号	下泵深度 /m	管柱尺寸 /mm	井口油压 /MPa	注入压力 /MPa	注入量 /(m^3/d)	射流泵下入方式
33	21	D3	3100	88.9 EU	2	21	240	液力投捞

3) 施工作业工序

施工作业工序主要涉及刮管作业、通井冲砂、验密封筒、下入生产管柱、验定位密封、坐采油树、打压坐封封隔器和下射流泵生产等程序(图 3-2-11)，其详细步骤如下。

(1)施工前的现场准备、移井架。

(2)洗、压井，连钻作业。

(3)拆采油树、组装立管及防喷器。

(4)起原井合采管柱。

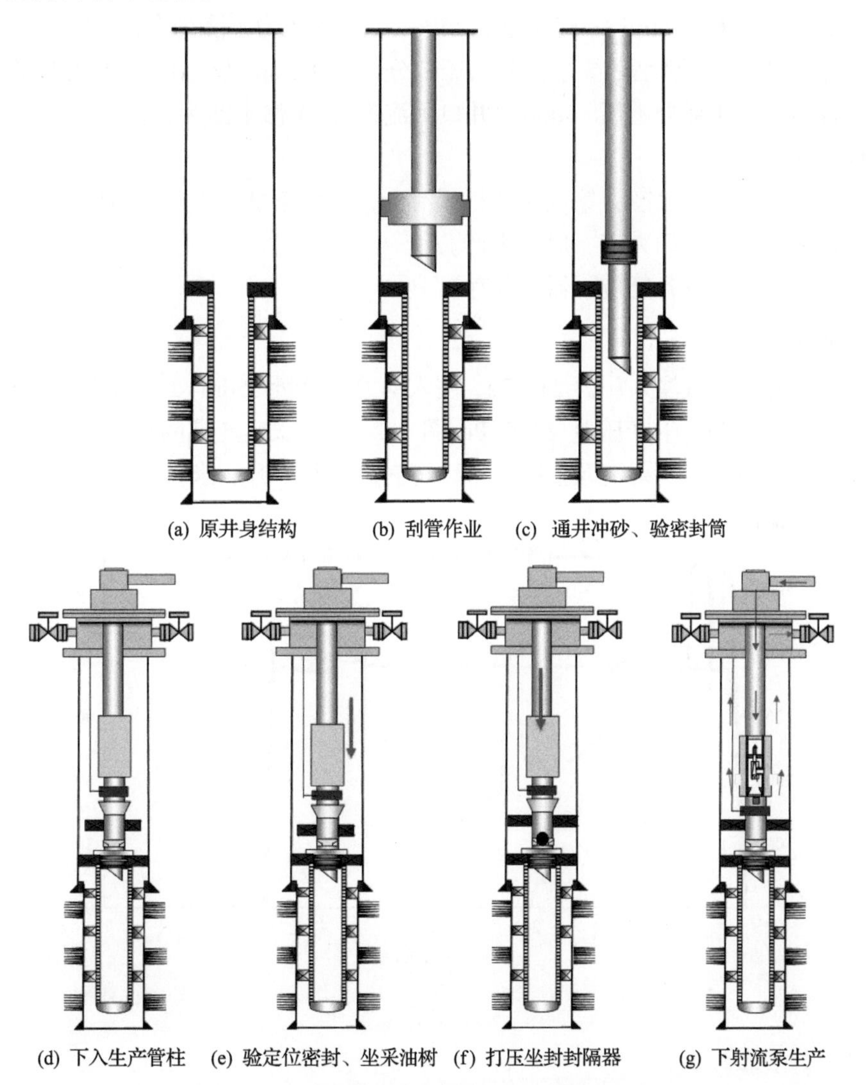

图 3-2-11 JW38h 井射流泵举升工艺作业程序图

(5)下刮管管柱至 Y441 封隔器(3125m)附近，并在封隔器附近反复刮削，以清除井筒异物，刮管时下压不超过 2t。

(6)下通井、冲洗管柱，进行通井、探鱼顶、验密封筒及井筒冲砂。

(7)下水力射流泵举升工艺管柱。第一步，举升工艺管柱由下到上依次为棘齿密封总成+88.9mm 油管(带扶正器)+坐落接头+Y441 封隔器+挡砂皮碗+深井安全阀+滑套(关闭状态)+88.9mm 油管+油管挂。第二步，连接深井安全阀，回接控制管线至井下安全阀，并对管线试压 5000psi①，保持 10min 压力不降为合格；放压至 3500～4000psi，保持压力继续下井(井下安全阀处于打开状态)。第三步，验封棘齿密封/定位密封，地面环空试压 1000psi，10min 不渗不漏为合格，地面泄压。

(8)拆防喷器、安装采油树。

(9)坐封封隔器：钢丝作业投堵塞器，油管内打压 18～22MPa，封隔器坐封，打压时每起压 5MPa 稳压 3～4min，打压至 22MPa，10min 压力不降为合格。

(10)连接排液地面流程：要求流程高压部分试压 4500psi(动力液泵到井口管线)，不渗不漏为合格；低压部分试压 1500psi(井口到流程)，不渗不漏为合格。

(11)酸化作业。

(12)射流泵排酸、生产：钢丝作业打开滑套，下射流泵芯子+压力计。

(13)正循环注高压动力液，启泵生产。

(14)清理场地、设备复位、器材封存。

4)实施效果分析

试生产期间动力液注入压力 21MPa，注入动力液流量 250m³/d，产液量 220m³/d，泵吸入口压力 8.27MPa，生产压差 20.7MPa(图 3-2-12)，试生产期间与前期电泵举升造成生产压差数值相当，表明射流泵抽吸正常，可满足该井举升需求。

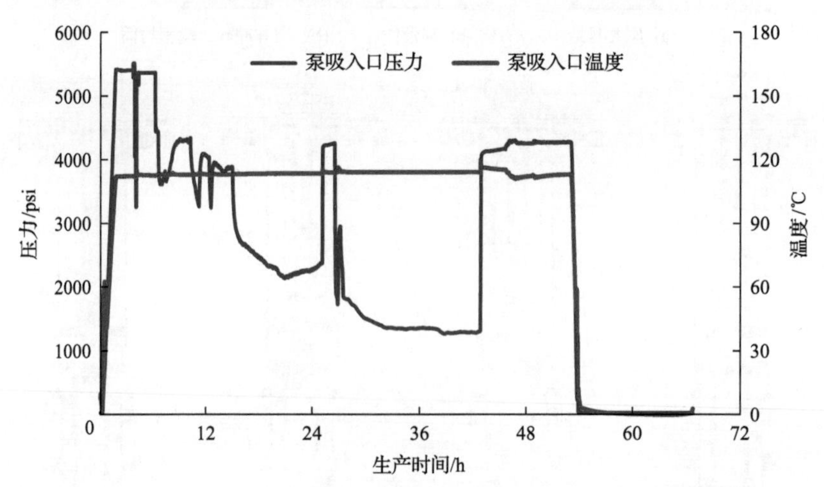

图 3-2-12 JW38h 井水力射流泵举升试生产泵吸入口压力、温度曲线图

① 1psi=6.89476×10³Pa。

正常生产期间井口注入量和注入压力平稳，动力液流量 119m³/d，动力液注入压力 8.5MPa，环空返出压力 2.0MPa，日产液量 155m³，日产油量 30m³ 左右，含水率 80.6% 左右，日产气量 942m³ 左右，截至 2021 年 4 月 10 日连续平稳运行 25d，累计增油量 750m³（图 3-2-13）。

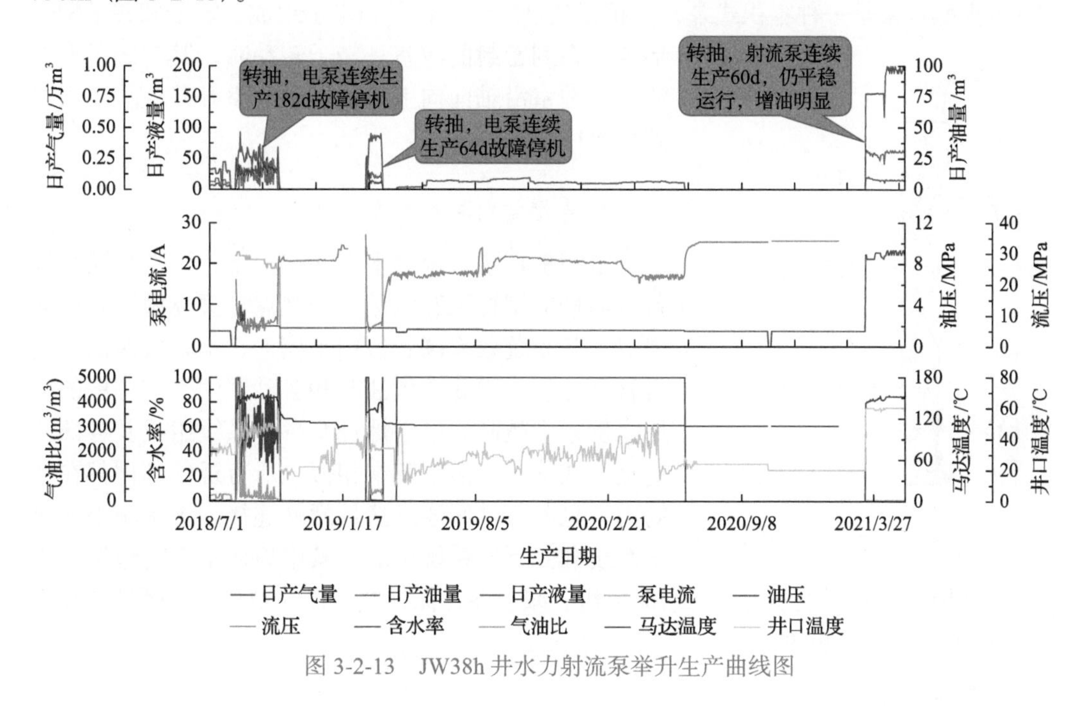

图 3-2-13　JW38h 井水力射流泵举升生产曲线图

3.3　电潜螺杆泵举升工艺创新与实践

随着海上油田开发的逐步深入，稠油、含砂、中低产量井所占比例日益增大，海上油田传统举升方式出现油稠、出砂卡泵、泵磨损和过载等情况，造成油井作业频繁甚至停产等问题。寻求新型举升方式已成为各油田进一步发展的必由之路。由于螺杆泵具有容积泵的举升特性，其更适合于举升黏稠或含固相的液体，并且流量均匀平稳。又因海上大多油井为大斜度井或水平井，地面驱动螺杆泵易造成杆断脱、杆管磨损、卡泵等问题，使得地面驱动螺杆泵举升工艺长期不能推广应用。

电潜螺杆泵工艺对高黏度、高含蜡、高含砂、高含气原油适应性强，特别适用于大斜度井或水平井况。其具有泵效高、运行能耗低、检泵周期长、制造成本低、维护费用低等突出优点。自从 1998 年电潜螺杆泵举升系统的关键技术攻关取得突破后，该举升技术在我国辽河、胜利、渤海等油田的应用迅速扩大。自 20 世纪 90 年代起渤海油田开始使用地面驱动螺杆泵举升，应用过程出现杆驱断脱、地面井控安全等问题，2001 年逐步转为电潜螺杆泵举升方式，2001 年 11 月在绥中油田率先开始使用电潜螺杆泵，取得了较好的应用效果。

3.3.1 电潜螺杆泵举升技术原理

1. 电潜螺杆泵工作原理

电潜螺杆泵是一种容积式泵，由相互啮合的螺杆转子和定子组成，定子和转子配合形成一系列密封的腔室。转子转动时，其与定子形成的密封腔室沿轴向向上移动，进而举升井液从泵入口到泵出口(图 3-3-1)。

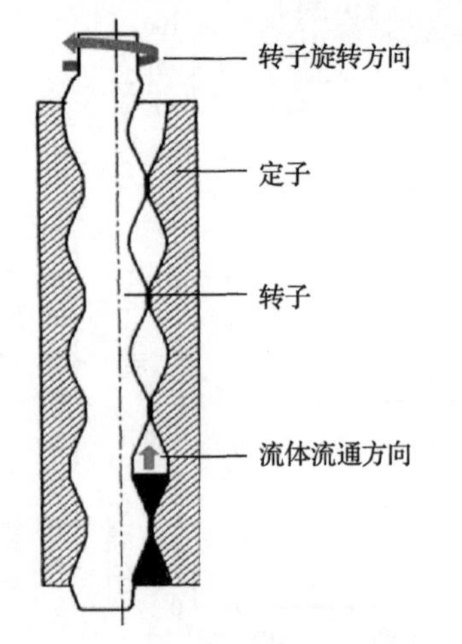

图 3-3-1 螺杆泵采油工作原理图

2. 电潜螺杆泵组成及作用

电潜螺杆泵系统效率在 50%以上，该类泵同时具备普通杆驱螺杆泵和电潜泵的优点，又克服了它们的缺点，其系统效率高、适用于稠油、不造成原油乳化且管理方便，因此在稠油井和含砂原油生产井中的应用比例越来越高。电潜螺杆泵举升系统组成及各部件连接方式均与电潜泵基本相似。所有运动部件都在井筒内，且各部件间通过法兰螺栓连接。该系统由地面子系统和井下子系统组成，其中地面子系统包括变压器、控制柜等，井下子系统包括潜油电机、减速器、保护器、挠性轴和电潜螺杆泵及吸入口等(王平双等，2019)。

1) 潜油电机

电潜螺杆泵机组与电泵机组二者所用潜油电机结构相似，都是三相异步交流电机。但因电潜螺杆泵要求中低转速，转速一般为 300～500r/min，转速降低可采用地面变频器降频或通过井下机组的减速器降速来实现，可实现较高泵效下的转速要求。

2) 减速器

减速器是电潜螺杆泵机组的一个重要组成部分，也是其与潜油离心泵机组相区别的标志。减速器与潜油电机上端相连，其作用是把电机输出的转速降低到螺杆泵的要求转速，转速比可达 9∶1～3∶1。结构一般是行星齿轮，由单级或两级组成，9∶1 的转速比普遍通过两级减速器实现。减速器目前有 440GRU、525GRU 和 675GRU 3 种系列，分别适用 139.7mm、177.8mm 和 219.2mm 尺寸套管的油井。

3) 保护器

电潜螺杆泵机组的保护器与电泵机组的保护器内都充填电机油，且其作用相同，一是保护潜油电机防止井液进入潜油电机，二是润滑保护减速器及带走减速器的摩擦热降温达到延长寿命的目的。

4) 挠性轴

挠性轴是电潜螺杆泵机组的一个关键部件，对延长机组寿命起着重要的作用，它位于电潜螺杆泵和减速器之间，其作用是消除转子的偏心运动和减振，保证其下部的保护器、减速器和潜油电机处于良好的同心运动状态。其结构简单，实质上就是一根挠性很好的短轴，承受较大的轴向载荷、径向载荷及扭矩。其径向推力轴承材料选用高强度的碳化钨硬质合金钢。

5) 电潜螺杆泵

电潜螺杆泵机组所用螺杆泵与普通螺杆泵在结构上相似，差别仅在于连接方式，普通螺杆泵采用的是螺纹连接，而电潜螺杆泵采用的是法兰螺栓连接。

3. 工艺管柱设计

根据渤海油田完井管柱特点，一般采用油管悬挂式螺杆泵管柱，管柱组成从下至上：扶正器、潜油电机、减速器、保护器、挠性轴、电潜螺杆泵、泄油阀、坐落接头、过电缆封隔器和井下安全阀(图 3-3-2)。

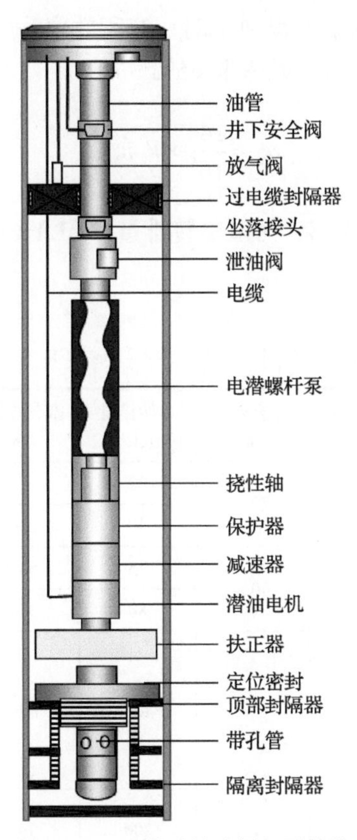

图 3-3-2　油管悬挂式螺杆泵管柱

3.3.2　工艺选型设计

电潜螺杆泵在开采高黏度、高含蜡、高含砂、高含气原油的海上平台作业中具有独特优势，其泵效高、同比采油量能耗低、检泵周期长、制造成本低、维护费用低等优点突出。在运用电潜螺杆泵选井时，一般选取稠油、中低产、油层温度较低的油井。

1. 电潜螺杆泵选型设计

1）泵挂深度确定

根据地质设计确定泵挂深度，具体过程与电潜泵井的油井设计产量和泵挂深度的计算过程相同。一般建议泵挂位置狗腿度不大于1°/30m，泵挂位置应保证有相对稳定的沉没度(确保动液面在去除气体影响条件下垂深不小于50m)。

2）泵排量选择

根据油井的设计产量，计算电潜螺杆泵的单转排量，按照电潜螺杆泵生产厂家的产品型号(表3-3-1)选择电潜螺杆泵泵排量。选择电潜螺杆泵泵排量时，应考虑油井产量的变化范围、电潜螺杆泵的转速变化及泵的容积效率等，一般电潜螺杆泵实际排量按照设计产量的1.1～1.2倍取值，再计算电潜螺杆泵单转排量。容积效率会随着实际扬程的增加而降低，当实际扬程小于额定扬程90%时，容积效率一般取70%～85%，当实际扬程达到额定扬程90%以上时，则容积效率取65%～70%。

$$q_{\mathrm{v}} = \frac{144}{10^5} \times V_{\mathrm{C}} n \eta_{\mathrm{q}} \tag{3-3-1}$$

式中，q_{v}为泵实际排量，$\mathrm{m^3/d}$；V_{C}为泵单转排量，mL/r；n为电潜螺杆泵转速，r/min；η_{q}为容积效率，%。

表3-3-1 海上油田常用电潜螺杆泵型号表

定子端部螺纹	型号	最大外径/mm	转子螺纹/mm	单转排量/(mL/r)	推荐排量范围/($\mathrm{m^3/d}$)	级数	长度/mm	额定压力/MPa
73.025mm TBG	GLB22-40	89	27.0	22	1.5～6	40	3450	16
	GLB40-40			40	2.8～10	40	4450	16
	GLB75-40		30.2	75	5.4～20	40	5900	20
	GLB80-27			80	5.7～20	27	4480	13.5
88.9mm TBG	GLB120-20	107	34.9	120	8.6～30	20	3600	10
	GLB120-27					27	4600	13.5
	GLB120-36					36	5600	18
	GLB120-40					40	6600	20
	GLB200-20			200	14～50	20	4600	10
	GLB200-36					36	6600	18
	GLB300-20			300	21～75	20	5560	10
	GLB300-33					33	8000	16.5
	GLB400-20			400	28.8～100	20	7040	10
	GLB500-15			500	36～140	15	6620	8
	GLB500-20					20	8000	10
	GLB500-24					24	9600	12

续表

定子端部螺纹	型号	最大外径 /mm	转子螺纹 /mm	单转排量 /(mL/r)	推荐排量范围 /(m^3/d)	级数	长度 /mm	额定压力 /MPa
88.9mm TBG	GLB800-18	114	39.7	800	58～220	15	6620	9
	GLB1200-16			1200	86～350	15	6150	8
	GLB1400-16			1400	100～400	16	7500	8
	GLB1600-21		M45×3	1600	120～500	21	7500	10
	GLB2000-24			2000	150～600	24	8000	11
	GLB120-20/K	107	34.9	120	8.6～35	20	3624	10
	GLB120-30/K					30	5124	15
	GLB200-20/K			200	14～50	20	4600	10
	GLB300-20/K			300	21～75	20	4600	10
	GLB500-15/K			500	36～140	15	6620	9
	GLB800-15/K	114	39.7	800	58～220	15	6620	9

注：TBG 表示平式油管扣。

3）泵扬程选择

油井总动压头计算公式：

$$H = h_p + P_o + F_t - H_s \tag{3-3-2}$$

式中，H 为油井总动压头，m；h_p 为泵挂垂深，m；P_o 为油压折算压头，m；F_t 为油管摩阻损失压头，m；H_s 为泵吸入口折算压头，m。

$$F_t = 0.111 \times 10^{-10} \times f \times \frac{LQ^2}{d^5} \tag{3-3-3}$$

式中，L 为泵挂斜深，m；f 为油管摩阻系数，一般取值 0.02～0.05；Q 为产液量，m^3/d；d 为油管内径，m。

选择螺杆泵扬程时，应考虑油井动液面的变化范围及安全系数等，一般按照油井总动压头的 1.1～1.2 倍选择泵的额定扬程。

2. 潜油电机选型

确定泵型号后，根据泵参数计算泵需要的轴功率，计算公式如下：

$$P_1 = \frac{Q_e H_e \gamma_1}{8812.8\eta} \tag{3-3-4}$$

式中，P_1 为泵的轴功率，kW；Q_e 为泵的额定排量，m^3/d，按最大设计排量计算；H_e 为泵的额定扬程，m；γ_1 为井液平均相对密度，无量纲；η 为泵效，一般为 70%～80%。

潜油电机的功率应考虑减速器、保护器、联轴器的机械功率损耗，潜油电机的功率计算公式如下：

$$p = P_1 + p_r + p_p + p_c \tag{3-3-5}$$

式中，p 为潜油电机的功率，kW；p_r 为减速器的机械功率损耗，kW，一般为 2～3kW；p_p 为保护器的机械功率损耗，kW，一般每节保护器的机械功率损耗为 1kW；p_c 为联轴器的机械功率损耗，kW，一般为 1～2kW。

根据计算的潜油电机的功率，结合平台电压情况，选择合适型号的潜油电机规格（表 3-3-2）。

表 3-3-2　电潜螺杆泵常用潜油电机型号表

最大外径/mm	型号	额定频率/Hz	级数	额定电流/A	额定电压/V	额定功率/kW	长度/m
Φ116	456-15-4	50	4	32	520	15	3.37
	456-22-4					22	4.47
	456-33.5-4					33.5	6.34
Φ138	540-30-4	50	4	37	875	30	3.78
	540-40-4			47	900	40	5.03
	540-50-4				1085	50	5.87
Φ143	562-29-4	50	4	47	660	29	2.95
	562-40-4			36.5	1165	40	3.78
	562-52.5-4				1495	52.5	4.62
	562-22-6		6	43	740	22	3.78
	562-28-6				940	28	4.62
	562-35-6				1150	35	5.45
	562-40.5-6				1350	40.5	6.29
	562-50-6				1660	50	7.55
	562-59-6				1880	59	8.39

3. 减速器选择

国产电潜螺杆泵系统一般使用 4 极或 6 极潜油电机（电机额定转速分别为 1500r/min、1000r/min），适宜选用减速比为 5∶1 的单级行星齿轮减速器；国外电潜螺杆泵系统一般使用 2 极潜油电机（电机额定转速为 3000r/min），适宜选用减速比为 16∶1～9∶1 的双级行星齿轮减速器。

减速器的输出轴安全扭矩应不低于螺杆泵转子生产扭矩的 1.5 倍，减速器轴扭矩计算公式如下：

$$T = \frac{30000 P_1}{\pi n} \tag{3-3-6}$$

式中，T 为减速器轴扭矩，N·m。

根据系统要求，考虑引接电缆的安全空间，选择减速器的减速比和轴功率，并最终确定减速器的型号。

3.3.3　电潜螺杆泵举升工艺矿场实践及效果分析

截至 2020 年底，电潜螺杆泵在渤海油田总计应用 197 井次，平均检泵周期 345d。目前在运行井 16 口，平均运转时间 1497d 左右，平均日产液量 42.7m^3，平均日产油量 15.6m^3，其中南堡油田 NB-LW2 井运转时间 4254d，取得了较好的应用效果(表 3-3-3)。

表 3-3-3　渤海油田电潜螺杆泵在运行井运转情况

井号	泵排量/(m^3/d)	泵扬程/m	产液量/(m^3/d)	产油量/(m^3/d)	含水率/%	运转时间/d
PL-LW1	18	1790	38.75	21.87	43.56	809
PL-LW2	21	1790	18.75	12.23	34.77	1799
PL-LW3	18	1790	18.52	15.21	17.90	1811
PL-LW4	18	1790	13.52	9.08	32.60	1466
PL-LW5	7	1700	27.24	8.97	67.07	169
PL-LW6	33	1793	45.78	20.58	55.05	814
PL-LW7	43	1790	47.62	41.74	12.40	1034
NB-LW1	200	1000	15.25	7.57	50.36	496
NB-LW2	20	1400	35.04	4.91	86.00	4254
NB-LW3	100	1500	38.75	21.87	43.56	386
NB-LW4	50	1200	36.24	23.19	36.00	3278
NB-LW5	50	1800	34.56	15.90	54.00	1669
NB-LW6	36	1500	18.48	10.72	42.00	4090
LD-LW1	70	1600	38.47	22.58	41.30	130
JX-LW1	112	1800	74.25	11.71	84.20	950
CB-LW1	120	1500	106.0	7.9	92.6	799

1. 稠油出砂井况电潜螺杆泵矿场实践及效果分析

1) 生产现状及存在问题

NB-LW5 井为南堡油田南区一口定向井，于 2006 年 1 月 16 日投产，Y 型分采管柱，初期以额定排量 50m^3/d 的电潜泵生产，日产油量 16m^3，含水率 4%，生产过程中，含水率有逐步上升的趋势。2006 年 6 月初产油量和含水率都出现波动，日产油量在 5～17m^3 波动，含水率在 20%～40%波动，并出现供液不足的现象。2006 年 9 月 26 日过载停泵。

2006 年 10 月 8 日检泵结束启泵生产，日产油量 5m^3 左右，11 月 6 日关井进行压力恢复测试，由于压力恢复缓慢，在关井期间无法获得静压数据，测试失败。随后生产存在波动，并间歇性依靠环空补液生产，日产液量 5～15m^3，含水率 30%左右。2007 年 8 月 24 日，短路故障停泵，故障前日产油量 7.35m^3，含水率 27%。

2007 年 9 月 11 日检泵作业结束，启泵前打入有机溶剂解堵，初期日产油量 12m^3 左右，起到了一定的增油效果，随着生产的进行，含水率逐渐下降，动液面逐渐下降，产油量也出现下降趋势，为了控制液面的持续下降，该井维持憋压生产，含水率波动。该井周边 LW17 井于 2008 年 6 月开始注弱凝胶，2008 年 10 月底 LW5 井有见效的迹象，含水率波动且呈下降趋，产油量有一定程度的上升。

2009 年 10 月 7 日故障停泵，11 月 4 日检泵结束，下入杆驱螺杆泵生产，含水率较检泵前下降，产油量增加。

2010 年 9 月 12 日无产出，手动停泵，12 月 11 日冲砂、检泵后启泵返排，至 12 月 31 日含水率一直为 100%，累计返排水 722m^3。进行反循环洗井后启泵，仍无反扭矩，分析为抽油杆断裂。2011 年 2 月采取上提油管(短节)完井恢复生产。含水率逐渐下降至 20%。2013 年 6 月无产出停泵，怀疑发生砂埋。

LW5 井自 2006 年 1 月下入电潜泵投产，日产液量 20m^3 左右，生产状况不稳定，2009 年 11 月 4 日下入杆驱螺杆泵，因为出砂，该井故障频繁。从历次检泵报告可知，该井出砂且产出物黏稠(图 3-3-3)。从 2015 年 12 月 7 日取样的原油分析报告可知，该井 50℃下的地面脱气原油黏度为 1207mPa·s，含蜡量 4.98%，沥青质含量 5.95%，胶质含量 23.09%。

图 3-3-3　渤海油田稠油地面取样图

由于该井产出物黏稠，电泵不适应该井生产。同时由于该井出砂，杆驱螺杆泵故障频繁。此时，适用于稠油出砂井的电潜螺杆泵无疑成了更好的选择。

2) 工艺方案及参数设计

依据油藏地质设计需求，设计生产管柱采用普通合采管柱，管柱组成从下至上为扶正器、电机、保护器、减速器、电潜螺杆泵、泄油阀、坐落接头、过电缆封隔器、井下安全阀(图 3-3-4)。下入机组额定排量 50m^3/d、额定扬程 1800m，下入电机功率 33kW(表 3-3-4)。

3) 工艺效果分析

LW5 井 2015 年 9 月下入电潜螺杆泵生产，此后该井生产稳定，含水率维持在 50%左右，日产液量 28m^3。2018 年 2 月初，该井生产频率 30Hz，日产液量 28m^3，日产油量 14m^3，含水率 50%。之后该井生产平稳，含水率呈缓慢上升趋势。2019 年 5 月底，该井以 36Hz 运转，计量日产液量 32m^3，含水率 56%，日产油量 14m^3。2020 年 2 月底，该井以 37Hz 运转，计量日产液量 34.5m^3，含水率 54%，日产油量 16m^3。

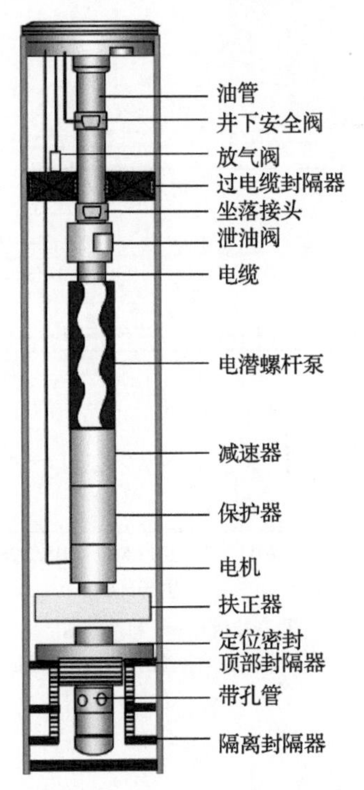

图 3-3-4　LW5 井生产管柱图

表 3-3-4　LW5 井设计机组参数

名称	规格型号	技术参数	总长度/m
电机	725	电流：32.8A	2.06
		电压：1130V	
		功率：33kW	
电潜螺杆泵	96	额定扬程：1800m	7.9
		额定排量：50m^3/d	
保护器	130	—	3.94
减速器	192.0	—	2.4

注：“—”表示无数据。

由 LW5 井生产曲线图(图 3-3-5)可知，该井自 2006 年 1 月下入电潜泵投产，日产液量 20m^{3}左右，生产状况不稳定，2009 年 11 月 4 日下入杆驱螺杆泵，因为出砂，该井故障频繁。从历次检泵提井报告可知，该井出砂且产出物黏稠。由 2015 年 12 月 7 日取样的原油分析报告可知，该井 50℃下的地面脱气原油黏度为 1207mPa·s，产液黏度高。

2015 年 9 月 20 日下入电潜螺杆泵生产，此后该井生产稳定，含水率维持在 50%左右，日产液量 30m^3，至 2020 年 4 月底，该井已平稳运行 1670d。

上述应用说明低产、高黏的出砂油井用电潜螺杆泵举升比电潜泵举升有较大优势，既减少了检泵作业费用，又增加了产油量，实现了增产增效的效果。

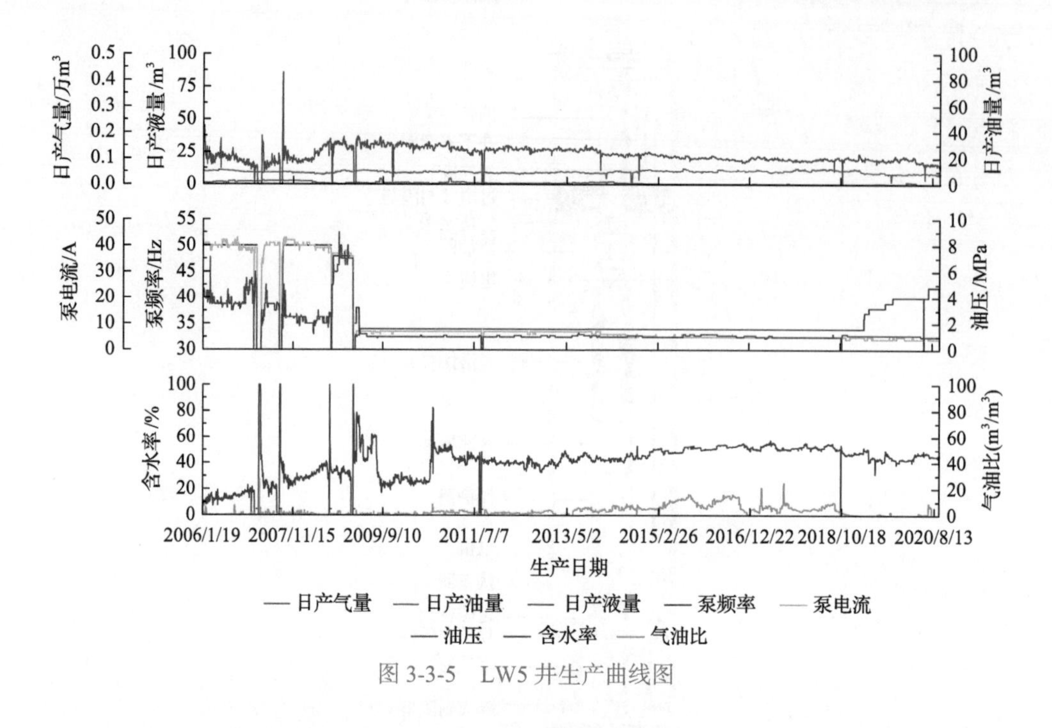

图 3-3-5　LW5 井生产曲线图

2. 稠油乳化井况电潜螺杆泵矿场实践及效果分析

1) 生产现状及存在问题

JX1-LW1井2012年5月22日下入电潜泵投产，生产层位为东营组二段Ⅳ油组（Nd_2^{IV}），水平段有效生产长度为 271.1m，177.8mm 套管，采用优质筛管+砾石充填防砂、普通合采管柱生产。2015 年 1 月，该井开始见水。2015 年 1 月 5 日计量数据：日产液量 48m^3，日产油量 45m^3，含水率 6.25%，日产气量 0.22 万 m^3。

受高黏原油含水乳化影响，乳化后黏度大幅提升(图 3-3-6)。2015 年 9 月该井电流波动较大，2015 年 10 月 10 日开始套管滴注降黏剂生产，滴注降黏剂后电流稳定，产液量增加，降黏剂效果显著。

2015 年 12 月 22 日过载停泵，电流在 3s 内由 24A 涨至 133A，测得电泵对地绝缘电阻为 0MΩ，三相直阻为 3.613Ω、3.615Ω 和 4.021Ω，不平衡。

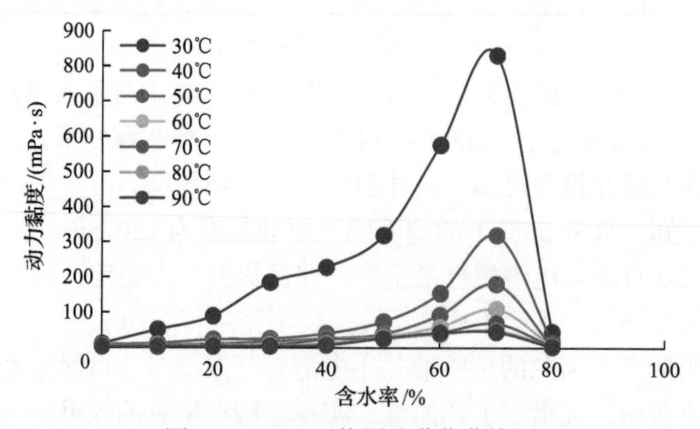

图 3-3-6　LW1 井原油乳化曲线图

LW1 井自 2012 年 5 月下入电潜泵投产，日产液量 $50m^3$ 左右，由于受高黏原油含水乳化影响，该井电流波动较大，只有在加入降黏剂后才能保持电流稳定生产。若电潜泵机组长期在不稳定的电流下运行，容易导致机组故障，缩短检泵周期，不利于油井稳定高效开采。该井原油含水乳化导致井液黏度升高，建议下入电潜螺杆泵生产。

2) 工艺方案及参数设计

依据油藏地质设计需求，设计生产管柱采用普通合采管柱，管柱组成从下至上为扶正器、电机、保护器、传动装置、电潜螺杆泵、泄油阀、坐落接头、过电缆封隔器、井下安全阀（图 3-3-7）。下入机组额定排量 $112m^3/d$、额定扬程 1800m，下入电机功率 35kW（表 3-3-5）。

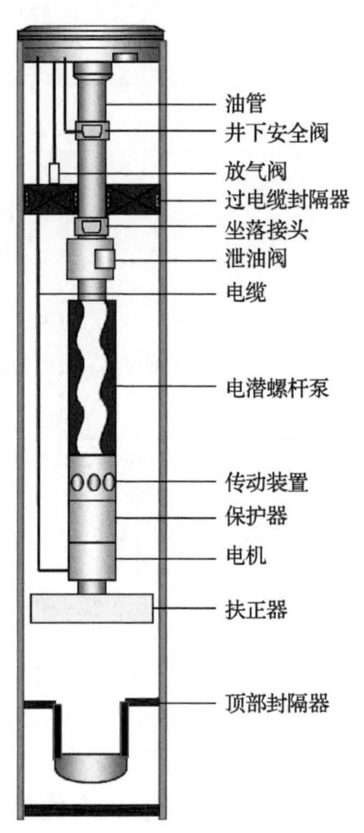

图 3-3-7　LW1 井生产管柱图

表 3-3-5　LW1 井设计机组参数

名称	规格型号	技术参数	长度/m
电机	M562/4S	电流：33A	3.6
		电压：995V	
		功率：35kW	
电潜螺杆泵	200/7	额定扬程：1800m	9.85
		额定排量：$112m^3/d$	
保护器	QYH130	—	2
传动装置	200/7	—	2.4

3）工艺效果分析

2016 年 1 月 27 日～2 月 1 日进行检泵作业，下入额定排量 $112m^3/d$、额定扬程 1800m 的电潜螺杆泵，采用普通合采管柱生产。2017 年 8 月 16 日计量：频率 50Hz，日产液量 $111m^3$，日产油量 $36m^3$，含水率 67.6%。2020 年 4 月 1 日计量：频率 48Hz，日产液量 $75m^3$，日产油量 $11m^3$，含水率 85.3%。

从 LW1 井生产曲线图（图 3-3-8）可知，该井自 2012 年 5 月下入电潜泵投产，日产液量 $50m^3$ 左右，由于受高黏原油含水乳化影响，电流波动较大，生产状况不稳定。

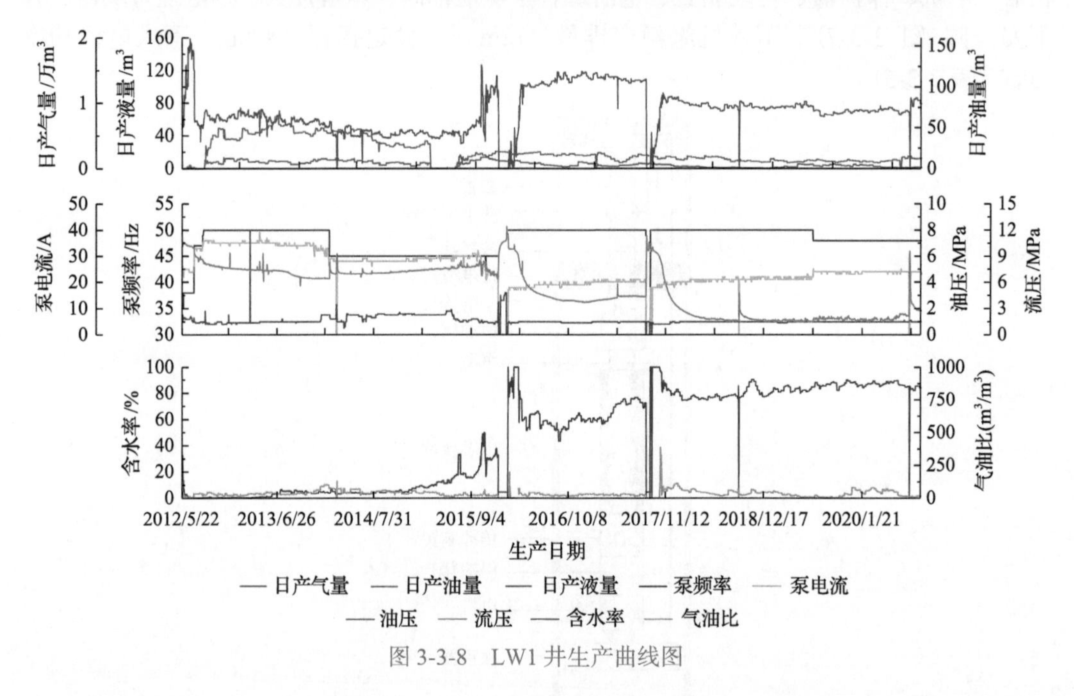

图 3-3-8　LW1 井生产曲线图

2016 年 2 月下入电潜螺杆泵生产，此后该井生产稳定，日产液量 $110m^3$。2017 年 9 月由于电泵质量提井后，下入相同型号机组，此后该井日产液量 $80m^3$ 左右，生产情况稳定，至 2020 年 4 月底，该井已平稳运行 960d。

电潜螺杆泵对高黏乳化油井与电潜泵相比有较大优势，达到了增产增效的目的。

参 考 文 献

曹卉. 2008. 新型潜油式直线抽油机电机的设计及分析. 哈尔滨：哈尔滨理工大学: 21-43

国家能源局. 2016. 潜油电动柱塞泵机组: SY/T 7331—2016. 北京：石油工业出版社

刘聪. 2016. 潜油直线电机举升系统动态仿真. 秦皇岛：燕山大学: 15-49

唐兵，司念亭，吴子南，等. 2018. 往复式电泵的优化研究及应用. 中国石油和化工标准与质量, 38(6): 136-137

王平双，郭士生，范白涛，等. 2019. 海洋完井手册. 北京：石油工业出版社: 478-553

第4章　高含气油井举升工艺创新与实践

渤海油田中深层开发的生产井泵吸入口处普遍具有高含气的特点，典型高含气井井下泵吸入口处含气率在 40%～85%。渤海油田针对高含气井况最初以气举举升为主，但气举举升受地面气源限制，大部分生产平台提供不了满足生产需求的气源气量和气源压力。近些年逐步尝试将电泵举升应用于高含气井况中，但井下泵吸入口处高含气给电泵举升带来的问题突出表现在过多气体进泵后会造成电泵泵腔内大部分空间被气体占据，加剧了电泵机组振动，使电泵机组经常性欠载停机，电泵排量和扬程效率大幅度下降，电泵电缆绝缘性能降低，严重时会造成电泵生产中断，从而使检泵周期缩短。实际上，高含气井电泵平稳运行的难点在于如何控制过泵混合流体的含气率低于 30%。近些年逐步开发出系列高效举升技术，皆在为应对高含气井况的高效举升提供有效的解决方案。

4.1　气体加速泵举升工艺创新与实践

海上在开发的一些油气藏已进入生产中后期，伴随着油气井地层压力降低、产量加速递减，严重影响油气井开发效益。传统的气举举升工艺无法解决低压、低产、高含气率油井的举升问题。且传统气举举升的工艺对于产层压力低、动液面较低的油井，极易导致生产状况不稳定；针对传统气举举升工艺的不足研发了气体加速泵举升工艺，该工艺能大幅减少高压注气对地层的回压影响，放大油井生产压差，增大油井产量，确保油井长期稳定生产。

4.1.1　气体加速泵举升技术原理

1. 工作原理

气体加速泵排液时，地面高压动力之间流体经过节流喷嘴形成高速射流，成为具有低压能、高动能的流体，因此在喷嘴与喉管的混合室内形成一个低压区，从而和与混合室相连通的吸入口间形成负压差区，吸入并携带吸入液，两股具有不同动量的流体进入喉管后混合并进行动量传递后形成完全混合的流体流进扩散管，混合流体在扩散管内进行动能和压能转换，最后形成具有一定压能的混合液经管路流出井口进入生产管汇(韩惠霖，1990；陆宏圻，2004)。气体加速泵主要由高压流体入口端、低压流体吸入口和混合流体出口等部分组成(图 4-1-1)。

2. 气体加速泵基本特性参数

气体加速泵的工作流量、工作压力与泵几何尺寸之间的关系反映了气体加速泵内流场的能量、动量转换过程的主要核心工作件(喷嘴、喉管及扩散管)对泵性能的影响。为了更好地研究气体加速泵的性能，通常采用无量纲参数来描述气体加速泵的基本特性(郭金基，1981)。

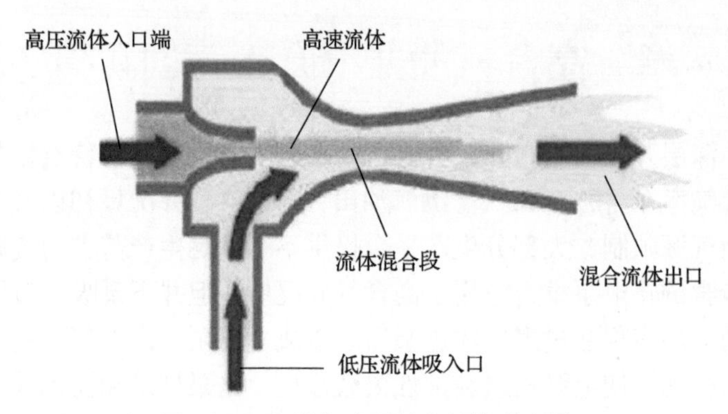

图 4-1-1　气体加速泵基本结构示意图

1) 无量纲体积流量比

无量纲体积流量比Q_r：吸入流体的体积流量与动力流体的体积流量之比，即

$$Q_r = \frac{Q_s}{Q_n} \tag{4-1-1}$$

式中，Q_r 吸入流体的体积流量与动力流体的体积流量之比，无量纲；Q_s 为标准状态下吸入流体的流量，m^3/d；Q_n 为标准状态下动力流体的流量，m^3/d。

2) 无量纲质量流量比

无量纲质量流量比M_r：吸入流体的质量流量Q_{ms}与动力流体的质量流量Q_{mn}之比，即

$$M_r = \frac{Q_{ms}}{Q_{mn}} = \frac{\rho_s Q_s}{\rho_n Q_n} \tag{4-1-2}$$

式中，M_r 为无量纲质量流量比；ρ_s 为标准状态下吸入流体的密度，kg/m^3；ρ_n 为标准状态下动力流体的密度，kg/m^3；Q_n 为标准状态下动力流体的流量，m^3/d；Q_s 为标准状态下吸入流体的流量，m^3/d。

3) 无量纲压力比

无量纲压力比 H：泵吸入流体压力增量与过泵动力流体压力减少量之比，即

$$H = \frac{P_d - P_s}{P_n - P_d} \tag{4-1-3}$$

式中，H 为泵吸入流体压力增量与过泵动力流体压力减少量之比，无量纲；P_n 为喷嘴入口处动力流体流动压力，MPa；P_s 为泵吸入口吸入流体流动压力，MPa；P_d 为扩散管出口处混合流体流动压力，MPa。

4) 无量纲面积比

无量纲面积比 R_{An}：喷嘴出口流道截面积与喉管流道面积之比，即

$$R_{An} = \frac{A_n}{A_t} \tag{4-1-4}$$

式中，R_{An} 为喷嘴出口流道截面积与喉管流道截面积比，无量纲；A_n 为喷嘴出口流道截面积，mm^2；A_t 为喉管流道截面积，mm^2。

5）无量纲密度比

$$R_{\rho} = \frac{\rho_s}{\rho_n} \tag{4-1-5}$$

式中，R_{ρ} 为吸入流体密度与动力流体密度之比，无量纲。

3. 气体加速泵理论方程

气体加速泵的基本特性方程就是描述无量纲压力比、泵效同无量纲流量比之间关系的表达式，它反映了气体加速泵的内在特性。气体加速泵的基本特性方程是气体加速泵的理论研究、设计、制造、应用的重要依据。

1）假设条件

（1）高压动力气体和低压吸入液体在泵内均为一维流动。

（2）低压吸入液体是不可压缩的。

（3）高压动力气体为理想气体。

（4）泵中气液流体温度不发生变化，在等温且稳定状态下工作。

（5）泵入口处和出口处气液流体的速度与泵内气液流体的速度相比很小，因此泵入口处和出口处流体的动能可忽略不计。

（6）高压动力气体和低压吸入液体在喉管入口处开始混合，在喉管出口处完全混合后排出。

（7）在喷嘴出口和喉管入口之间气体射流速度不变。

2）方程推导

（1）喷嘴特性方程。

① 能量方程。

$$\int_{P_{ni}}^{P_{no}} \frac{dP}{\rho_n} + \int_{v_{ni}}^{v_{no}} v dv + \int_{\varepsilon_{ni}}^{\varepsilon_{no}} d\varepsilon = 0 \tag{4-1-6}$$

式中，P 为压力，MPa；P_{ni} 为喷嘴入口处动力流体压力，MPa；P_{no} 为喷嘴出口处动力流体压力，MPa；v_{ni} 为喷嘴入口处动力流体速度，m/s；v_{no} 为喷嘴出口处动力流体速度，m/s；ε 为动力流体能量耗散率，J/kg；ε_{ni} 为喷嘴入口处动力流体能量耗散率，J/kg；ε_{no} 为喷嘴出口处动力流体能量耗散率，J/kg；v 为喷嘴内动力流体速度，m/s。

② 状态方程。

$$RT_{no} = \frac{P_{no}}{\rho_{no}} \tag{4-1-7}$$

式中，ρ_{no} 为喷嘴出口处动力流体密度，m^3/kg；T_{no} 为喷嘴出口处动力流体温度，K；R 为气体常数，默认值为 8.31 J/(mol·K)。

$$P_{no}\ln\left(P_{ni}/P_{no}\right)=\frac{1}{2}\rho_{no}v_{no}^2+\frac{K_n}{2}\rho_{no}v_{no}^2=(1+K_n)Z_n \tag{4-1-8}$$

$$Z_n=\frac{1}{2}\rho_{no}v_{no}^2$$

式中，K_n 为喷嘴摩阻损失系数(一般为 0.03)，无量纲；Z_n 为喷嘴出口处动力流体的速度折算压力，MPa。

(2)泵吸入口特性方程。

从泵吸入通道入口到喷嘴出口(喉管入口)区域，根据能量守恒，可得到该部分的吸入低压液体能量方程为

$$\int_{P_s}^{P_{no}}\frac{dP}{\rho_s}+\int_{v_s}^{v_{so}}v dv+\int_{\varepsilon_s}^{\varepsilon_{so}}d\varepsilon=0 \tag{4-1-9}$$

式中，P_s 为泵吸入口处吸入流体压力，MPa；ρ_s 为泵吸入通道内吸入流体密度，m^3/kg；v_s 为泵吸入口处吸入流体速度，m/s；v_{so} 为喷嘴出口处吸入流体速度，m/s；ε_s 为泵吸入口处吸入流体能量耗散率，J/kg；ε_{so} 为喷嘴出口处吸入流体能量耗散率，J/kg。

根据假定条件，吸入液体为不可压缩流体，所以 ρ_s 为常数。因此，根据式(4-1-9)可得出：

$$\frac{P_s-P_{no}}{\rho_s}=\frac{1}{2}v_{so}^2+\frac{K_s}{2}v_{so}^2 \tag{4-1-10}$$

式中，K_s 为吸入通道入口至喉管入口间的流体摩阻损失系数，无量纲。

吸入液体在喉管入口处(喷嘴出口处)的速度：

$$v_{so}=F_{qo}R_{An}v_{no}$$

$$F_{qo}=\frac{Q_{no}}{Q_{so}} \tag{4-1-11}$$

式中，F_{qo} 为喷嘴出口处吸入流体流量与动力流体流量之比，无量纲；Q_{so} 为喷嘴出口处吸入流体流量，m^3/d；Q_{no} 为喷嘴出口处动力流体流量，m^3/d；R_{An} 为喷嘴出口流道截面积与喉管流道截面积之比，无量纲。

根据密度比 $R_{\rho o}=\dfrac{\rho_{so}}{\rho_{no}}$ 可得

$$\rho_{so}=R_{\rho o}\rho_{no} \tag{4-1-12}$$

式中，$R_{\rho o}$ 为喷嘴出口处吸入流体密度与动力流体密度之比，无量纲。

将式(4-1-8)、式(4-1-11)、式(4-1-12)代入式(4-1-10)得

$$P_s - P_{no} = (R_{\rho o}F_{qo}^2 R_{An}^2)(1+K_s)\frac{\rho_{no}}{2}v_{no}^2 = (R_{\rho o}F_{qo}^2 R_{An}^2)(1+K_s)Z_n \tag{4-1-13}$$

式中，K_s 为吸入通道入口至喉管入口间的流体摩阻损失系数，无量纲；Z_n 为喷嘴出口处动力流体的速度折算压力，MPa。

(3)喉管特性方程。

根据动量守恒定律，喉管进出口动量变化等于喉管入口和出口压力的变化。建立喉管部分的动力方程如下。

单位时间进入喉管的气液流体所具有的动量(I_T)为

$$I_T = Q_{mn}v_{no} + Q_{ms}v_{so} + P_{no}A_t \tag{4-1-14}$$

式中，Q_{mn} 为喉管内动力流体质量流量，kg/s；Q_{ms} 为喉管内吸入流体质量流量，kg/s；A_t 为喉管流道截面积，mm^2。

喉管出口处混合流体的动量(I_E)为

$$I_E = (Q_{mn} + Q_{ms})v_{mt} + P_t A_t \tag{4-1-15}$$

式中，v_{mt} 为喉管出口处混合流体速度，m/s；P_t 为喉管出口处混合流体压力，MPa。

喉管内因摩阻损失的动量(I_f)为

$$I_f = \frac{K_{th}}{2}(Q_{mn} + Q_{ms})v_{mt} \tag{4-1-16}$$

式中，K_{th} 为喉管摩阻损失系数，无量纲。

由动量守恒得

$$I_T - I_E - I_f = 0 \tag{4-1-17}$$

将式(4-1-14)～式(4-1-16)代入式(4-1-17)可得

$$Q_{mn}v_{no} + Q_{ms}v_{so} - \frac{K_{th}+2}{2}(Q_{mn} + Q_{ms})v_{mt} = (P_t - P_{no})A_t \tag{4-1-18}$$

其中喉管出口处混合流体速度 v_{mt} 的计算公式为

$$v_{mt} = R_{An}(1+F_{qt})(P_{no}/P_t)v_{no} \tag{4-1-19}$$

式中，F_{qt} 为喉管出口处吸入流体流量与动力流体流量之比，无量纲。

将式(4-1-12)和式(4-1-19)代入式(4-1-18)得

$$P_t - P_{no} = Z_n[2(1-R_{Aa})(R_{\rho o}F_{qo}^2 / R_{Aa}^2) - (2+K_{th})R_{Aa}^2(1+R_{\rho o}F_{qo})\left(P_{no}\big/P_t\right)(1+F_{qt}) + 2R_{Aa}] \tag{4-1-20}$$

式中，R_{Aa}为喷嘴、喉管环空流道截面与喷嘴流道截面的面积比值，无量纲。

(4)扩散管特性方程。

从喉管出口到扩散管出口，根据能量守恒，可得其能量方程为

$$\int_{P_t}^{P_d} \frac{dP}{\rho_m} + \int_{v_{mt}}^{v_{md}} v dv + \int_{\varepsilon_{mt}}^{\varepsilon_{md}} d\varepsilon = 0 \tag{4-1-21}$$

式中，P_t为喉管出口处混合流体压力，MPa；P_d为扩散管出口处混合流体流动压力，MPa；ρ_m为扩散管内混合流体的密度，kg/m^3；v_{md}为扩散管出口处混合流体速度，m/s；ε_{mt}为喉管出口处混合流体能量耗散率，J/kg；ε_{md}为扩散管出口处混合流体能量耗散率，J/kg。

$$\rho_m = \frac{P\rho_{no}(1+R_{\rho o}F_{qo})}{P_{no}+PF_{qo}} \tag{4-1-22}$$

式中，P为扩散管内混合流体的压力，MPa。

$$v_{md} = R_{Ad}R_{An}(1+F_{qd})v_{no} \tag{4-1-23}$$

式中，R_{Ad}为喉管截面积与扩散管截面积之比，无量纲；F_{qd}为扩散管出口处吸入流体流量与动力流体体积流量之比。

将式(4-1-23)和式(4-1-22)代入式(4-1-21)后可得

$$\begin{aligned} P_d - P_t = Z\frac{1+R_{\rho o}F_{qo}}{F_{qo}}\Bigg[& R_{An}^2\left(\frac{P_{no}}{P_t}\right)^2(1+F_{qt})^2 - R_{Ad}^2R_{An}^2\left(\frac{P_{no}}{P_d}\right)^2(1-F_{qd})^2 \\ & -K_d R_{An}^2\frac{P_{no}}{P_d}F_{qo}(1+F_{qt})\Bigg] - \frac{P_{no}}{F_{qo}}\ln\left(\frac{P_d}{P_t}\right) \end{aligned} \tag{4-1-24}$$

式中，K_d为扩散管摩阻损失系数，无量纲。

3)气体加速泵的特性方程

气体加速泵总能量守恒方程为

$$w_n\frac{dP}{\rho_n} + w_s\frac{dP}{\rho_s} + w_n dv_n^2 + w_s dv_s^2 + w_n d\varepsilon_n + w_s d\varepsilon_s = 0 \tag{4-1-25}$$

式中，$d\varepsilon_n$为泵内动力流体能量耗散率，J/kg；$d\varepsilon_s$为泵内吸入流体能量耗散率，J/kg。

4)理想气体的气体加速泵方程

不考虑气液流体过气体加速泵的摩阻，并且吸入液体质量流量很小($F_\rho F_{qo}=0$，其中F_ρ为喷嘴处吸入流体流量)的泵，可简化为

$$r_{io}=\exp\left(\frac{Z_n}{P_{no}}\right) \tag{4-1-26}$$

式中，r_{io} 为喷嘴入口和出口动力流体压力比，$r_{io}=\frac{P_{ni}}{P_{no}}$，无量纲。

$$\left(\frac{P_t}{P_{no}}\right)^2-\left[\frac{2Z_nR_{An}^2}{P_{no}}\left(\frac{1}{R_{An}}-F_{qo}\right)+1\right]\frac{P_t}{P_{no}}+\frac{2Z_nR_{An}^2}{P_{no}}=0 \tag{4-1-27}$$

令 $r_{to}=\frac{P_t}{P_{no}}$，$n=\frac{2Z_nR_{An}^2}{P_{no}}$，$F_i=\frac{1}{R_{An}}-F_{qo}$，则式(4-1-27)可简化为

$$r_{to}^2-(nF_i+1)r_{to}+n=0 \tag{4-1-28}$$

式中，r_{to} 为喉管出口处混合流体压力与喷嘴出口动力流体压力之比，无量纲；n 为喷嘴出口处动力流体的欧拉系数，无量纲；F_i 为理想气体加速泵无因次比，无量纲。

因 F_{qo} 不小于零，$F_i\leqslant\frac{1}{R_{An}}$ 时，计算得

$$r_{to}=\frac{1+nF_i\pm\sqrt{1-4n+2nF_i+n^2F_i^2}}{2} \tag{4-1-29}$$

又因

$$r_{to}=\frac{r_{do}}{r_{dt}} \tag{4-1-30}$$

式中，r_{do} 为扩散管出口处混合流体压力与喷嘴出口动力流体压力之比，无量纲；r_{dt} 为扩散管出口处混合流体压力与喉管出口处混合流体压力之比，无量纲。

将式(4-1-30)代入式(4-1-28)后可得

$$r_{do}=r_{to}+\frac{n}{2F_{qo}}\left[\frac{1}{r_{to}^2}(1+r_{to}F_{qo})^2-R_{Ad}^2\frac{1}{r_{do}^2}(1+r_{do}F_{qo})^2\right]-\frac{1}{F_{qo}}\ln\left(\frac{r_{do}}{r_{to}}\right) \tag{4-1-31}$$

式中，r_{do} 为扩散管出口处混合流体压力与喷嘴出口动力流体压力之比，无量纲；n 为喷嘴出口处动力流体的欧拉系数，无量纲。

对于理想气体加速泵，流体混合能量损失为

$$\varepsilon_{mix}=\frac{nP_{no}}{2\rho_{no}F_{qo}}\left[F_i^2-\left(\frac{F_{qo}}{F_{qt}}\right)^2\right]-\ln r_{to} \tag{4-1-32}$$

式中，ε_{mix} 为动力流体与吸入流体混合过程中的混合能量耗散，J/kg；F_i 为理想气体加

速泵无因次比，无量纲。

在喉管入口处，动力流体和吸入流体混合过程中，不发生能量损失，此时理想气体加速泵无因次比为

$$F_{\mathrm{i}}^{\mathrm{z}} = \frac{2r_{\mathrm{to}} \ln r_{\mathrm{to}} - r_{\mathrm{to}} + 1}{r_{\mathrm{to}}(r_{\mathrm{to}} - 1)} \tag{4-1-33}$$

式中，$F_{\mathrm{i}}^{\mathrm{z}}$ 为当 $\varepsilon_{\mathrm{mix}}$ 为零时理想气体加速泵无因次比，无量纲。

当 $F_{\mathrm{i}} - F_{\mathrm{i}}^{\mathrm{z}} \geqslant 0$ 时，气体加速泵喉管压力比方程才能得出满足实际情况的解。

5) 泵效方程

气体加速泵泵效定义为

$$\eta = \frac{F_{\mathrm{qo}}(P_{\mathrm{d}} - P_{\mathrm{s}})}{P_{\mathrm{no}} \ln\left(\dfrac{P_{\mathrm{ni}}}{P_{\mathrm{d}}}\right)} \tag{4-1-34}$$

式中，η 为气体加速泵泵效，无量纲。

4.1.2 工艺管柱及关键工具

1. 工艺管柱设计

JZ25-1S 油田有大量气举油井，大多气举油井井下气举管柱下有滑套。井下生产滑套可作为气体加速泵的工作筒。为降低气体加速泵举升油井启动时的注入压力，气体加速泵工艺管柱设计为油井气举生产管柱。该类工艺管柱作业时通过钢丝投捞将气体加速泵投放到最下部的滑套中，气体加速泵上下有密封模块与滑套上的密封段配合，同时气体加速泵上具有锁芯结构可防止气量较大时泵体移动。工作时，高压气体从油套环空注入，经过滑套到气体加速泵，再到喷嘴，气体压能降低，速度增大，在喷嘴出口处产生一定的负压将油管内的井液吸入与高速气体混合增压后在油管内向上举升出井口进入平台生产管汇。气体加速泵举升管柱结构简单，主要由井下安全阀、气举阀、气体加速泵工作筒、滑套、气体加速泵等组成(图 4-1-2)。

2. 关键工具

气体加速泵举升工艺的实施除了气体加速泵还需要其他配套工具，主要包括锁芯、气体加速泵工作筒和气举阀等。

1) 气体加速泵

气体加速泵是举升工艺的关键工具，主要零部件包含喷嘴、喉管和扩散管。气体加速泵本体上下有密封模块，下入井后与管柱中的滑套密封段相配合(图 4-1-3)。

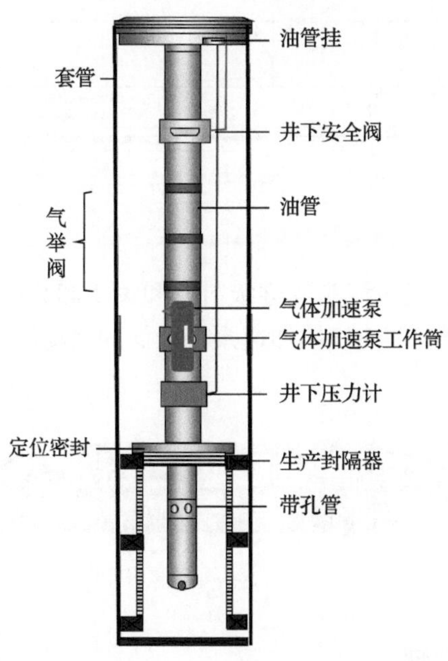

图 4-1-2　气体加速泵举升管柱

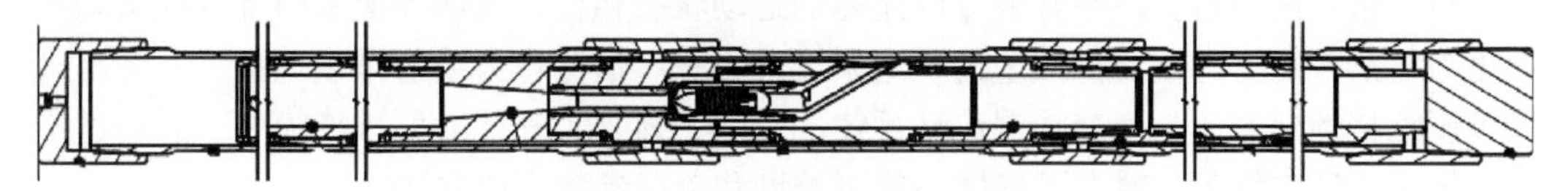

图 4-1-3　气体加速泵结构图

2) 锁芯

锁芯是连接气体加速泵本体并将其锁定在滑套内的固定工具。在气体加速泵正常工作时为防止本体窜动，锁芯上有打捞接头，更换气体加速泵时下入配套打捞工具可将锁芯和气体加速泵本体同时取出(图 4-1-4)。

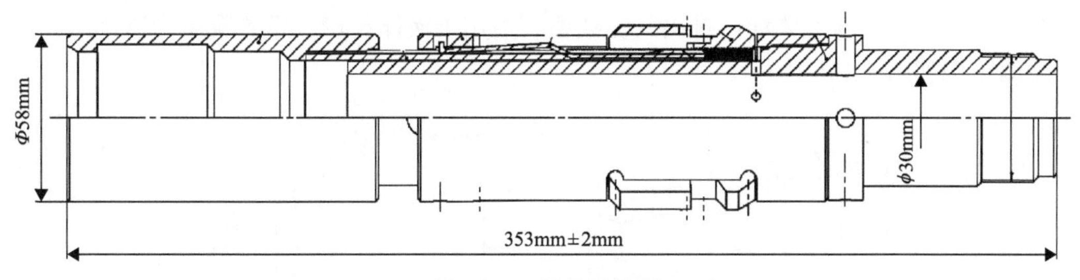

图 4-1-4　锁芯结构图

3) 气体加速泵工作筒

气体加速泵工作筒与滑套一样起沟通油套环空的作用，已下滑套的井可用滑套代替气体加速泵工作筒。气体加速泵的下入深度根据举升工艺要求进行设计，滑套(气体加速泵工作筒)上具有定位和密封模块，定位模块可与锁芯配合锁住气体加速泵本体，密封模块可与气体加速泵本体上的密封模块相配合，形成气体射流的各个通道(图 4-1-5)。

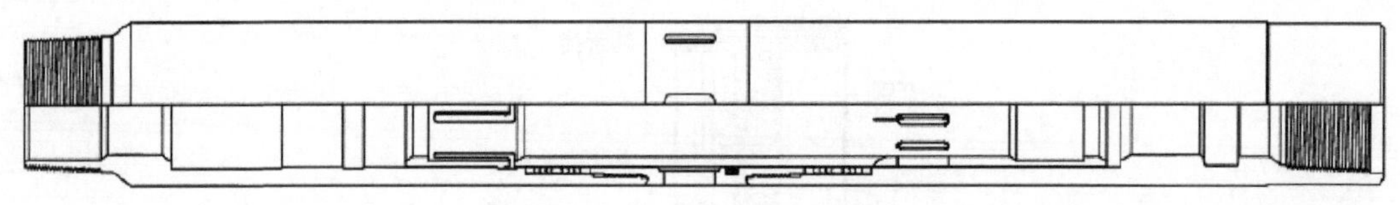

图 4-1-5　加速泵工作筒结构图

4）气举阀

气举阀起到卸载作用，通过气举阀逐级打开和关闭卸载油管内的液柱压力，起到降低气体加速泵启动压力的作用，使气体加速泵在较低的启动压力下实现正常注气生产（图 4-1-6）。

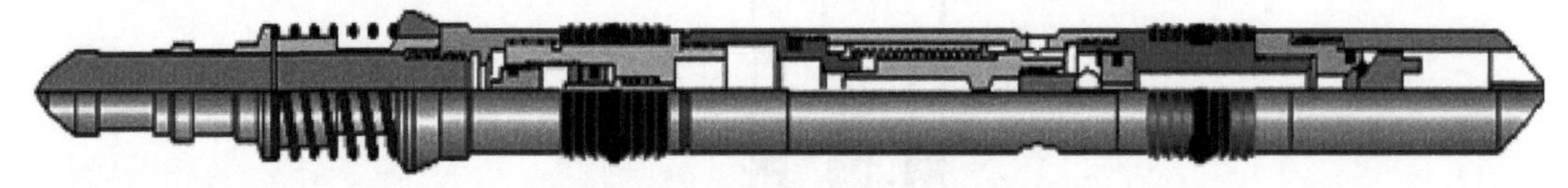

图 4-1-6　气举阀结构示意图

4.1.3　关键零部件设计与选型

与气举、液力射流泵举升装置内流体的运动状态相比，气体加速泵内部气液流动规律更为复杂，缺少有效的排液理论及选泵设计方法。借鉴水力喷射排液理论，并考虑气体可压缩特性对射流、气液掺混流动规律的影响，建立了气体喷射排液模型，并通过实验进行了验证与修正，建立了气体加速泵选型和工况参数设计方法。

1. 气体加速泵关键零部件设计方法

影响气体加速泵性能的主要部件有喷嘴、喉管、扩散管和吸入室。

1）喷嘴

气体加速泵喷嘴一般采用收缩圆锥形和流线型，收缩圆锥形主要用于水利方面，便于含有大量固体颗粒流体增压排出，流线型则适用于液体比较干净的流体增压排出。两种喷嘴结构如图 4-1-7 所示。

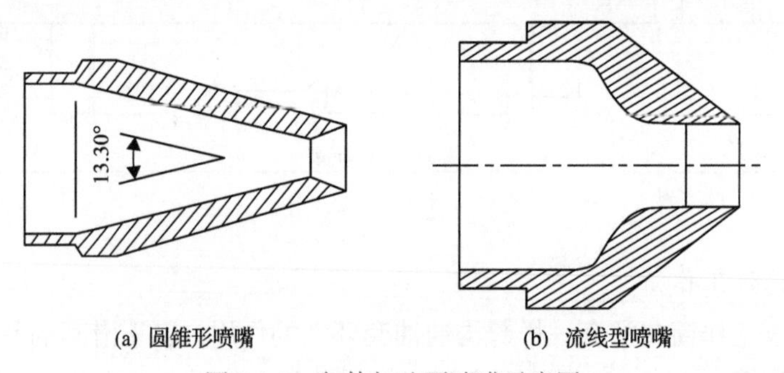

图 4-1-7　气体加速泵喷嘴示意图

2）喉管

若喉管长度过短，流体不能均匀混合，导致喉管出口处的流速分布不均匀，使扩散管内流体能量损失加大。相反，若喉管长度过长则增加摩阻损失，也导致流体能量损失加大。大量应用证明液体气体加速泵的喉管长度 $L_t=(5\sim7)d_t$（d_t 表示喉管直径），在抽送含固体颗粒的液体时，要考虑喉管直径，保证最大粒径的固体通过喉管，喉管一般采用圆柱形或者圆锥形。

(1) 喉管入口。

喉管入口采用收缩圆锥形或者光滑曲线形，在抽送含固体颗粒时必须保证喉管入口和喷嘴出口之间的环形径向尺寸大于抽送固体颗粒的最大直径。

(2) 喉管长度 L_t。

最优喉嘴距的计算方法有多种，本节引用《射流泵喉管最优长度的数值计算》（龙新平等，2003）中的方法，最优喉管相对长度比与相对面积比的关系为

$$n_y=0.2251m_y+5.6037 \tag{4-1-35}$$

式中，n_y 为喉管相对长度比，$n_y=\dfrac{L_t}{d_t}$；m_y 为喉管相对面积比，$m_y=\dfrac{1}{\pi}$。

将最优喉管相对长度比代入式(4-1-36)，再根据相对长度可计算出喉管长度值：

$$L_t=n_y\times d_t \tag{4-1-36}$$

(3) 喷喉距。

喷喉距（喷嘴出口与喉管入口间的距离）对气体加速泵的性能有很大影响，根据经验喷喉距一般可采用 $L_{nt}=(0.5\sim1)d_t$。在抽送含砂吸入液时，要考虑喷喉距，保证最大粒径的固体通过喉管。目前两种喉管结构，如图 4-1-8 所示，其中油田常用圆柱形喉管。

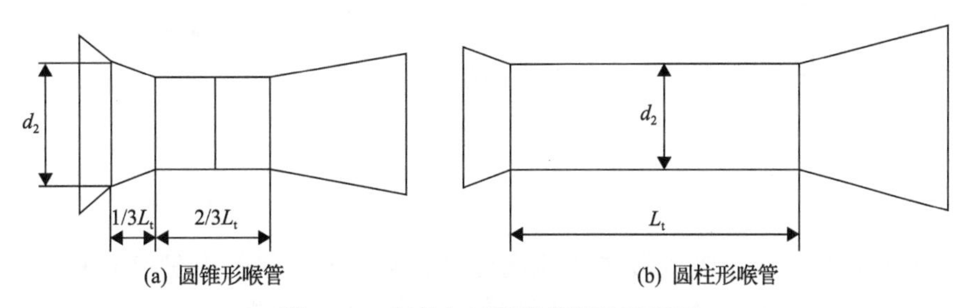

图 4-1-8　气体加速泵喉管结构示意图

d_2-喉管入口直径

3) 扩散管

扩散管的作用是把气体加速泵喉管出口处的气液混合流体的动能变为压能。扩散管能量损失与扩散管入口流体流速分布、扩散角及扩散断面直径比 d_d/d_t 有关。一般扩散角 α 为 5°～8°，扩散断面直径比为 2～4。对于喷嘴出口流道截面积与喉管流道截面积之比 R_{An} 大于 2 的气体加速泵，可采用分段扩散管，扩散角 α 取值为 2°, 4°, 13°，反之选择均匀扩散管，油田一般用较小喷嘴出口流道截面积与喉管流道截面积之比 R_{An} 的气体加速泵，选择有单一扩散角的扩散管。

$$L_{\mathrm{d}}=\frac{d_{\mathrm{d}}-d_{\mathrm{t}}}{2}\times\cot\frac{\alpha}{2} \tag{4-1-37}$$

式中，L_d 为扩散管长度，mm；d_d 为扩散管出口直径，mm；d_t 为喉管直径，mm；α 为扩散角，(°)。

考虑到泵投捞部分的最大外径为 56mm、壁厚为 6～7mm，此处选取 d_d =25mm。扩散角一般采用均匀扩散角 α =5°～8°，此处选取 α =6°(图 4-1-9)。

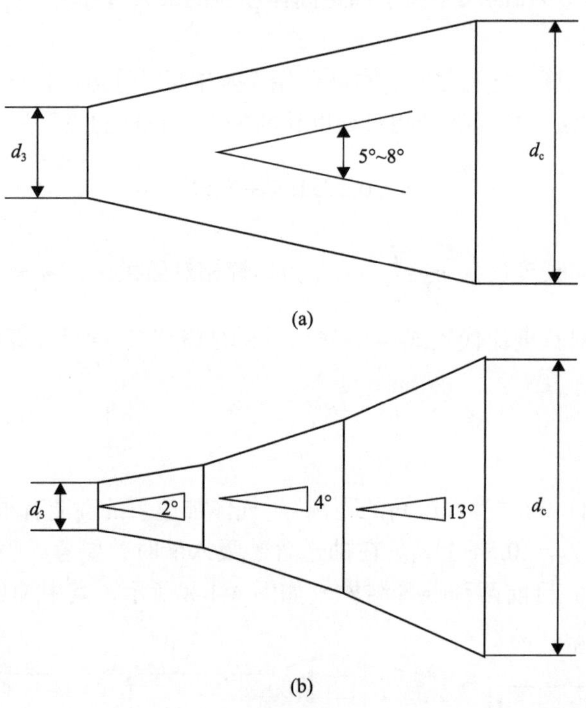

图 4-1-9　气体加速泵扩散管示意图

d_3-扩散管入口直径；d_c-扩散管出口直径

4) 吸入室

按高压动力气与低压吸入液体的流向分类，吸入室有平行和斜交(垂直)两种(图 4-1-10)，在抽吸含固体颗粒流体时吸入管道设计成锥形，以提高吸入液中的固相含量。因油井产液中有含砂的可能，油井用气体加速泵吸入室进液方向与喷嘴出口处动力气体流动方向存在 60°左右的夹角。

2. 气体加速泵泵型选择

根据油井生产系统流体运动规律，油井生产系统节点包括产层、井底、泵入口(低压井液的流入口，高压动力气体入口)、泵出口和平台井口。气体加速泵选泵包括以下 6 个步骤。

1) 确定气体加速泵泵挂深度

根据油井设计产液量、井口油压、注入气的井口注入压力和气量，计算油井的流入和流出特性曲线，确定气体加速泵泵挂深度。

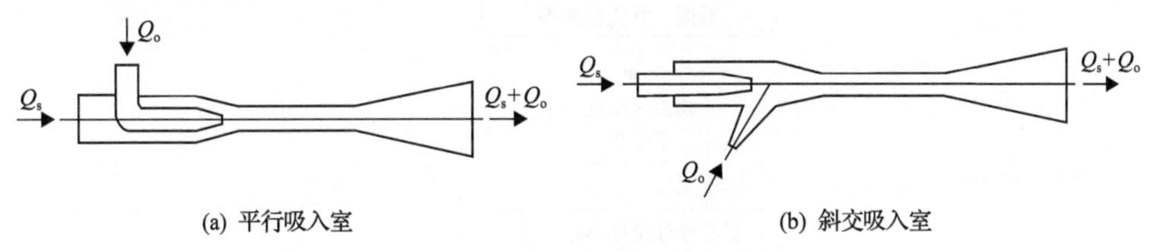

图 4-1-10 气体加速泵吸入室图

Q_s-动力液流量；Q_o-吸入口流量

2) 计算泵挂处流体参数

计算泵挂处油套管环空注入气压力、气体密度和气体流量，并计算此处设计产液量下油管内井液的流动温度、流动压力等。

3) 初选喷嘴尺寸

计算出喷嘴的面积和直径，选择与计算结果相近的喷嘴尺寸。

4) 选择喉管尺寸

(1) 计算气体加速泵最小气蚀面积 A_{cm}，求出喉管面积和喉管直径，再根据计算结果选择接近计算结果的喉管型号。

(2) 计算喉管出口与喉管入口压力比。

(3) 计算吸入液流道面积与喷嘴流道面积比。

(4) 计算理想气体的气体加速泵吸入液流道面积与喷嘴流道面积比 F_i^Z。

(5) 检验喉管尺寸。

实践经验表明，要使气体加速泵正常工作，必须确保 $F_i \geqslant F_i^Z$，否则，选择较大尺寸的喉管，并返回步骤(2)，重新计算直到满足要求。

5) 选择扩散管尺寸

根据计算气体加速泵扩散管的压力比公式，通过迭代法计算出 F_{Ad} 值。求出气体加速泵扩散管面积 A_d，进一步计算出扩散管直径，然后选择合适的扩散管型号。

6) 泵参数验证

(1) 根据所选气体加速泵的喷嘴、喉管和扩散管尺寸，重新计算出气体加速泵在设计产液条件下泵出口压力和井口油压。

(2) 比较计算的井口油压和设计的井口油压。

若计算的井口油压大于设计的井口油压，选择的泵参数(喷嘴、喉管和扩散管尺寸)满足油井生产要求，输出设计结果，完成设计报告。

若计算的井口油压小于设计的井口油压，则选择较大尺寸的喷嘴，重复步骤 4) 和步骤 5) 重新计算直到满足要求

根据上述 6 个步骤(图 4-1-11)，可选择出满足设计要求的气体加速泵型号。

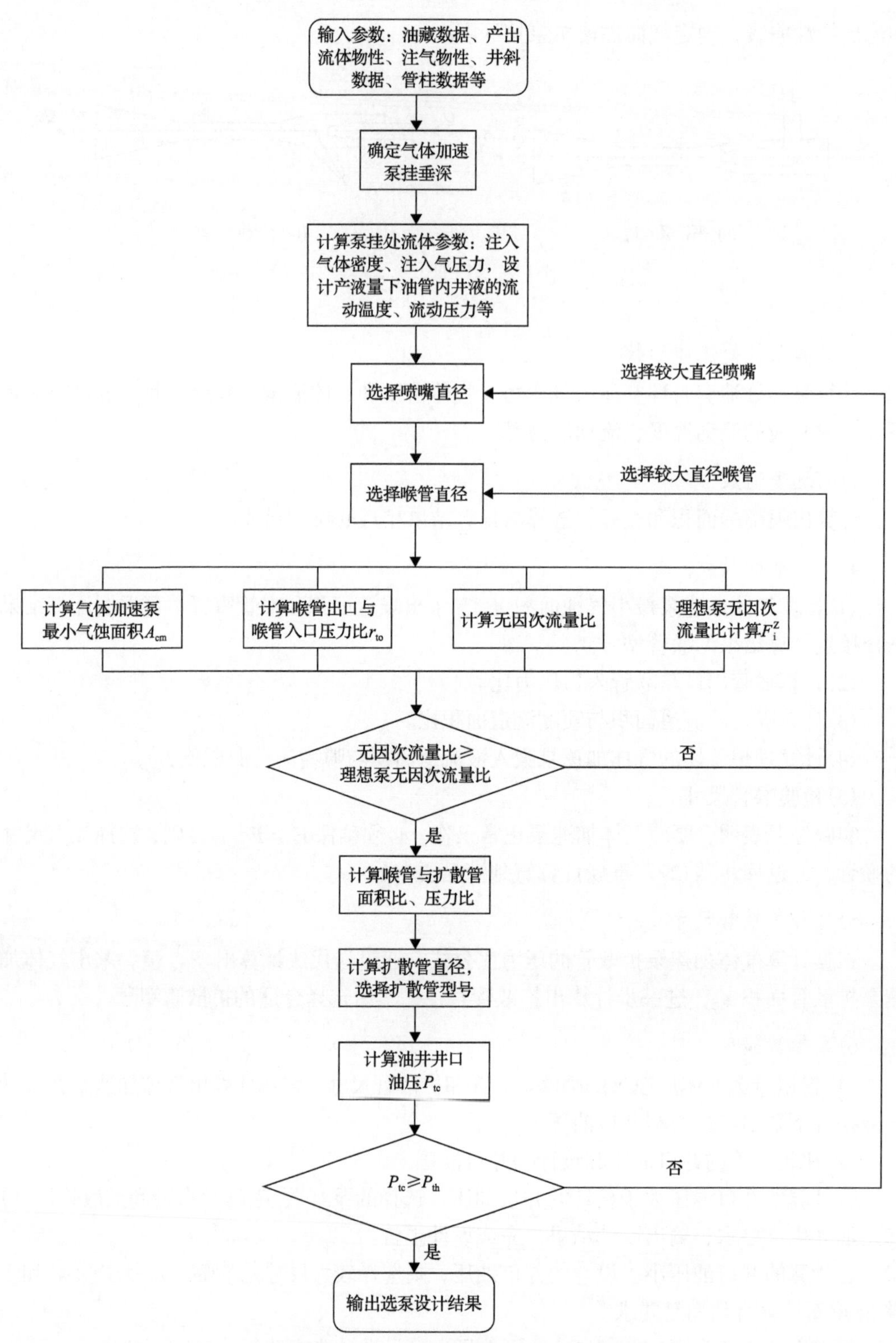

图 4-1-11　气体加速泵选泵设计流程图

P_{th}-设计的井口油压

4.1.4　气体加速泵举升工艺矿场实践及效果分析

1. 生产现状及存在问题

JZ25-1S油田X20h井2011年11月18日自喷投产，初期油嘴直径2.0mm，油压4.5MPa，日产油量150m^3，日产气量1.3万m^3，气油比87(m^3/m^3)，不含水。2012年2月27日，逐步放大油嘴，日产油量逐步上升；4月5日，油嘴直径2.2mm，油压4.5MPa，日产油量210m^3，日产气量1.3万m^3，气油比62(m^3/m^3)，不含水。

2013年初5月上旬，气油比快速上升至208(m^3/m^3)，油压、含水率波动较大，至2013年7月22日，日产油量120m^3，含水率14%，气油比320(m^3/m^3)，油压7.2MPa，流压13.88MPa。

2014年6月中旬生产波动转气举生产，6月28日恢复正常转入自喷生产，2014年8月初气油比快速上升至310(m^3/m^3)，日产液量稳定在80m^{3}水平。

2015年11月18日见水后含水率逐渐上升，至2016年1月中旬含水率增至30%左右，通过关井压锥仍无法延缓含水率上升，产液量、产气量持续降低，转气举后产量仍无法恢复，含水率快速上升至90%左右，后通过尝试提高气举量仍无明显效果。

该井使用气举生产管柱生产，2019年8月10日计量数据：油嘴直径3.0mm，油压2.4MPa，套压8.0MPa，注气量1.15万m^3/d，日产液量3m^3，含水率97%，日产气量0.18万m^3。

JZ25-1S油田X20h井生产曲线见图4-1-12。对该井举升效率偏低的原因进行分析后认为：①原气举管柱存在多点注气，孔板阀过气量少，无法产生大的生产压差，气举效果差。②气体工作阀偏上，动液面在气举阀附近，油管内注入气的回压对产液有影响，不能发挥油井生产潜力。

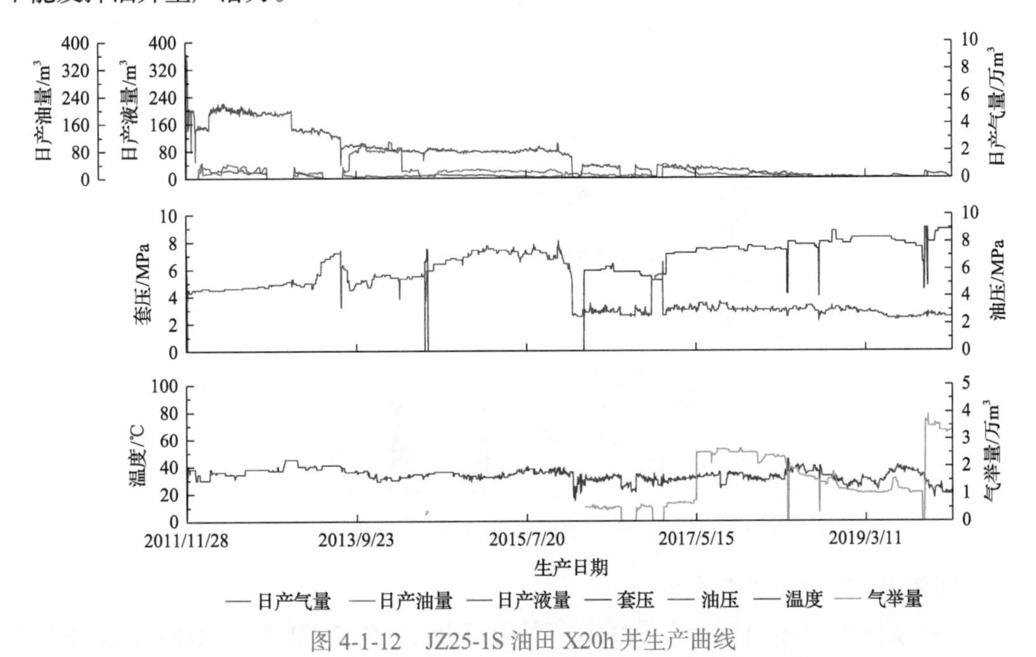

图4-1-12　JZ25-1S油田X20h井生产曲线

根据该井现有管柱结合气体加速泵工艺决定在滑套内投入气体加速泵，高压气体通过气体加速泵可在滑套处油管内形成负压，使气液混合降低油管内液柱压力，最终提高油井产液量。

2. 工艺方案及参数设计

1) 设计原则

(1) 因平台气源压力较低，采用常规气举阀与气体加速泵组合工艺管柱，所下气举阀作为泄压阀使用，降低了油井气体射流启井生产时的注气启动压力。

(2) 油井用气体加速泵正常生产时，仅气体加速泵工作，生产管柱上的气举阀全部关闭，确保油井为单点注气，保证气体加速泵注入气的利用率和油井生产效果。

(3) 因该井的孔板阀位置(测量深度为 916m) 距滑套位置(测量深度 1150m) 较近，影响气体加速泵举升效果，设计将该阀换为盲阀。

根据以上思路进行气体加速泵举升工艺设计：注气方式为油套环空注入；气源压力为 9MPa (X7 井天然气)；气源量为 3.5 万 m^3/d；举升方式为气体加速泵。

2) 管柱设计

JZ25-1S 油田 X20h 井运用气体加速泵施工，要求不动原生产管柱，因此用钢丝作业将气体加速泵放入生产滑套内(深度 1150m)，而气体加速泵以上的气举阀则下入原生产管柱内的偏心工作筒内，仅起卸载油管压力作用(图 4-1-13)。

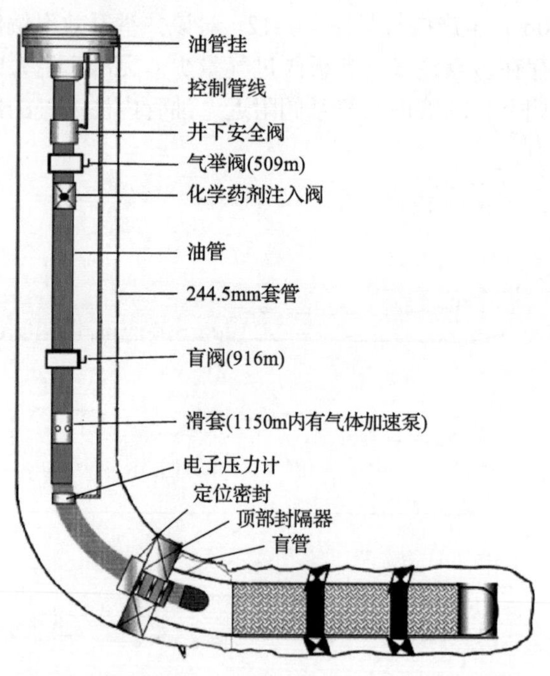

图 4-1-13　JZ25-1S 油田 X20h 井气体加速泵管柱图

3) 气举阀和气体加速泵选型

气举阀地面打开压力设计为 7.0MPa，关闭压力设计为 7.73MPa，气体加速泵泵挂斜深 1150m。现有井下气举管柱阀参数见表 4-1-1。

表 4-1-1　现有井下气举管柱阀参数表

阀级	斜深/垂深/m	阀类型	阀座孔径/mm	地面打开压力/MPa
1	509.4/505.14	25.4mm IPO	4.0	7.0
2	916.3/834.9	孔板阀	—	—
3	1150/934.77	57.9mm JET PUMP	—	—

注：IPO 表示注入压力控制的气举阀；JET PUMP 表示射流泵。

3. 实施效果分析

为验证气体射流泵举升技术对低压气举井的举升效果，于 2019 年 10 月下旬对 JZ25-1S 油田 X20h 井下入气体加速泵施工。从 2019 年 10 月 28 日到 11 月 16 日在平台进行了三个阶段的举升参数调节测试工作，摸索出了气体加速泵稳定生产的工作制度，即注气压力 8.9～9.3MPa，日注气量 3.0 万～3.5 万 m^3，井口油压 2.5～2.8MPa。

从 2019 年 10 月 18 日下气体加速泵生产到 12 月 25 日，该井生产稳定(图 4-1-14)。该井下气体加速泵日产液量在 2～26.8m^3，平均日产液量 12.3m^3，比措施前日增液量 11.1m^3，增液率是措施前的 10.77 倍。

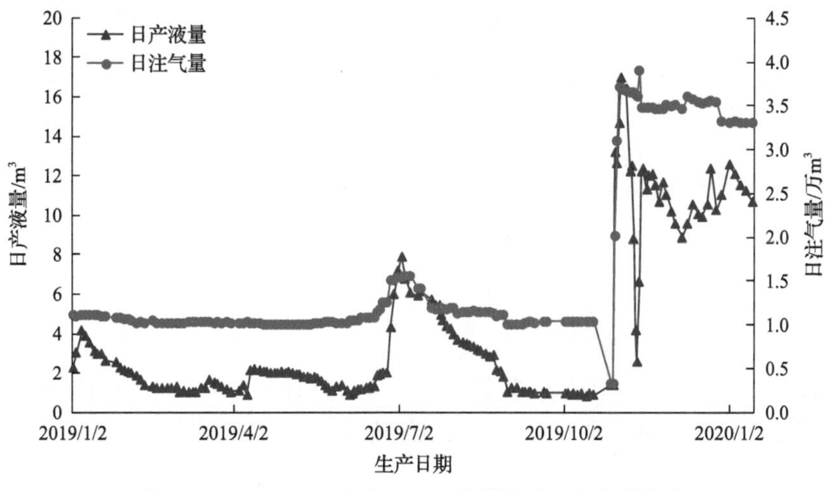

图 4-1-14　JZ25-1S 油田 X20h 井措施后生产状况曲线

4.2　高效气体处理器技术创新与实践

海上油田对潜油电泵的可靠性要求非常高，对于油井含气量很大(泵吸入口压力下含气率＞30%)的油井离心泵往往会发生气锁，导致电机欠载停机，频繁地欠载停机会使电机温升过高，降低电机绝缘性能，从而烧毁电机(白广文，2001)。大量气体的存在使潜油电泵系统的工作变得不稳定，容易出现故障。潜油电泵虽然配有旋转式分离器，但它只适用于泵吸入口压力下含气量＜30%的油井，达不到很好的分离效果。针对以上问题，渤海油田研发了高含气井况下的高效气体处理技术。矿场实践表明高效气体处理器可以达到比较好的气体处理效果，并且延长了电泵机组的使用寿命，在一定程度上能满足油田高含气井的使用需求。

4.2.1 高效气体处理器安装位置

产出液经吸入口或者分离器进入高效气体处理器并通过潜油电泵增压举升至地面，实现井下高效气体处理的整个过程。整体管柱采用一趟管柱下入形式，依次包括下入电机、保护器、吸入口/分离器、高效气体处理器、离心泵等结构。高效气体处理器安装位置如图 4-2-1 所示。

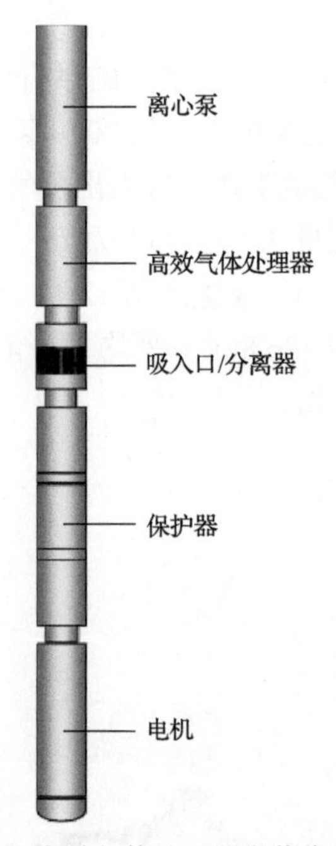

图 4-2-1 高效气体处理器安装位置示意图

在吸入口增加高效气体处理器装置后，可以较好地改善举升系统的气体处理能力，解决气锁等相关问题；避免泵气蚀，延长机组寿命同时提高泵的容积效率。

4.2.2 高效气体处理器工作原理及结构特点

1. 高效气体处理器工作原理

高效气体处理器有特殊设计的叶轮和导壳，当含有游离气的井液通过处理器的叶轮和导壳(图 4-2-2)时，在叶轮和导壳的作用下，游离气气泡尺寸减小，并且较小的气泡在井液中分布更加均匀，这样的气液混合物的状态像单相的液体一样。同时，高效气体处理器利用叶轮高速旋转所产生的推力推动井液，叶轮的叶片对井液产生向上的升力，可以把井液从叶轮的入口推到出口，气体处理器中的液体和气体沿叶轮的轴向吸入、流出，导轮整流后继续沿轴向流动。

(a)　　(b)

图 4-2-2　高效气体处理器叶轮和导壳结构

2. 高效气体处理器结构特点

高效气体处理器结构相比较常规的气体分离器有比较明显的特点，因为特殊的结构设计(图 4-2-3)使高效气体处理器有着较高的气体处理能力，具体特点如下。

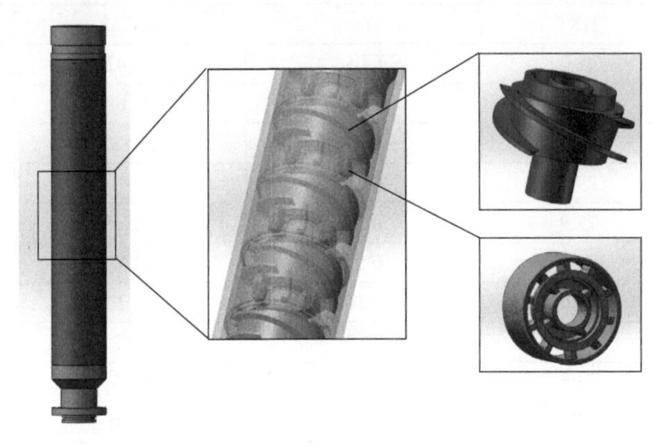

图 4-2-3　高效气体处理器结构示意图

(1)轴流结构：高效气体处理器叶轮采用轴流式叶轮，利用叶轮高速旋转所产生的推力推动井液，叶片对井液产生向上的升力，井液和气体不受离心力的作用。与离心式叶轮相比，轴流式叶轮抽送气体的能力大大提高，可避免气锁。

(2)锥形结构：气体自处理器入口到出口不断压缩。处理器叶轮从下到上分为若干组，每组叶轮对应的排量逐渐减小。

(3)压缩气体：叶轮把井液从叶轮的入口推到出口，经过导轮的作用使流经的游离气体体积压缩。

(4)高效气体处理器还可以避免泵气蚀，延长寿命，提高泵的容积效率，另外可以扩大电泵应用范围，如增加罐装系统，而且还可以降低套损。

4.2.3　高效气体处理器矿场实践及效果分析

现场使用表明，该技术能够有效地使电泵用于高气油比油井，非常适用于渤海油田部分油井的地层。截至 2020 年 10 月已经累计使用高效气体处理器超过 70 井次，取得了比较好的应用效果，检泵周期由原先的几十天提高到了300d以上。高效气体处理器已在渤海油田广泛使用，其矿场实践统计见表4-2-1。

表4-2-1　渤海油田高效气体处理器矿场实践统计表

井号	日产液量/m^3	日产气量/万m^3	气油比(m^3/m^3)	吸入口含气率/%
QK18-2 XG1	91.4	1.39	176.24	15.73
QK18-2 XG2	65.0	1.76	252.37	21.85
QK18-2 XG3	85.2	1.38	169.15	15.12
QK18-2 XG4	69.5	0.78	187.17	16.67
QK18-2 XG5	3.8	0.2027	696.95	45.11
QK18-2 XG6	53.3	4.48	3385.9	80.4
QK18-2 XG7	37.2	0.01	16.28	26
BZ34-6/7-XG1	159.0	3.2	209.67	18.53
QK18-1-XG1	261.3	1.01	261.02	22.49
QK18-1-XG2	189.2	0.48	513.79	37.44
BZ29-4-XG1	39.7	1.09	520.98	37.78
SZ36-1-XG1	218.9	0.6	116.38	10.21
SZ36-1-XG2h	45.7	0.05	11.42	25
JZ25-1S-XG1	117.5	0.89	75.68	6.02
KL3-2-XG1	84.5	0.67	137.32	12.22
LD10-1-XG1h	29.9	0.65	280.74	23.91
JX1-1-XG1	73.9	0.51	517.7	37.63
JZ25-1S-XG1	415.1	0.57	13.72	30
JZ25-1S-XG2	51.0	0.11	22.32	28
JZ25-1S-XG3	90.9	2.17	598.27	41.23
JZ25-1S-XG4	73.5	0.36	52.3	3.43
JZ25-1S-XG5	44.2	0.15	44.95	2.59
BZ29-4-XG2	52.8	0.85	1183.45	58.6
JZ25-1S-XG6	11.1	5.3	4843.77	85.47
BZ26-3-XG1	43.9	14.22	8603.95	91.28
SZ36-1-XG3h	69.0	0.13	965.57	53.48
BZ19-4-XG1	81.4	9.3	1142.31	57.72
BZ34-2/4-XG1	49.0	0.78	159.7	14.28
BZ34-2/4-XG2	83.8	0.48	138.98	12.38
BZ29-4-XG3	8.2	0.79	1862.23	69.17
BZ34-2/4-XG3	95.1	0.07	13.98	12
BZ34-2/4-XG4	47.9	0.65	143.05	12.76
BZ34-2/4-XG5	343.3	0.35	202.59	17.96
JZ25-1S-XG7	20.5	0.45	510.9	37.3
JZ25-1S-XG8	145.9	2.25	196.47	17.45
BZ34-2/4-XG3	27.5	0.17	70.9	5.5
CB-XG1	268.8	0.09	10.53	19
CFD11-XG1	662.4	0.25	64.46	48

1. KL3-2-XG2 井矿场实践及效果分析

1) 生产现状及存在问题

KL3-2-XG2 井于 2014 年 11 月 23 日投产，采用 Y 型分采管柱生产，投产初期下入额定排量 75m^3、额定扬程 1200m 的电泵机组，初期电泵生产频率 35Hz，日产液量 105m^3，日产气量 0.9 万 m^3，含水率 3.2%。

2016 年 5 月，日产气量开始逐渐上升，上升至 3.0 万 m^3 且仍有继续上升的趋势。为了控制产气量，油嘴从 13.9mm 下调至 11.9m，2016 年 7 月转自喷生产，日产液量降至 116.5m^3，日产气量逐渐下降至 2.4 万 m^3。2016 年 8 月提产，油嘴上调至 12.3mm，日产气量增加 0.6 万 m^3，脱气严重。

该井于 2017 年 3 月 26 日停喷，电泵绝缘电阻大于 1000MΩ、三相直组 6.5Ω 平衡，试启泵过载停泵关井。4 月 4 日投 Y 管堵塞器后，正反洗后，正、反转启泵均过载停泵。停喷前情况正常，日产液量 160m^3，日产油量 117m^3，日产气量 0.95 万 m^3，含水率 26.9%。

2) 工艺方案及参数设计

设计电泵额定排量 200m^3/d、额定扬程 1200m，电机功率提升至 87kW，采用高效气体处理器，4#圆电缆，设计泵挂斜深 1686m，采用 88.9mm 油管生产(表 4-2-2)。

表 4-2-2 KL3-2-XG2 井工艺方案参数设计

参数项	措施前井下/地面运行参数	措施后井下/地面运行参数
管柱类型	Y 型合采管柱	Y 型分采管柱
额定排量/(m^3/d)	75	200
额定扬程/m	1200	1200
电机功率/kW	49	87
泵挂斜深/m	1686	1686
电缆类型	4#圆电缆	4#圆电缆
生产油管尺寸/mm	88.9	88.9

3) 措施效果分析

2018 年 4 月 25 日下入额定排量 200m^3/d、额定扬程 1200m 的新机组，为减小气体对泵的影响，采用高效气体处理器。新机组以 30Hz 启泵，日产液量 107m^3，日产气量 0.5 万 m^3，油压 1.5MPa，电流 18A。较上套机组产气量明显下降，机组运行更加平稳，截至 2020 年 10 月已平稳运转 943d。KL3-2-XG2 井生产曲线见图 4-2-4。

2. BZ34-3-XG1 井矿场实践及效果分析

1) 生产现状及存在问题

BZ34-3-XG1 井于 2018 年 5 月 4 日投产，采用 Y 型分采管柱生产，投产初期以 30Hz 启泵变频 35Hz 生产，产液量不稳定，日产液量 56m^3，含水率 100%，5 月 6 日计量无产出，频率由 35Hz 调至 38Hz，因套压过高改为自喷生产，计量日产液量 61m^3，日产气量

2.4 万 m^3，油压 9MPa，流压 6.8MPa。5 月 30 日该井取样油质黏稠，呈断续出液的状态，计量产量减少，6 月 5 日将油嘴由 7.78mm 上提至 16.19mm 后向海管里进行放喷，整改过程取样口只有气体，没有液体。

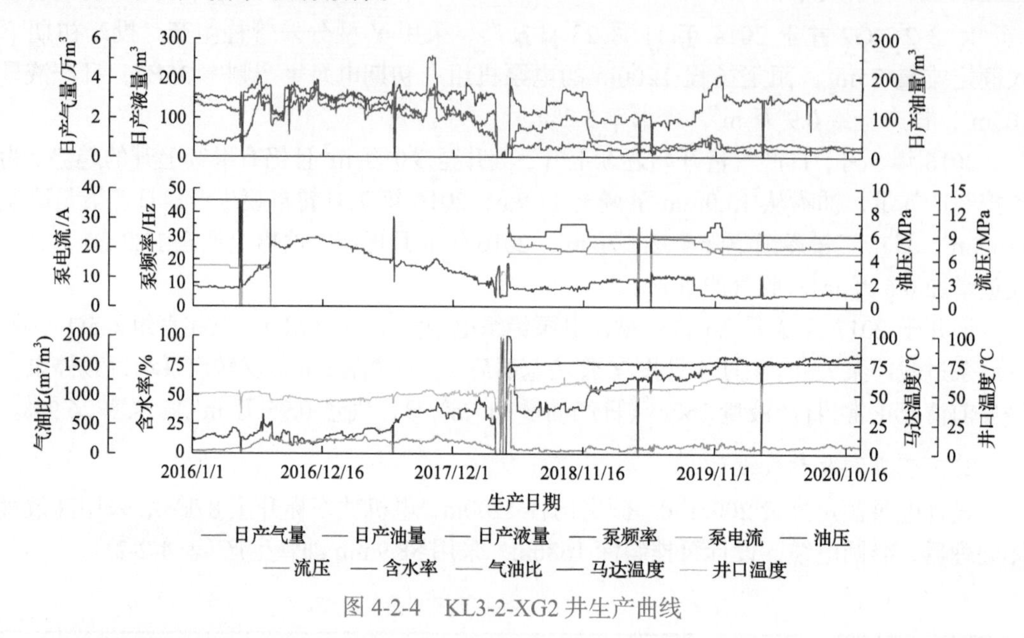

图 4-2-4　KL3-2-XG2 井生产曲线

2）工艺方案及参数设计

设计电泵额定排量 120m³/d、额定扬程 2000m，电机功率 75kW，采用高效气体处理器，4#圆电缆，设计泵挂斜深 2168m，采用 88.9mm 油管生产（表 4-2-3）。

表 4-2-3　BZ34-3-XG1 井工艺方案参数设计

参数项	措施前井下运行参数	措施后井下运行参数
管柱类型	Y 型分采管柱	Y 型分采管柱
额定排量/(m³/d)	120	120
额定扬程/m	2000	2000
电机功率/kW	75	75
泵挂斜深/m	2168	2168
电缆类型	4#圆电缆	4#圆电缆
生产油管尺寸/mm	88.9	88.9

3）实施效果分析

2019 年 1 月 25 日，下入高效气体处理器，启泵生产，日产液量 62m^3，日产气量 0.7 万 m^3，产气量下降，该井恢复正常生产（图 4-2-5）。

3. LD10-1-XG3 井矿场实践及效果分析

1）生产现状及存在问题

LD10-1-XG3 井于 2005 年 7 月 2 日投产，采用 Y 型分采管柱生产，投产初期下入额定排量 200m³/d、额定扬程 1000m 的泵机组，初期油压高、产气量高，停泵转自喷生产，日产液量 335m³，日产油量 333m³，日产气量 9600m³，含水率 0.6%。随着开采时间的延长，产量不断下降，流压下降，表现出衰竭开采的特征，最后进行注水开采。

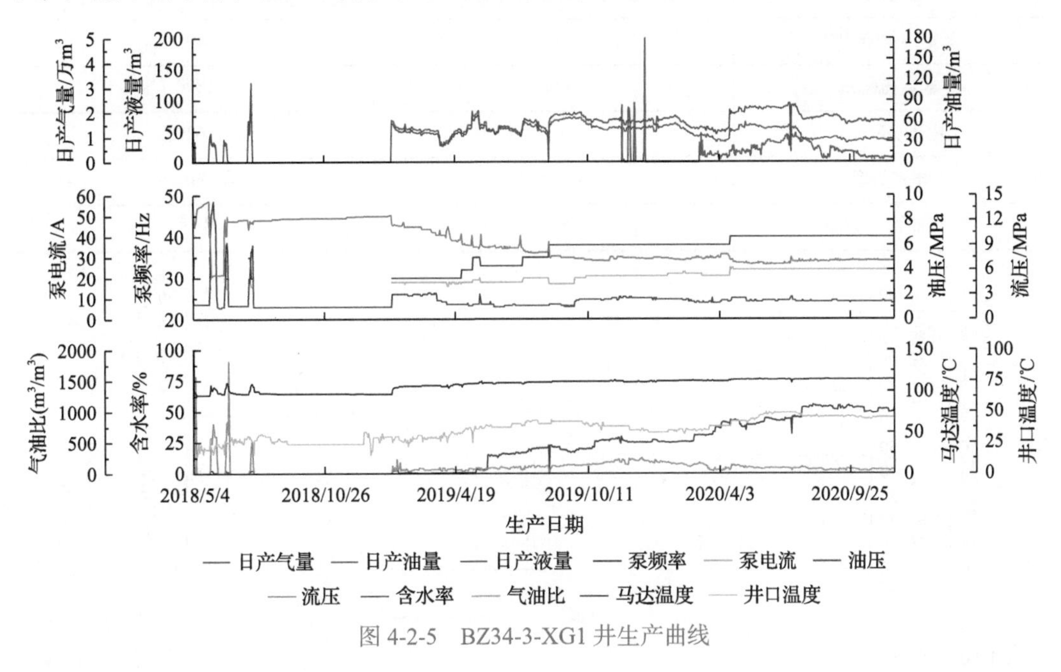

图 4-2-5　BZ34-3-XG1 井生产曲线

2008 年 9 月 19 日该井机组故障停泵，停泵前日产液量 60m³，日产油量 43m³，含水率 28%，检泵后泵额定排量改为 120m³/d、额定扬程改为 1500m，启泵生产后日产液量 80m³ 左右，日产油量 40m³，含水率 50%。

为了明确 LD10-1-XG3 井Ⅱ油组的产油量，2012 年 5 月 19 日进行钢丝作业关闭第二、四防砂段，打开第一防砂段生产。开层后该井自喷生产，日产气量超过 3 万 m³；启泵后日产液量 40m³ 左右，日产油量 24m³，含水率 40%，油压 6.3MPa，套压 7.3MPa，油、套压过高，存在气窜风险。

2013 年 7 月 13 日 LD10-1-XG3 井泵故障，8 月 10 日启泵生产；因过电缆封隔器验封失败，手动停泵更换过电缆封隔器，8 月 26 日启泵恢复生产。2015 年 12 月 5 日控制柜报过流故障停泵，停泵后对电泵进行检查，多次反洗并变频启泵，仍报过流故障停泵，随即手动停泵。测得三相直阻均为 4.1Ω，对地绝缘电阻为 0Ω。测量电泵电缆对地电阻为 0.6MΩ，初步判断电泵机组绝缘损坏严重。

2）工艺方案及参数设计

设计电泵额定排量 50m³/d、额定扬程 1800m，电机功率为 62kW，采用高效气体处理器，4#圆电缆，设计泵挂斜深 1492m，采用 88.9mm 油管生产（表 4-2-4）。

3）实施效果分析

2016 年 1 月 9 日下入新机组，30Hz 启泵，日产液量 54m³，日产气量 0.17 万 m³，与上套机组运转时期相比，产气量显著下降，运行更平稳（图 4-2-6）。

表 4-2-4　LD10-1-XG3 井工艺方案参数设计

参数项	措施前井下运行参数	措施后井下运行参数
管柱类型	Y 型分采管柱	Y 型分采管柱
额定排量/(m^3/d)	75	50
额定扬程/m	1500	1800
电机功率/kW	63	62
电缆类型	4#圆电缆	4#圆电缆
生产油管尺寸/mm	88.9	88.9

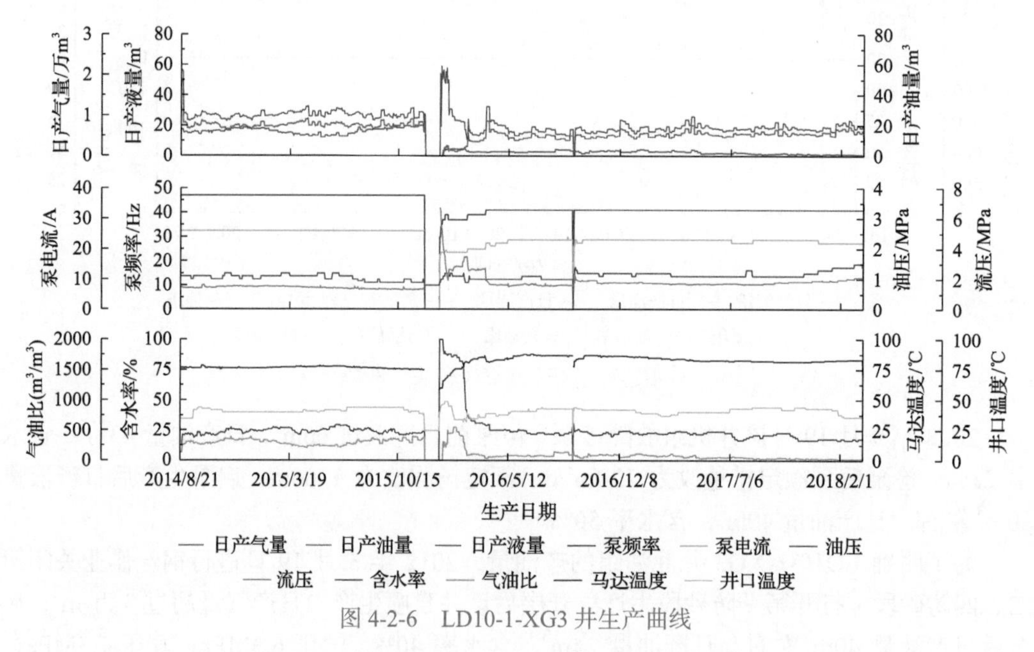

图 4-2-6　LD10-1-XG3 井生产曲线

4.3　气举举升工艺创新与实践

气举采油工艺具有适应产量范围大、作业简单、作业费用低及适应大角度斜井、出砂井、高气油比油井和结蜡结垢井的优点，以上优势使得气举采油技术在 JZ25-1S 和 BZ26-3 油气田得到了广泛应用。然而，部分气举井生产中出现了气举阀频繁开关，多点注气及油层压力低使气举工作阀沉没度浅，导致频繁关停甚至长期关停的情况发生，急需提高气举设计管理水平并研发不动管柱提高气举注气深度的配套技术。本节介绍的气举井气举阀安全设计方法和油管打孔气举工艺技术所形成的系列气举技术可较好解决目前海上油田气举井生产中存在的问题。

4.3.1　常规气举举升工艺

气举生产系统主要由地面注气分配系统和井下管柱组成。井下管柱由气举阀等工具组成；地面注气分配系统则包括油气处理设备、气举压缩设备等子系统(图 4-3-1)。

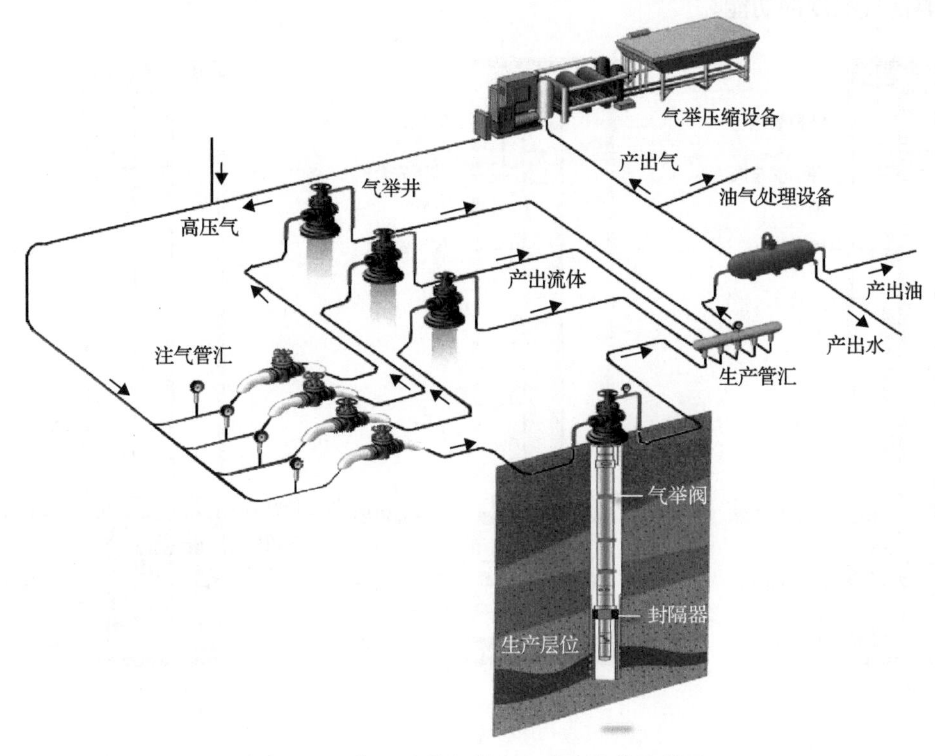

图 4-3-1　海上油井气举生产系统流程示意图

油井气举生产系统工艺流程：平台生产井产出的油气水三相混合流体从井口汇集到生产管汇后流入生产分离器进行油气水分离。分离后的天然气经过脱盐、脱水和净化处理后通过输气管汇进入天然气压缩机压缩成高压天然气，高压天然气经高压管汇进入地面的计量和配气站后，分配到每口气举井。高压天然气从气举井井口油套管环空注入，经井下气举阀进入油管与井液混合，气体在井液中膨胀，降低液体的密度和油管中液柱重量，使油管内的流动压力梯度下降，实现将井液举升至井口。

1. 工艺管柱及关键工具

1) 工艺管柱

根据气举井生产管柱是否带有封隔器和单流阀，可将其分为开式、半闭式和闭式(图 4-3-2)。综合考虑海上作业时长、作业费用、安全因素及油井产液量大的特点，海上气举井一般选用半闭式气举生产管柱(王平双等，2019)。

2) 关键工具

气举井生产管柱组成简单，井下工具较少，主要为气举阀及其配套的气举阀工作筒。

(1) 气举阀。

气举阀是气举工艺管柱的关键工具之一，其功能除了具有将高压气体从油套环空注入油管通道外，还具有作为注气开关、降低气举的启动压力以及为适应变化的生产状况而调整注气深度的功能。

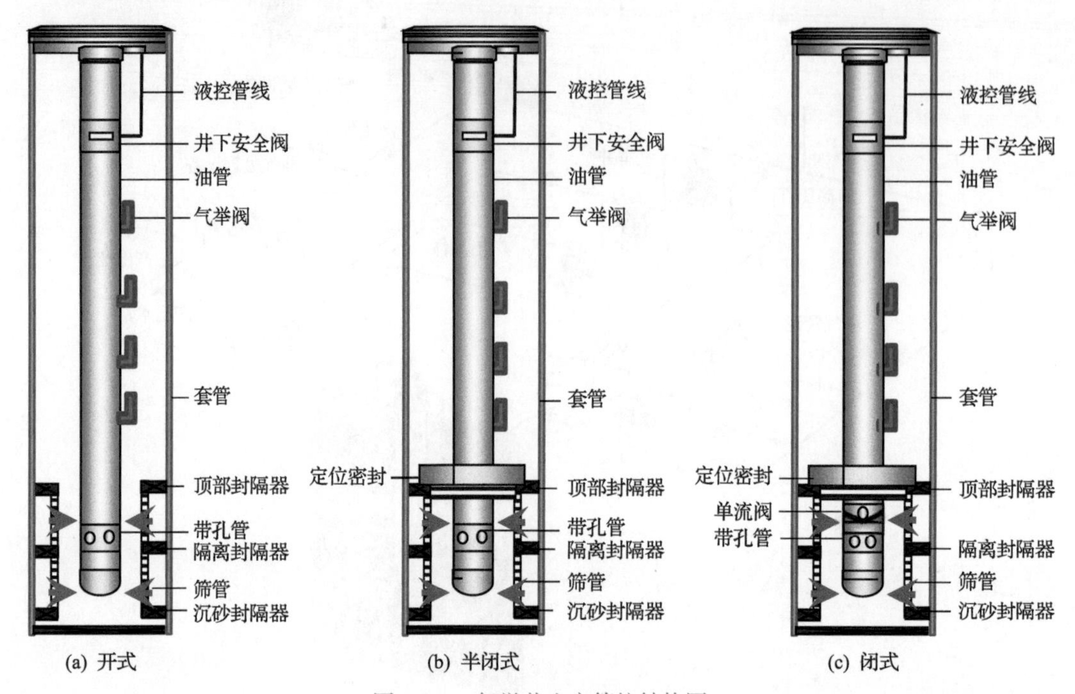

图 4-3-2　气举井生产管柱结构图

气举阀按其工作原理、安装方式、内部结构和功能可分为不同种类：①根据工作原理气举阀可分为注入压力操作、生产压力操作和导流式；②根据安装方式气举阀可分为固定式和投捞式；③根据内部结构气举阀可分为波纹管式、弹簧式及弹簧-波纹管组合式；④根据功能气举阀可分为卸载阀、工作阀和工作筒保护阀(也叫盲阀)。

下面对海上气举井常用的三种气举阀的工作原理和结构进行详细介绍。

① 注入压力操作气举阀。

注入压力操作(IPO)气举阀也称套压操作气举阀，是海上气举井最常用的一种气举阀，该阀由注气压力作用在波纹管有效截面上使阀杆带动其下面的阀球离开阀座打开气举阀，使油套环空注入的高压气经阀孔进入油管(图 4-3-3)。

该种气举阀有两种作业方式，一种是随油管起下作业固定式注入压力操作气举阀，另一种是通过钢丝投捞作业投捞式注入压力操作气举阀。固定式注入压力操作气举阀主要由尾堵、气门芯、充气腔室、波纹管、阀杆、阀球、单流阀等部分组成(图 4-3-4)。气举阀尾堵用于保护气门芯；气门芯用于向波纹管充气和调节压力；充气腔室和波纹管相连通，其内部充有硅油并设有阻尼孔，起到保护波纹管的作用；波纹管一般用蒙乃尔合金经冷压加工制成；阀杆采用高硬度不锈钢制成；阀球采用硬质合金钢球或碳化钨球；阀座采用蒙乃尔钢制成；单流阀用于在停止注气时阻止油管内的井液由气举阀流入油套环空。

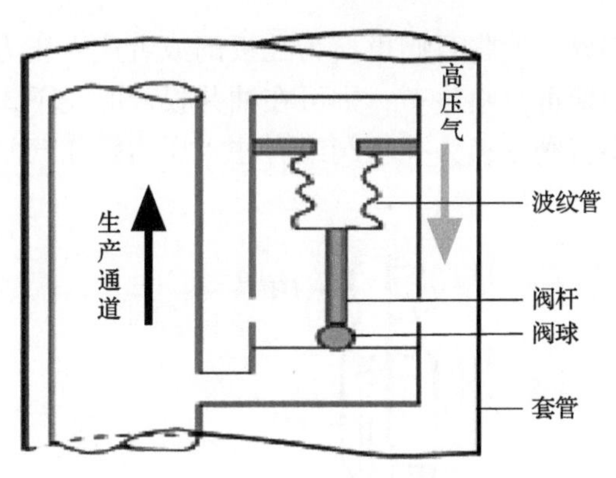

图 4-3-3　注入压力操作气举阀工作原理图

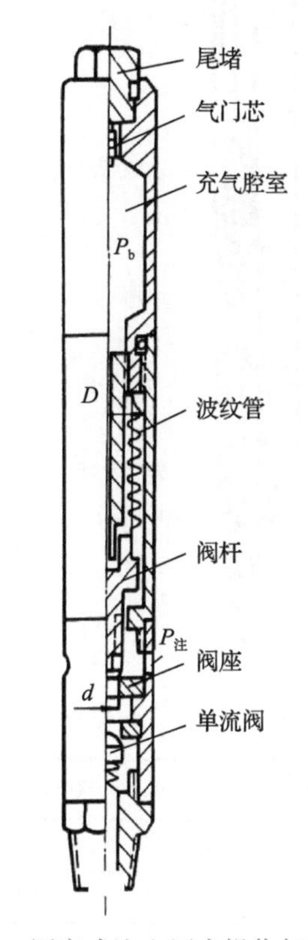

图 4-3-4　固定式注入压力操作气举阀结构图

P_b-波纹管压力；D-波纹管直径；d-阀孔内径

投捞式注入压力操作气举阀的结构与固定式注入压力操作气举阀的结构相比，除外部结构增加打捞头和密封圈外(图 4-3-5)，两种气举阀内部结构均相同。

注入压力操作气举阀的主要参数包括外径、封包截面积和气嘴直径等(表 4-3-1)。

② 盲阀。

盲阀是一种实心的气举阀，主要由阀体和密封圈组成(图 4-3-6)。该类气举阀在以下情况时使用：①当气举井进行酸化、压裂等措施时下入盲阀，确保措施工作液无法进入气举阀工作筒内，保护工作筒免受损坏；②在工作阀以下下入盲阀，在后期需要加深注气点时，通过钢丝作业将盲阀更换为孔板阀或者注入压力操作气举阀增加注气深度；③若油井投产初期可自喷生产，则可在油井投产时先下入盲阀，后期转气举生产时再通过钢丝作业将盲阀更换为孔板阀或者注入压力操作气举阀，实现油井气举井生产。

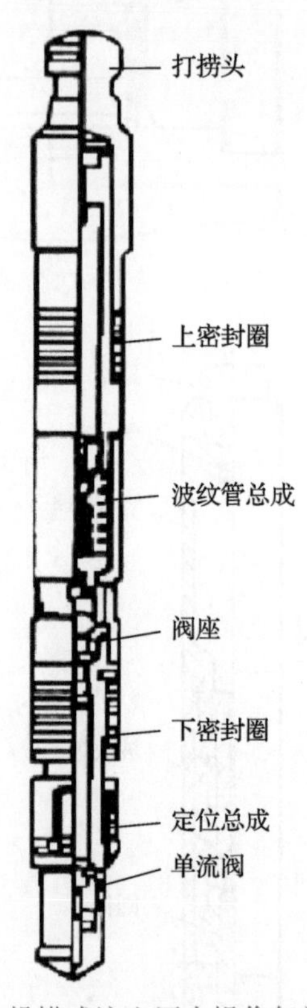

图 4-3-5　投捞式注入压力操作气举阀结构图

表 4-3-1　注入压力操作气举阀技术参数表

外径/mm	封包截面积/mm^2	阀杆行程/mm	气嘴直径/mm	气嘴截面积/mm^2	A_p/A_b	$1-A_p/A_b$	油管系数/%
38.0	516	6.4	4.8	17.8064	0.0345	0.9655	3.6
			6.4	31.6773	0.0614	0.9386	6.5
			7.9	49.4838	0.0959	0.9041	10.6
			9.5	71.2902	0.1382	0.8618	16.0
			11.1	96.9675	0.1879	0.8121	23.1
			12.7	126.7094	0.2456	0.7544	32.5
25.4	193	3.2	3.2	7.7419	0.0401	0.9599	4.2
			4.8	17.8064	0.0923	0.9077	10.2
			6.4	31.6773	0.1641	0.8359	19.6
			7.9	49.4838	0.2564	0.7436	34.5

注：A_p为波纹管封包有效面积；A_b为阀嘴有效面积。

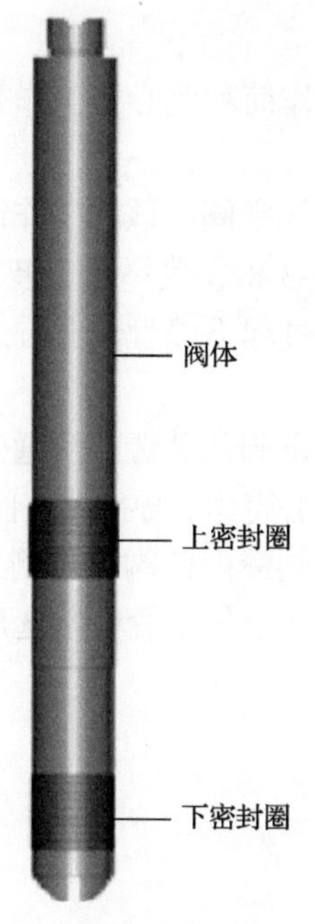

图 4-3-6　盲阀结构图

③ 孔板阀。

孔板阀是一种仅带有单流阀的气举阀。因该种气举阀易于打开，常用作工作阀或加深注气深度的备用阀使用。其结构主要包括阀体、密封圈和单流阀等(图 4-3-7)。

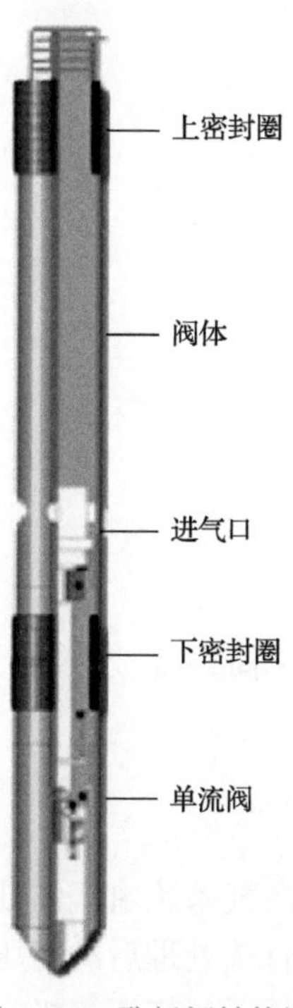

图 4-3-7　孔板阀结构图

(2)气举阀工作筒。

气举阀工作筒可分为固定式工作筒和偏心式工作筒两种。

① 固定式工作筒。

固定式工作筒用于安装固定式气举阀。该种工作筒由上接头、筒体、保护套、气举阀芯、气举阀座和下接头组成(图 4-3-8)。气举阀安装在工作筒外部，并固定在保护套和气举阀座之间。固定式气举阀需通过起下油管作业方式更换。

② 偏心式工作筒。

偏心式工作筒是安装投捞式气举阀的装置，可通过地面钢丝投捞作业将气举阀安装在该工作筒内。偏心式工作筒主要由筒体、导向槽、阀囊和进气孔等组成(图 4-3-9)。投捞式气举阀安装在偏心式工作筒的阀囊内，阀囊外侧有气孔与气举阀进气孔连通。该种工作筒有圆形和椭圆形两种类型，海上气举管柱常选用椭圆形的偏心式工作筒。

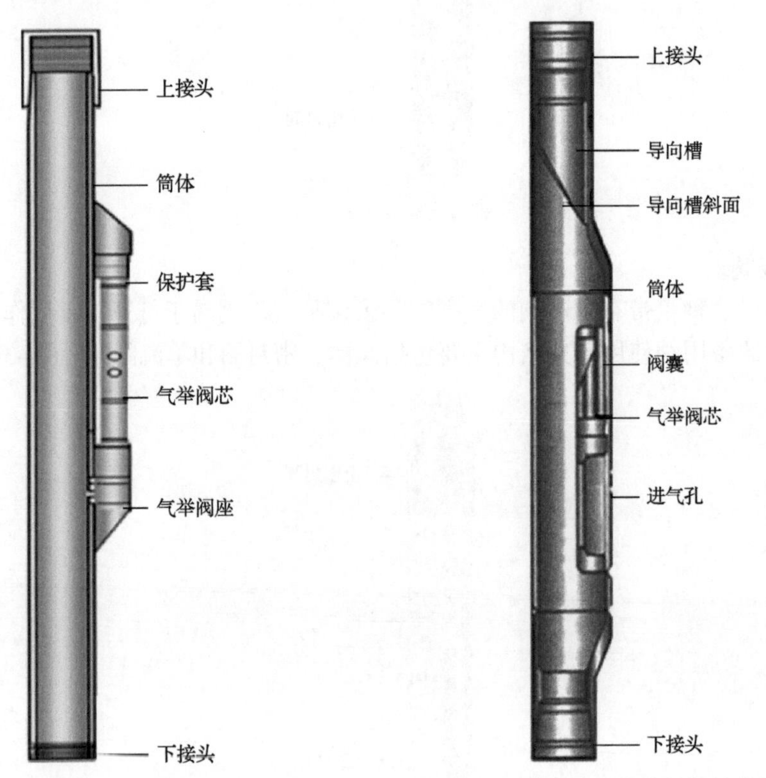

图 4-3-8　固定式工作筒结构示意图　　图 4-3-9　偏心式工作筒结构示意图

气举阀工作筒技术参数包括工作筒类型、连接油管规格、外径、通径和耐压等级等(表 4-3-2)。

2. 地面注气分配系统

海上平台气举生产系统的地面注气系统由气体处理、气体增压、气体计量和配气等部分组成。油井气举所用高压气源首选处理后的高压天然气，其次选择邻井高压气，再次选择氮气。地面注气设备主要包括天然气压缩机、气体计量装置、气动薄膜阀和地面注气压力控制阀等。

表4-3-2 气举阀工作筒技术参数表

工作筒类型	连接油管规格/mm	外径/mm	通径/mm	耐压等级/MPa
固定式	48.26	83.9	40.9	70
	50.8	87.7	44.5	
	60.3	100.0	50.7	
	73.0	114.0	62.0	
	88.9	143.6	76.0	
	114.3	174.6	100.5	
偏心式	73.0	118.6	59.6	
	88.9	151.6	72.8	

1) 天然气压缩机

目前国内油田选用的天然气压缩机为活塞式和离心式两种类型。

(1) 活塞式压缩机。

该类压缩机用于进气流量 300m^3/min 以下，适用于小流量、高压力的环境。每级压缩比为4∶1～3∶1。

(2) 离心式压缩机。

该类压缩机用于进气流量在 14.2～6660m^3/min，压缩比较低。

高压和超高压工况选用活塞式压缩机；大流量、中低压工况选用离心式压缩机。

2) 气体计量装置

在油井气举过程中，注气量和注气压力不仅为判断气举井工作状态提供依据，而且也是判断气举井经济指标的重要依据。因此，气举井注气量和注气压力是气举井日常管理中的重要参数。目前，气体流量计多选用双波纹管差压计(图4-3-10)式流量计。

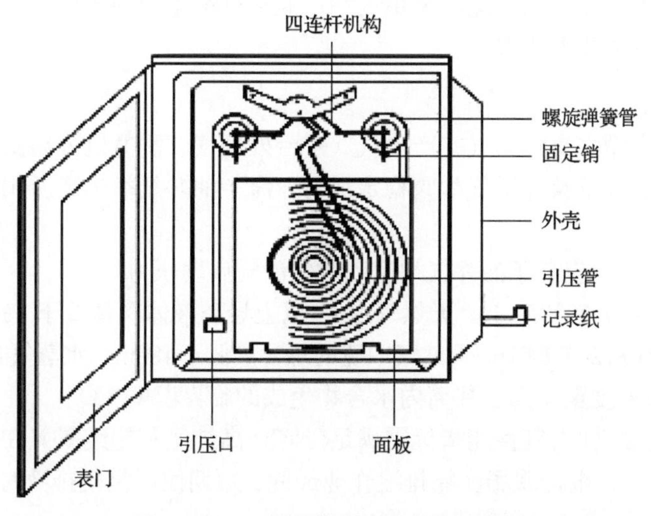

图4-3-10 双波纹管差压计结构示意图

3）气动薄膜阀

气动薄膜阀用于开关和调节单井注气量，其主要由膜盒和阀体两部分组成。气动薄膜阀分开式和闭式两种。开式气动薄膜阀在无控制气压时打开，有控制气压时关闭；闭式气动薄膜阀的打开和关闭方式则与开式气动薄膜阀相反。当气动薄膜阀的膜盒受压时薄膜向下运动，推动阀杆向下运动，关闭或打开阀；当膜盒不受压时，弹簧带动阀杆向上运动，实现阀打开或关闭。

4）地面注气压力控制阀

为保障油井在气举生产过程中保持较稳定的注气压力，需要在地面配气系统中安装地面注气压力控制阀。该装置用于防止注气压力发生较大波动，避免井下气举阀重复打开或关闭，甚至发生气举阀刺坏的情况。

3. 常规气举设计

油井气举举升工艺设计以地质油藏数据为基础，综合考虑井况及海上平台状况等，遵循先选择井下气举阀，后选择地面注气设备的原则。但对于已有地面设备的油井，应选择满足地面注入设备能力的气举阀。

海上油井气举方式为油套环空注入压力控制的连续气举，因此本节介绍的气举举升工艺设计方法针对上述气举方式。

为实现气举井长期稳定高效生产，设计油井气举阀选型时，遵循以下原则：①满足油气井油藏工程配产要求；②井斜角 55° 以内宜选用投捞式气举阀，井斜角大于 55° 时选用固定式气举阀；③由于海上作业的特殊性及储层压力预测准确性不高，气举阀应按满足油气井全生命周期举升需要进行设计，工作阀下预留工作筒作为备用阀工作筒；④根据井况(如温度、腐蚀性流体等)选择合适的气举阀材质。

另外，设计海上油井气举管柱时应满足以下五点要求：①管柱优先选用半闭式气举井生产管柱；②管柱应安装井下安全阀；③油管和井下工具采用气密螺纹连接，满足生产管柱气密封要求；④管柱强度应满足气举作业和气举生产的各种工况要求；⑤管柱应满足抗腐蚀、抗冲蚀能力要求。

1）气源选择

气举井气源类型主要包括气井产出气、平台处理气、制氮机分离氮气、液氮等。为保障气举系统地面设备及井下气举阀稳定运行，海上油井气举生产所用气源应满足以下要求。

(1) 最大气源压力应高于油井气举启动时的注气启动压力。

(2) 在 0.1MPa 和 20℃时 $1m^3$ 天然气中 C_5 以上烃类液体含量低于 13.5g/L。

(3) 在 0.1MPa 和 20℃时 $1m^3$ 天然气中硫的总含量低于 480mg，水蒸气含量低于 64mg。

(4) 井口注气温度至少高于井筒内水合物生成的临界温度 5℃。

(5) 当气源为氮气时，其性能指标需满足《纯氮、高纯氮和超纯氮》(GB/T 8979—2008)中的要求(表 4-3-3)。根据现场注氮排液作业经验，短期使用氮气排液时，要求氮气浓度不低于 95%。

表 4-3-3　气举用氮气性能指标　　　　（单位：%，体积分数）

氮气纯度	氧气含量	氢气含量	一氧化碳含量	二氧化碳含量	甲烷含量	水含量
≥99.99	≤50	≤15	≤5	≤10	≤5	≤15

2）气举阀设计

⑴预测油井产能。

对于未投产井，利用油藏数值模拟的计算结果，得到油井不同开发阶段的产量、井底流压和油藏静压数据，绘制油井的流入特性曲线，确定油井产能；对于在产油井，根据油井产量和井筒压力测试资料，绘制油井的流入动态曲线，确定油井产能。

⑵工作点确定。

从井底以井底流压为起点向上绘制设计产液量下的产液流动压力曲线。另外，以井口注气压力为起点，从井口向下绘制注气压力曲线。当产液流动压力曲线与注气压力曲线相交时，交点为油、套压平衡点。以该平衡点为基准，沿产液流动压力曲线向上移动，当曲线上一点的压力较平衡点处压力减少 0.7～1.0MPa 时，该点则为该井气举设计的注气点（图 4-3-11）。

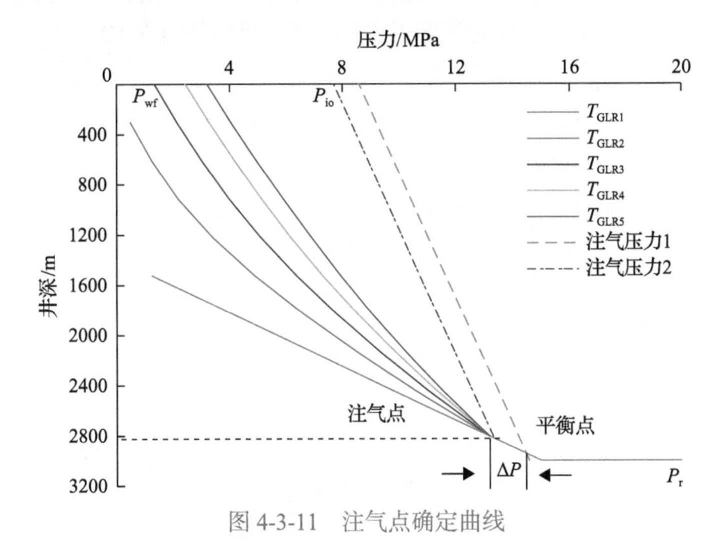

图 4-3-11　注气点确定曲线

P_{wf}-井口油压；P_{io}-注气工作压力；ΔP-平衡点油压与注气点油压的差值；P_r-产层流体静压；T_{GLR}-气液比

⑶气举管柱布阀设计。

根据油管内压井液静压梯度、井口注气压力，设计阀间注气压差和最小阀间距，确定每一级气举阀的下入深度。其中，第一级气举阀下入深度分两种情况计算。

第一种情况，气举过程中，气体进入第一级气举阀前，井口有产液流出。此时第一级气举阀下入深度计算公式为

$$L_1 = 10^5 \times \frac{P_{ko} - P_{wh}}{G_1} - 20 \tag{4-3-1}$$

式中，L_1 为第一级气举阀下入深度，m；P_{ko} 为气举时井口最大注气压力，MPa；P_{wh} 为井口油压，MPa；G_l 为井筒中的产出液体压力梯度，MPa/m。

第二种情况，气举过程中，气体进入第一级气举阀前，井口未有产液流出，则第一级气举阀下入深度计算公式为

$$L_1 = h_s + 10^5 \times \frac{P_{ko} - P_{wh}}{G_l} \times \frac{d_{ti}^2}{d_{ci}^2} - 20 \tag{4-3-2}$$

式中，h_s 为静液面深度，m；d_{ci} 为套管内径，mm；d_{ti} 为油管内径，mm。

气举阀的井口注气压力为相邻上级气举阀的井口注气压力与固定压差的差值，固定压差一般取值 0.35MPa 左右。因此，第二级及其以下气举阀下入深度计算公式为

$$L_i = L_{i-1} + 10^5 \times \frac{P_{ci} - P_{ti}}{G_l} - 10 \tag{4-3-3}$$

式中，L_i 为第 i 级气举阀下入深度，m；L_{i-1} 为第 i–1 级气举阀下入深度，m；P_{ci} 为第 i 级气举阀注气压力，MPa；P_{ti} 为第 i–1 级阀将关闭时，油管内最小压力，MPa。

通过式(4-3-2)和式(4-3-3)可对气举井进行布阀设计(图 4-3-12)。

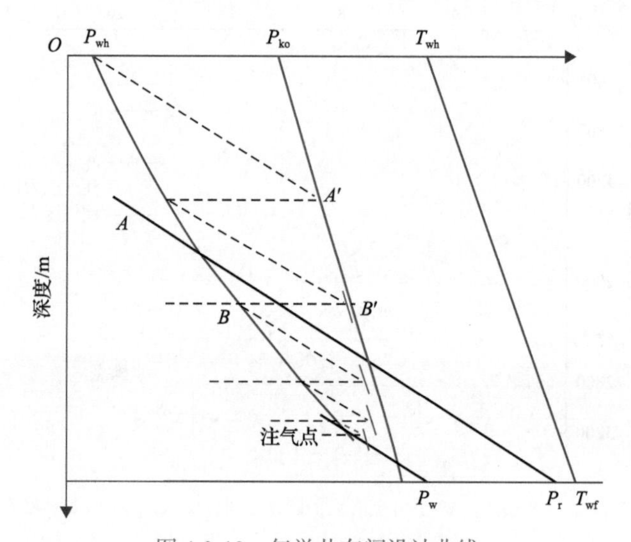

图 4-3-12 气举井布阀设计曲线

T_{wh}-井口静温；P_w-产出流体在井底的流压；P_r-产层流体静压；T_{wf}-产层流体静温

(4)气举阀过气量计算和气举阀阀孔尺寸选择。

根据每级气举阀处的最小油管压力曲线，选择该曲线的气液比为该级气举阀气举时的总气液比 T_{GLR}，并结合油井设计产液量和生产气液比，可计算出该级气举阀的过气量，其计算公式为

$$Q_{ci} = (T_{GLR} - R_p) \times Q_l \tag{4-3-4}$$

式中，Q_{ci}为气举阀过气量，m^3/d；R_p为地层产液的生产气液比(m^3/m^3)；Q_l为设计的油井产液量，m^3/d。

注气压力和体积受温度影响较大，需引入温度修正系数C_t修正气举注气量。

$$C_t = \frac{1}{1+0.0215\ (1.8T_v - 28)} \tag{4-3-5}$$

式中，C_t为 15.6℃时的温度修正系数，无量纲；T_v为气举阀处气体温度，℃。

修正后的气举阀过气量Q_{cci}为

$$Q_{cci} = C_t \times Q_{ci} \tag{4-3-6}$$

式中，Q_{cci}为修正后的气举阀过气量，m^3/d；Q_{ci}为气举阀过气量，m^3/d。

根据每级修正后的气举阀过气量Q_{cci}、气举阀注气压力和油压，依据直角铣孔诺莫图可选择出每级气举阀孔径。

(5)试验台打开压力计算。

海上气举井常选择注入压力操作气举阀，该类阀为充氮气的波纹管气举阀。腔室内氮气压力受温度影响较大，为方便调试气举阀，需要以某一固定温度 15.6℃对气举阀井下打开压力进行调试。

15.6℃时气举阀打开压力P_{vo}为

$$P_{vo} = \frac{C_{NT} P_{bt}}{1 - \dfrac{A_p}{A_b}} \tag{4-3-7}$$

式中，P_{vo}为 15.6℃时气举阀打开压力，MPa；P_{bt}为阀处井温下气举阀腔室压力，MPa；A_p为波纹管封包有效面积，mm^2；A_b为阀嘴有效面积，mm^2；C_{NT}为氮气温度校正系数，无量纲。

4.3.2 气举阀安全性设计

渤海油田用常规气举设计方法进行气举设计时存在以下问题。

1) 顶部气举阀深度浅

气举井生产初期井底压力较大，气举设计的顶部气举阀和工作阀较浅，且未在工作阀下设置备用阀。在油井生产后期，地层压力降低，产液含水率升高，导致工作阀的沉没度变浅，使得油井气举生产时产液量低或间断产液。

2) 气举阀阀间压差小

在注气设备允许条件下，合理的气举阀阀间压差可保障油井在最大注气深度处连续单点注气，实现油井稳定高效气举生产。但在注气压力受限时，往往通过降低阀间压差来增加注气深度，使气举井出现了多点注气的情况，油井气举效果变差。

3）气举阀孔径未优化

在气举设计中，未对气举阀孔径进行优化设计，因油井在气举生产过程中出现了注气量增大、注气压力降低或井口油压变化导致了注入气受阻的情况，影响了油井气举效果。

针对上述气举设计中出现的问题，对气举设计方法进行了以下优化。

1. 顶部气举阀下入深度设计

在优化顶部气举阀设计时，考虑了井口油压、静液面深度和气举启动过程中产层的漏失等情况。顶部气举阀下入深度优化设计解决的是油井生产中后期动液面较低情况下顶部气举阀下入深度设计问题。顶部气举阀下入深度计算公式为

$$L_1 = h_s + 10^5 \times \frac{P_{ko} - P_{wh}}{G_l(1 - C_s)} \times \frac{d_{ti}^2}{d_{ci}^2} - 20 \tag{4-3-8}$$

式中，L_1为第一级气举阀下入深度，m；C_s为气举启动过程中井筒液体漏失率，无量纲；h_s为静液面深度，m。

2. 气举阀阀间压差值设计

优化气举阀阀间压差是提高气举举升工艺设计水平的关键，也是实现油井高效生产的关键因素。在地面注气系统提供的注气压力明显高于油井气举设计所需注气压力时，可适当增大相邻气举阀的打开压力差值。因此，相邻气举阀的打开压力差值越大，阀间干扰的可能性就越小。相邻气举阀的打开压力差值可通过式(4-3-9)进行计算：

$$\Delta P_d = (P_{max} - P_{min}) \times \mathrm{TEF} + P_{SF} \tag{4-3-9}$$

式中，ΔP_d为相邻两个气举阀的打开压力差值，MPa；P_{max}为上一级气举阀处的最大油管压力，MPa；P_{min}为上一级气举阀处的最小油管压力，MPa；TEF 为生产压力影响系数，无量纲；P_{SF}为最小安全压力，MPa。

生产压力影响系数 TEF 的值可由式(4-3-10)得到：

$$\mathrm{TEF} = \frac{R_a}{1 - R_a} \tag{4-3-10}$$

式中，R_a为阀嘴面积与封包面积之比，$R = \frac{A_p}{A_b}$，无量纲。其中A_p为波纹管封包有效面积，mm^2；A_b为阀嘴有效面积，mm^2。

注入压力操作气举阀气举时单点注气、稳定气举生产。气举设计每加深一级气举阀都有一个特定的压力，该压力为生产压力加上注气压力降，其值是一个小的压降加上一个安全系数压力降。安全系数考虑油井基础数据、气举阀设定和在卸载时生产压力变化之间的偏差，该压力降可防止多点注气。表 4-3-4 为不同规格注入压力操作气举阀的最

小安全压力推荐值。

表 4-3-4 不同规格注入压力操作气举阀的最小安全压力推荐表

气举阀外径/mm	气举阀孔径/mm	最小安全压力(P_{SF})/MPa
15.88	3.18	0.07
	4.0	0.10
	4.76	0.14
25.4	3.18	0.03
	4.76	0.07
	6.35	0.10
	7.94	0.14
38.1	4.76	0.03
	6.35	0.07
	7.94	0.10
	9.53	0.14

3. 卸载安全系数设计

在进行布阀设计时，每一级气举阀的打开压力都应略低于设计注气压力以保证气举阀有效卸载，二者压力差值为 0.14～0.35MPa。

4. 气举阀孔径优化

注入压力操作气举阀孔径的大小取决于注气压力和流量。气举阀孔径优化需考虑两方面因素：一是优化的气举阀孔径可实现更好利用注入气的能量减少气体能量损失；二是保证在气举过程中，随着气举阀处油压的增加，注气量也增加，实现气举阀以上的流体压力梯度保持一定的稳定性，确保气举井稳定生产。可通过气举阀日注气量特性曲线(图 4-3-13)，优选在一定注气量和注气压力范围内合理的气举阀孔径尺寸。

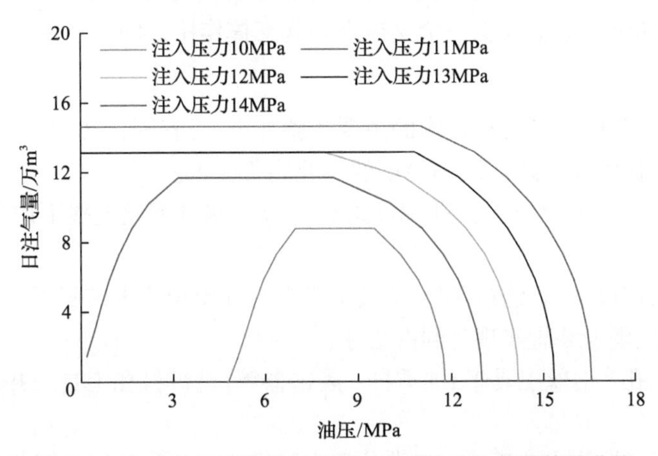

图 4-3-13 注入压力操作气举阀(IPO 阀)日注气量特性曲线

当注入压力大于气举阀的打开压力时，油管压力下降，注气量增大，这是由于上下游压差增大；当油管压力下降到一定程度时，注气量保持不变，这是因为气体流动达到临界状态，这相当于孔板临界流动状态，在气举设计中应避免出现这种流动形式。

另外，注入压力操作气举阀在打开状态下对下游压力(油压)敏感，随油压的升降气举阀的打开程度也发生较大变化。当油压下降时，气举阀阀杆向球座方向移动，阀孔眼减小，其过气量也减少；当油压上升时，气举阀阀杆远离球座移动，阀孔眼变大，其过气量也增大。这种节流作用可以稳定油管内流体的压力梯度，保障在气举过程中油井稳定生产。

4.3.3 油管打孔气举工艺

海上油气井在投产初期，因地层能量充足，油气井可采用自喷管柱生产。随着油气田进入开发中后期，地层压力不断下降，同时产液含水率不断上升，油气井自喷生产变得越加困难，这时油气井需要更换生产管柱，转为人工举升方式生产。对于海上无修井机平台上的油气井，更换生产管柱作业费用高、作业时间长，油管打孔气举工艺可以使该类油气井实现气举生产。油管打孔首先对油管进行机械冲孔，实现油管与油套环空连通，其次在油管内下入封隔工具，建立油套环空向油管的单向通道，实现油气井单点注气生产。

1. 工艺原理及施工步骤

1)打孔工艺原理

通过钢丝作业利用油管打孔器对生产管柱打孔，使油套环空与油管内部建立起注气通道，然后进行环空注气，气体由打孔的孔眼进入油管内部，此时孔眼发挥类似气举井孔板气举阀的作用，达到油气井井筒卸载和气举生产的目的。

油气井生产管柱打孔工具主要由打孔定位坐卡装置和油管打孔器组成。其打孔作业主要过程：通过钢丝作业上下运动振击，打孔器在油管壁上打孔。随着钢丝的上提与下放，打孔工具的打孔头反复滑出打孔器本体，从而对油管壁产生撞击，进而使打孔处油管产生局部形变，实现油管打孔。打孔定位坐卡装置主要是由锁定装置坐卡到油管内壁，为油管打孔器在油管内壁上提供一个支撑点，起支撑作用，固定打孔位置。

2)打孔施工步骤

通过钢丝作业实施油管打孔技术的主要步骤如下(王安等，2019)。

(1)通井：确保管柱畅通，以满足钢丝作业施工要求。

(2)深度定位：下放钢丝至打孔深度进行定位，测量钢丝上提下放悬重，校验钢丝深度。

(3)下入打孔定位坐卡装置：钢丝工具串携带打孔定位坐卡装置下至目的深度，定位校深后，打孔定位坐卡装置实现坐封并丢手。

(4)打孔器打孔：钢丝工具串(加重杆、震击器等)携带打孔工具入井，至目的深度实施打孔操作。

(5)回收工具：打孔成功后，在打孔位置上下震击，使打孔器呈回收状态后，回收钢丝工具串，打孔作业完成。

2. 工艺参数设计

打孔气举工艺设计是影响气举产量的关键因素。打孔气举工艺主要参数有打孔深度、注气量和打孔孔径大小。

1)打孔深度设计

油管打孔深度是油气井打孔注气的关键参数。打孔深度主要受两方面因素的影响：一是气举启动压力，所选的打孔位置使得该压力可以将打孔处以上油管内压井液排出井口；二是正常注气压力，所选的打孔位置使得该压力可以实现正常气举生产。打孔深度所处位置为上述两个位置较浅的一处。

启动时的打孔深度计算公式为

$$L_{y} = h_{s} + \frac{P_{ko} - P_{wh} - d_{p}}{G_{lk} - G_{g}} \tag{4-3-11}$$

式中，L_y 为最大注气压力计算的打孔深度，m；P_{ko} 为气举时井口最大注气压力，MPa；P_{wh} 为井口油压，MPa；d_p 为确保进气的安全压力，MPa，一般取 0.2～0.5MPa；G_{lk} 为打孔处油管内压井液平均压力梯度，MPa/m；G_g 为打孔处油套环空内气体的平均压力梯度，MPa/m。

正常生产时打孔深度计算公式为

$$L_{p} = \frac{P_{so} - P_{wh} - d_{p}}{G_{lt} - G_{g}} \tag{4-3-12}$$

式中，L_p 为正常注入压力下的打孔深度，m；P_{so} 为气举时井口正常注气压力，MPa；G_{lt} 为打孔处以上油管内产出和注入的混合流体的平均压力梯度，MPa/m。

最终优选的打孔深度 L_{pun} 取值：

$$L_{pun} = \min\{L_{y}, L_{p}\} \tag{4-3-13}$$

式中，L_{pun} 为优选的打孔深度，m。

2)注气量设计

油气井气举注气量计算过程如下。

(1)从井底至油管打孔点做设计产液量下的油管内产出流体压力曲线。

(2)从步骤(1)开始到井口做设计产液量下的不同总气液比油管内混合流体(产出流体与注入气)的流动压力曲线。

(3)对比步骤(2)做出的油管内混合流体的流动压力曲线，通过插值计算出设计井口油压下的总气液比值(图 4-3-14)。

(4)最后根据式(4-3-4)～式(4-3-6)计算注气量。

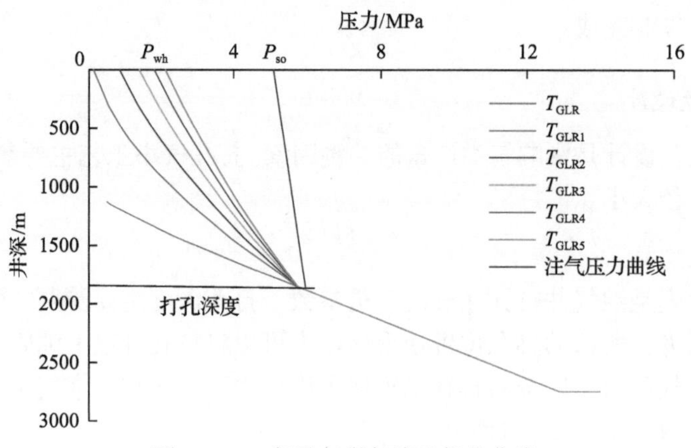

图 4-3-14 打孔气举气液比优化曲线

T_{GLR}～T_{GLR5}表示不同气液比条件

3）孔径设计

油管壁上孔径尺寸大小也影响油气井的气举效果。若设计的孔眼尺寸偏小，注气量未达设计量，即可出现临界流的状况，导致注气量无法增大，影响气举效果。若设计的孔眼尺寸偏大，可导致注入气的流态不稳定，出现非连续进气状态，使油气井生产出现大的波动，影响地面生产管汇内流体的稳定流动。因此，在油管打孔气举设计中，必须对孔眼尺寸进行优化。因为注入气流经油管壁上的孔眼时与孔板气举阀流动状态一致，所以注气量与注气压差关系满足 Thornhill-Craver 模型（孔眼为非临界流状态），可通过该模型导出孔眼尺寸计算公式：

$$d_{ho}=\left(\frac{Q_{dcci}\sqrt{\gamma_g(T_a+273.15)Z_a}}{0.408P_a\sqrt{\frac{k}{k-1}\left[\left(\frac{P_{dt}}{P_a}\right)^{\left(\frac{2}{k}\right)}-\left(\frac{P_{dt}}{P_a}\right)^{\left(\frac{k+1}{k}\right)}\right]}}\right)^{0.5} \tag{4-3-14}$$

式中，d_{ho}为打孔孔眼尺寸，mm；Q_{dcci}为孔眼注气量，万 m^3/d；P_a为打孔处环空注气压力，MPa；P_{dt}为打孔处油管内流体压力，MPa；γ_g为注入气的相对密度，无量纲；T_a为打孔处气体的温度，℃；Z_a为打孔处气体的偏差因子，无量纲；k为气体绝热指数，无量纲；$k=\frac{c_p}{c_V}$，c_p为注入气的定压比热容，J/(kg·℃)，c_V为注入气的比定容热容，J/(kg·℃)。

4.3.4 气举举升工艺矿场实践及效果分析

渤海油田气举工艺从 2009 年后分别在 JZ25-1S 油田和 BZ26-3 油田高气油比油井中开始大量应用。到 2020 年 8 月底，已在 40 口油井中先后应用气举工艺。气举井气举阀平均下入深度 1578.80m，单井日均注气量 1.54 万 m^3，单井平均注气压力 7.12MPa，气举井日均产液量 88.11m^3，日均产油量 35.59m^3，平均含水率 46.5%，油井气举生产状况稳定，气举生产效果较好(表 4-3-5)。

表 4-3-5　渤海油田气井生产情况统计表

序号	井号	投产日期	气举日期	气举阀下入深度/m	日产液量/m^3	日产油量/m^3	含水率/%	生产气油比(m^3/m^3)	日注气量/万 m^3	井口注气压力/MPa
1	BZ26-3-XL01h	2011/2/10	2012/9～2015/6	1941.18	110.47	55.98	49.33	546	1.78	8.50
2	BZ26-3-XL02h	2011/4/8	2013/3～2021/5	2156.09	419.00	49.00	88.00	260	2.20	5.20
3	BZ26-3-XL03h	2011/4/9	2012/3～2015/6	1499.82	74.00	38.90	47.43	691	0.91	6.40
4	BZ26-3-XL04h	2011/4/9	2013/1～2017/4	1788.74	105.21	74.91	28.80	343	1.80	7.20
5	BZ26-3-XL05h	2011/1/26	2013/11～2015/6	1587.58	142.88	50.26	64.82	483	1.80	7.50
6	BZ26-3-XL06h	2012/4/27	2015/9 至今	1103.00	358.72	19.74	94.50	1745	2.50	4.90
7	BZ26-3-XL07h	2019/4/16	2019/5 至今	2465.00	74.41	74.41	0.00	865	0.80	4.60
8	JZ25-1S-XL01h	2013/9/15	2013/9/15	1052.79	159.12	145.11	8.80	112	0.50	7.40
9	JZ25-1S-XL02h	2011/11/25	2014/8/1	1048.10	35.99	35.91	0.22	262	1.00	8.50
10	JZ25-1S-XL03h	2013/7/25	2013/7/25	1189.87	316.61	299.15	5.51	52	0.53	7.80
11	JZ25-1S-XL04h	2010/10/12	2014/4～2015/9	1023.60	28.33	9.19	67.56	557	1.02	6.60
12	JZ25-1S-XL05h	2014/11/14	2014/11/1	1478.12	30.01	29.94	0.23	993	2.46	8.20
13	JZ25-1S-XL06h	2011/5/12	2019/3 至今	779.70	24.88	24.06	3.30	1325	1.02	8.00
14	JZ25-1S-XL07h	2011/8/18	2016/1 至今	2120.52	24.19	23.93	1.07	375	0.98	6.00
15	JZ25-1S-XL08h	2011/5/25	2011/5/1	1487.00	9.13	3.11	65.94	32	1.00	5.50
16	JZ25-1S-XL09h	2011/8/28	2011/8/1	1099.80	8.94	8.81	1.45	4282	1.01	7.40
17	JZ25-1S-XL10h	2011/8/22	2011/8/1	1468.20	17.81	3.83	78.50	18446	2.00	6.70
18	JZ25-1S-XL11h	2010/10/16	2010/10/1	1116.90	23.94	23.88	0.25	1404	2.41	7.50
19	JZ25-1S-XL12	2009/12/15	2013/5～2020/2	1796.38	145.56	18.78	87.10	214	0.94	7.90
20	JZ25-1S-XL13h	2012/5/16	2016/1 至今	1886.40	50.97	6.90	86.46	311	1.25	7.50
21	JZ25-1S-XL14h	2011/12/6	2015/5 至今	1551.70	94.90	9.94	89.53	1634	0.91	8.10
22	JZ25-1S-XL15h	2012/9/2	2012/9/1	1911.90	29.28	28.92	1.23	1734	0.50	7.50
23	JZ25-1S-XL16h	2010/11/15	2020/7 至今	1435.00	15.87	0.26	98.36	55270	2.03	6.20
24	JZ25-1S-XL17h	2010/11/6	2014/8/1	1027.90	31.30	31.11	0.61	2332	0.80	6.00
25	JZ25-1S-XL18h	2010/7/1	2013/9～2018/3	862.34	36.32	22.10	39.15	124	1.77	5.00
26	JZ25-1S-XL19h	2010/4/16	2017/5～2020/7	1602.00	70.16	1.77	97.48	708	1.36	6.00
27	JZ25-1S-XL20h	2009/12/11	2019/6～2019/7	1103.45	67.92	9.80	85.57	8855	5.17	9.10
28	JZ25-1S-XL21h	2010/4/15	2012/6 至今	2038.60	61.90	3.66	94.09	968	4.33	7.50
29	JZ25-1S-XL22h	2011/11/28	2012/6～2020/2	1051.00	2.02	0.33	83.66	9034	2.51	7.60
30	JZ25-1S-XL23h	2011/11/28	2012/5 至今	1477.00	131.38	15.55	88.16	189	1.07	7.80
31	JZ25-1S-XL24h	2011/11/5	2013/7～2020/7	1447.10	66.22	0.56	99.15	2736	1.65	7.50
32	JZ25-1S-XL25h	2016/5/2	2016/11 至今	2505.10	75.71	73.42	3.02	859	0.58	7.50

续表

序号	井号	投产日期	气举日期	气举阀下入深度/m	日产液量/m^3	日产油量/m^3	含水率/%	生产气油比(m^3/m^3)	日注气量/万 m^3	井口注气压力/MPa
33	JZ25-1S-XL26h	2016/7/6	2016/8 至今	2177.36	53.95	26.51	50.86	260	2.15	7.00
34	JZ25-1S-XL27h	2016/7/18	2016/9 至今	1954.00	45.03	33.66	25.25	107	1.54	6.80
35	JZ25-1S-XL28h	2015/9/25	2017/6～2018/5	1537.43	93.83	34.70	63.02	316	0.92	8.00
36	JZ25-1S-XL29h	2016/7/14	2016/07	1687.05	45.00	44.65	0.78	115	1.58	8.40
37	JZ25-1S-XL30h	2015/12/3	2017/2～2018/9	1674.62	132.80	26.33	80.17	761	1.00	6.80
38	JZ25-1S-XL31h	2015/8/10	2017/10 至今	2317.17	163.27	26.47	83.79	1269	1.53	8.40
39	JZ25-1S-XL32h	2015/12/9	2020/1 至今	1886.42	52.21	4.47	91.44	3028	1.64	6.70
40	JZ25-1S-XL33h	2017/8/10	2017/8 至今	1816.01	95.00	33.44	64.80	412	0.71	7.40

1. BZ-XL1 井气举举升工艺矿场实践及效果分析

1) 生产现状及存在问题

BZ-XL1 井为渤中油田的一口定向生产井，油藏中部斜深 2722.8m、垂深 1756.75m，最大井斜角 71.83°。BZ-XL1 井采用套管射孔完井，下入三级气举阀气举生产管柱，第一级气举阀下入深度 502.2m，第二级气举阀下入斜深 872.6m，第三级孔板阀下入深度 1103.0m。装有井下压力计，斜深 2110.9m，垂深 1491m。

2012 年 4 月 27 日自喷投产，油嘴 5.16mm，井口油压 9.9MPa，井底流压 15.17MPa，日产气量 3.66 万 m^3，日产液量 56.7m^3，日产油量 48m^3，含水率 15%。2014 年 6 月发现出砂，井口管线出现刺漏。出砂导致自喷生产不稳定，日产液量由 168m^3 下降到 110m^3，含水率 8%。

2015 年 4 月 11 日 BZ-XL1 井自喷产量降低后转气举生产井口无产出。4 月 17 日连续进行油管冲砂作业，作业后稳定自喷日产液量 176m^3。2016 年 12 月～2017 年 1 月，切割原井气举管柱，后重新气举生产，日产液量 179m^3，产液量较自喷基本无增加，分析气举生产异常。

BZ-XL1 井气举生产异常状况下的生产数据：井口注气压力 5.1MPa，井口日注气量 1.9 万 m^3，日产液量 179m^3，日产气量 3000～4000m^3，产液含水率 92%，井底流压 7.45MPa，井口油压 1MPa。

对三级气举阀的工况进行分析，如下所述。

(1) 第一级气举阀 (深度 625m) 动态分析。

若第一级气举阀进气，井口注气压力 5.1MPa，日注气量 1.9 万 m^3，井口油压为 1MPa 时计算产液量为零，而实际产液量为 179m^3/d，因此判断该级气举阀处于关闭状态。

(2) 第二级气举阀 (深度 1150m) 动态分析。

计算的 BZ-XL1 井第二级气举阀工况与第一级气举阀相同，计算第二级气举阀进气时产液量为零，说明该级气举阀也处于关闭状态。

(3)第三级气举阀(深度 1440m)动态分析。

第三级气举阀进气时，模拟产液量为 177m^3/d，计算得到井底压力为 7.40MPa。模拟的产量数据、井底压力数据与该井实际生产数据基本吻合，说明该级气举阀正常工作。

因此，BZ-XL1 井气举产液量低是因为该井气举阀下入深度较浅，整个井筒内流体的重力压降降低幅度较小，需要重新进行气举设计加深注气深度。

2)工艺参数设计

(1)基础数据。

BZ-XL1 井气举设计所需参数主要参数有：油层静压、油层温度、产液含水率和生产气油比等(表 4-3-6)。

表 4-3-6　BZ-XL1 井气举设计主要参数表

设计参数据	数值	设计参数据	数值
生产层位	Y 油组	气相对密度	0.7
油层中深(斜深/垂深)/m	2722.8/1756.75	注气方式	油套环空气举
油层静压/MPa	12	气源	天然气
油层温度/℃	79	气源压力	—
产液含水率/%	80	最大日供气量/万 m^3	3.0
生产气油比(m^3/m^3)	210	气源气相对密度	0.7
水相对密度	1.03	设计日产液量/m^3	240～280
油相对密度	0.87	井口油压/MPa	1.5～2.0 MPa

(2)注气参数优化。

计算不同注气压力和注气量时的日产液量(图 4-3-15)，选择满足设计产量条件下合理的注气压力和注气量，得到注气压力为 5.0～7.0MPa，日注气量为 2 万～3.0 万 m^3，预测日产液量 240～285m^3。

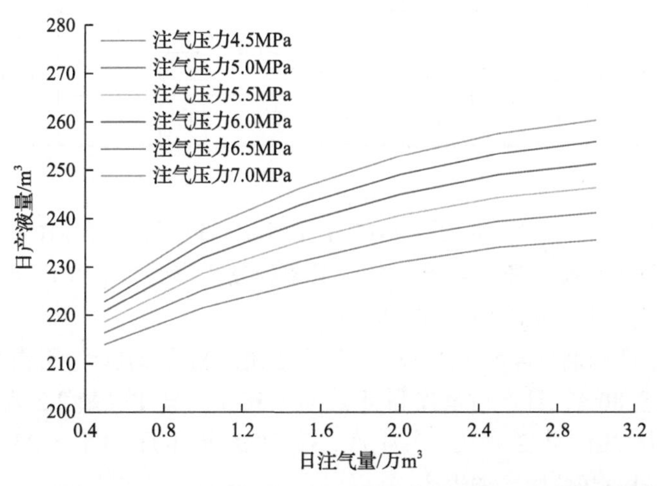

图 4-3-15　BZ-XL1 井不同注气压力和日注气量时的日产液量预测曲线

(3) 布阀及气举阀参数设计。

考虑BZ-XL1井静液面位置和以前油井作业漏失情况，加深顶部气举阀深度至1695m，共下入三级气举阀(图 4-3-16)。

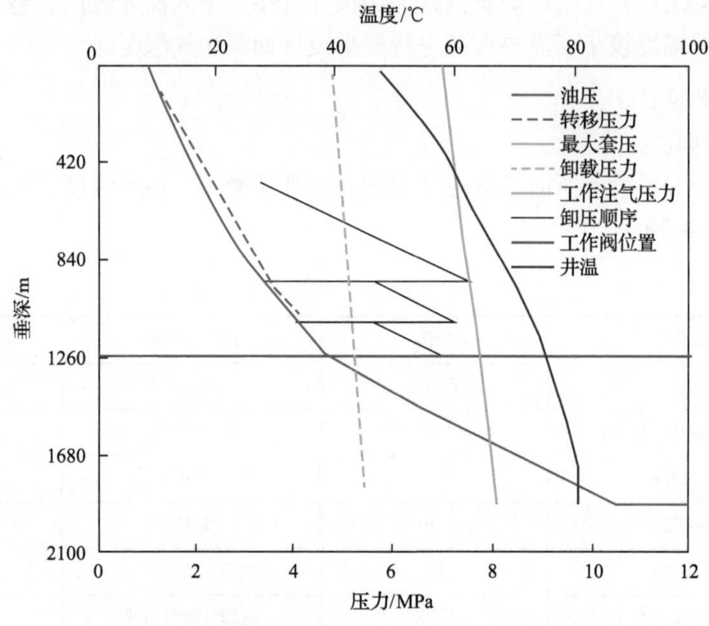

图 4-3-16 BZ-XL1 井气举布阀设计结果

三级气举阀孔径 6.3～7.9mm，试验台打开压力 6.05～6.30MPa(表 4-3-7)。气举设计日产液量最高 280m^3，比措施前日产液量增加 101m^3，增液效果明显。

表 4-3-7 BZ-XL1 井气举阀设计结果表

设计日产液量/m^3	含水率/%	日注气量/万 m^3	阀级	斜深/m	垂深/m	阀外径/mm	阀类型	阀孔径/mm	试验台打开压力/MPa	地面打开压力/MPa	地面关闭压力/MPa	阀温度/℃
240～280	80	2.0～2.5	1	1152	925.1	25.4	IPO	6.3	6.30	7.51	6.70	78.4
			2	1439	1095.8	25.4	IPO	6.3	6.05	6.60	6.25	79.8
			3	1695	1245.9	25.4	孔板阀	7.9	—	5.5	—	80.8

3) 实施效果分析

BZ-XL1 井 2016 年 12 月 14 日～2017 年 1 月 17 日换气举管柱作业。首先进行连续油管冲砂作业，随后电缆切割原生产管柱，后更换新生产管柱。2017 年 1 月 18 日开井气举生产。该井气举生产状况稳定(图 4-3-17)。

BZ-XL1 井生产初期，含水率为 88%，日产液量维持在 218m^3。开井生产 2 个月后，含水率逐步降低至 80%，日产液量提高至 235～256m^3，日注气量 2.2 万～2.4 万 m^3，已达到设计要求。从 2017 年 2 月底开井生产，除 2020 年 3 月 14 日～25 日该井冲砂作业关井外，其余时间一直平稳气举生产。

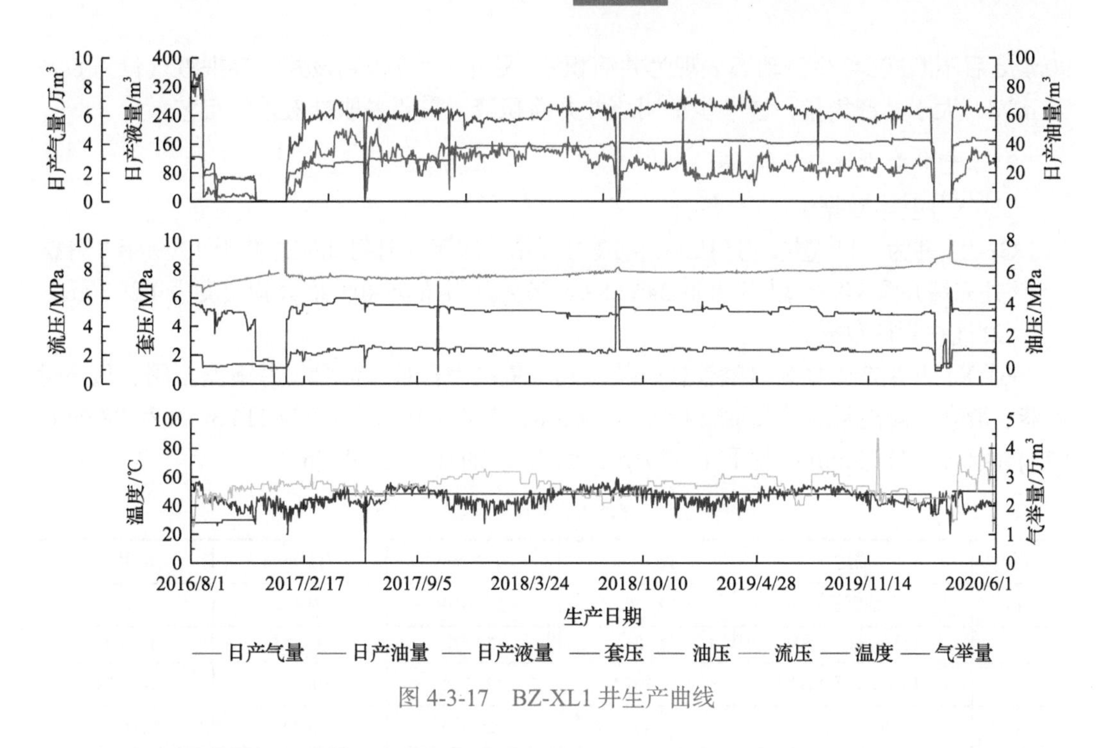

图 4-3-17　BZ-XL1 井生产曲线

2. 气井油管打孔气举矿场实践及效果分析

1) 生产现状及存在问题

G1-X1 井是海上某油气田的一口气井，产层中部深度 3380.8m，垂深 3003.9m，最大井斜角 45.4°，套管射孔完井后下入自喷生产管柱。

G1-X1 井于 1999 年 3 月 10 日投产后自喷生产，开采 Y3 层，初期日产气量 30 万 m^3 以上，日产油量约 55m^3，井口油压约 17.2MPa。2016 年 9 月中旬，该井井口油压已下降到 3.96MPa，日产气量 3.4 万～5.7 万 m^3，9 月 14 日因油压过低关井。

G1-X1 井从投产开始到 2017 年油管打孔气举措施前，产层压力从 29.84MPa 降低到了 11.84MPa(图 4-3-18)。该井从 2015 年起到 2016 年，井口油压降低，产液量增加至

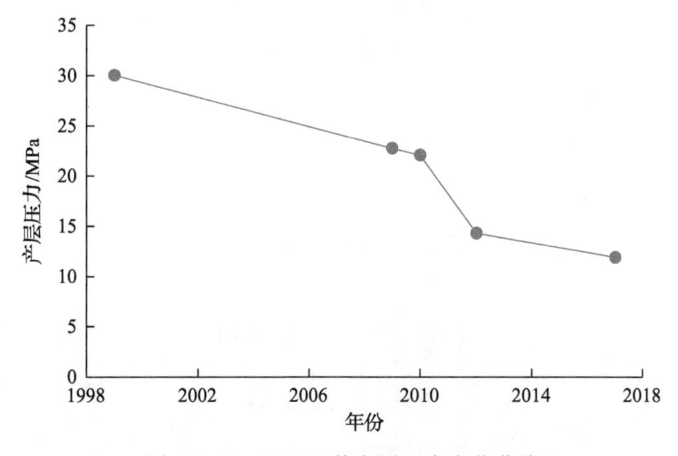

图 4-3-18　G1-X1 井产层压力变化曲线

90m^3/d 后不断减少，生产动态表现为井筒积液。另外，计算得到该井临界携液气量为 6.96 万 m^3/d，大于其产气量，进一步证明该井井筒积液，需要采取排液采气工艺。

2) 工艺参数设计与实施

(1) 气井基本数据。

G1-X1 井为一口气井，于 1996 年 12 月开钻，次年 5 月射孔完井并于 1999 年 3 月投产。该井完钻井深 3498m，人工井底 3462.89m，最大井斜角 45.40°，最大狗腿度为 4.8°/30m。

(2) 气井管柱数据。

G1-X1 井生产管柱为自喷管柱，从上到下依次为套管、油管、井下安全阀、顶部封隔器、滑套、隔离封隔器及油管鞋等(表 4-3-8，图 4-3-19)，油管为 114.3mm 和 88.9mm 的油管组合，114.3mm 油管下至 3201m，88.9mm 油管下至 3417m。

表 4-3-8 G1-X1 井生产管柱结构表

序号	描述	长度/m	外径/mm	内径/mm	深度/m
1	油管挂	0.370	273.050	99.136	0
2	114.3mm SCSSV	2.005	179.578	96.774	141.489
3	114.3mm 流动接箍	1.107	124.714	100.533	143.494
4	定位密封总成	2.308	120.650	75.997	3203.839
5	69.85mm 滑套	1.245	108.458	69.850	3213.058
6	插入密封总成	2.665	120.650	75.997	3296.309
7	69.85mm 坐落接头	0.402	98.679	69.850	3309.466
8	带孔管	3.088	88.900	75.997	3309.868
9	69.85mm 坐落接头	0.395	273.050	99.136	3312.956

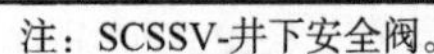
注：SCSSV-井下安全阀。

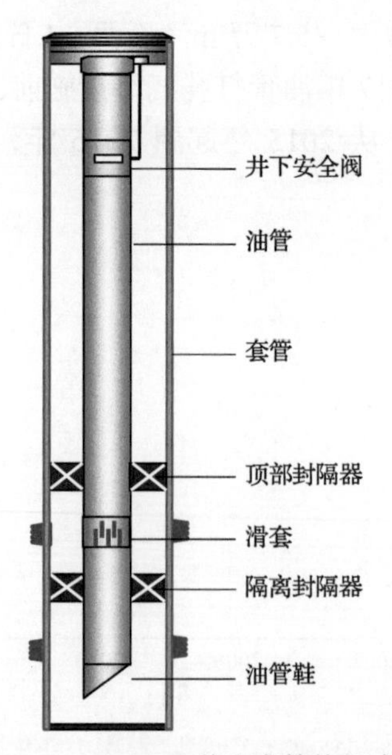

图 4-3-19 G1-X1 井生产管柱组成图

(3) 打孔气举设计。

① 基本数据。

气源井井口油压 16.5MPa，日产气量 4.0 万 m^3，气体相对密度 0.64。

G1-X1 井产层垂深 3015m，静压 12.08MPa，地层温度 120℃，产液指数 $60m^3/(MPa·d)$，产出水相对密度 1.01，井口油压 1.0～1.5MPa，设计日产液量 70～$90m^3$，生产气液比 120 (m^3/m^3)。

② 打孔深度优化。

G1-X1 井油管打孔深度受气举启动压力和正常气举生产时注气压力的双重影响。最终所选的打孔位置为根据上述两种情况计算的注气深度中较浅的位置。考虑气举启动压力计算打孔处斜深为 3264m；考虑正常气举生产时打孔处斜深为 3196m。结合生产管柱封隔器斜深为 3202m，留出一定安全距离，最终确定 G1-X1 井打孔深度为 3188m（图 4-3-20）。

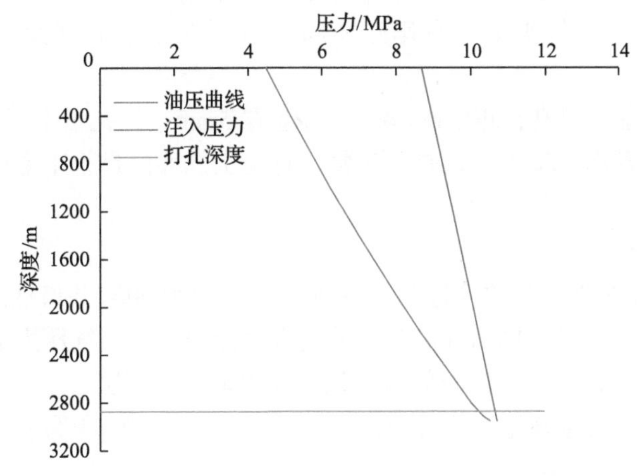

图 4-3-20 G1-X1 井正常气举生产时的注气深度曲线

③ 孔眼大小优化。

孔眼的过流特性与孔板阀的嘴流特性一致，可用 Thornhill-Craver 相关式描述，得出不同孔眼尺寸下孔眼日注气量与孔眼油压之间的关系曲线，据此得到 G1-X1 井油管壁打孔优化的孔眼孔径为 7.1～12.5mm（图 4-3-21）。

④ 施工过程。

G1-X1 井油管打孔气举主要步骤如下。

a. 通水试压：用试压泵对钢丝防喷系统试压，若 3.5MPa 稳压 5min、20MPa 稳压 15min，则防喷系统合格。

b. 通井作业：打开清蜡阀，下入钢丝工具串通井至 3201.4m。

c. 下坐卡工具：打开清蜡阀，观察油压稳定后将坐卡工具下入 3201.4m。

d. 坐卡作业：钢丝坐卡工具串下至 3201.4m 变扣位置校深，遇阻明显，向下轻微震击 1 次，剪切坐卡工具销钉，上提后快速下放，坐卡，上提有轻微过提显示，确认工具坐卡；向下快速震击 8 次，脱手下部坐卡工具，同时坐卡；上提工具串，复探坐卡工具顶深 3188.8m。

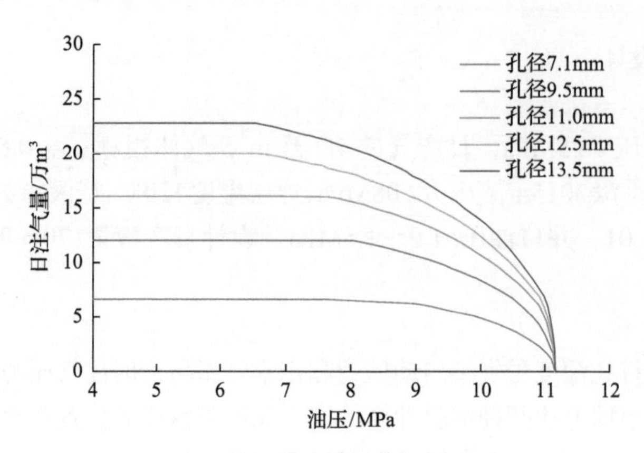

图 4-3-21 G1-X1 井打孔孔眼日注气量与油压关系曲线

e. 起钢丝坐卡工具串至防喷管，关液控主阀及清蜡阀。

f. 下打孔工具：钢丝坐卡工具串过防喷器后下放至坐卡位置，探坐卡工具顶深 3188.8m。

g. 钢丝打孔作业：打孔深度 3187.4m，孔径 12.5mm，打孔 1 个。

h. 起出打孔工具串，检查工具是否正常，打孔工具移位是否正常，拆卸防喷立管。

i. 注气生产。

(4) 实施效果分析。

G1-X1 井在 2017 年 7 月油管打孔气举前因井筒积液停喷，井口油压已降低到管汇压力。打孔后开始环空注气，排出井筒和近井地带大量积液，注气压力最高达 8.69MPa，日产液量超过 100m^3，排液一段时间后，该井井眼附近的产层含水饱和度降低，气相渗透率增加，地层产气量逐渐增大，井口油压恢复。从 2017 年 11 月初开始，G1-X1 井已恢复了正常气举生产（图 4-3-22）。

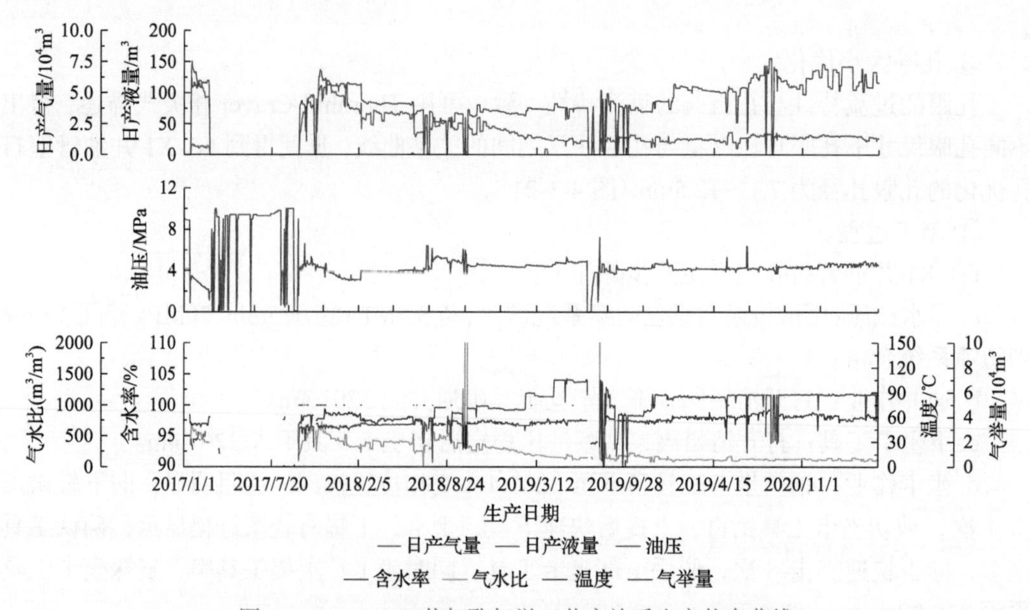

图 4-3-22 G1-X1 井打孔气举工艺实施后生产状态曲线

打孔气举工艺技术在低压井筒积液的 G1-X1 井成功应用，说明该技术可成为海上积液气井排液的可靠技术手段。

4.4 井下管道式高效气液分离举升工艺创新

现有多种气液处理技术应用于油气田开发生产实践中，其分离机理主要包括重力沉降式和旋流式。重力沉降式气液分离器受井下较小空间的限制很难提供充分的气液分离时间，从而导致气液分离效果不佳，一般适用于低产量、低含气率的气井。旋流式分离器具有小巧灵便、运行高效、投资及运行费用低等优点，但因其空间利用率不高、结构设计复杂，无法处理体积流量大的含液气流，强旋流场易形成气芯贯穿旋流器，能分离出的液体量有限。现有气液处理技术在高含气井况中应用效果较差，难以实现气液高效分离，特别是在高产液量、高含气及复杂流型等工况下气液混合物的高效分离效果较差。为解决海上油田高含气率井况(50%～85%)电泵举升的技术难题，开发了一套井下管道式高效气液分离举升技术，为应对高含气井况的电泵高效举升提供了一种有效的解决思路。

4.4.1 工艺管柱及配套工具设计

1. 工艺管柱设计

1)井下管道式高效气液分离分层采油举升工艺管柱

(1)工艺原理。

产出液通过滑套式导液器进入高效气液分离工具，并实现产出液的高效气液分离，分离后的富液流排至油套环空，并通过电泵增压举升至地面。分离后的富气流通过排气管排至特殊 Y 接头上方，因气/液密度差异大气体可溢流至井口，实现井下气液分离举升全过程。

整体管柱采用一趟管柱下入形式，依次包括下入生产滑套、滑套式导液器、高效气液分离工具、电泵总成、特殊 Y 接头、排气管、过电缆封隔器和井下安全阀等部件，管柱下入到位后，投堵塞器打压坐封过电缆封隔器，验封成功后可直接转入生产(图 4-4-1)。

(2)工艺特点。

a. 适用于海上 244.5mm 套管完井管柱。

b. 设计的工艺管柱未阻挡从井口至储层的主测试通道，既满足钢丝/电缆分层地层测试的需求，又实现了高含气井况井下气液的高效分离。

c. 所设计的工艺管柱与海上常规 Y 型生产管柱相类似，作业实施方案成熟，大大降低了作业及运行风险。

2)Y 型独立举升井下管道式高效气液分离工艺管柱

(1)工艺原理。

产出液通过带孔管进入高效气液分离工具，并实现产出液的高效气液分离，分离后的富液流排至油套环空，通过电泵增压流经特殊 Y 接头、114.3mm 与 73.0mm 环形空间举升至井口。分离后的富气流通过 73.0mm 油管溢流至井口，实现井下气液高效分离举升全过程(图 4-4-1)。

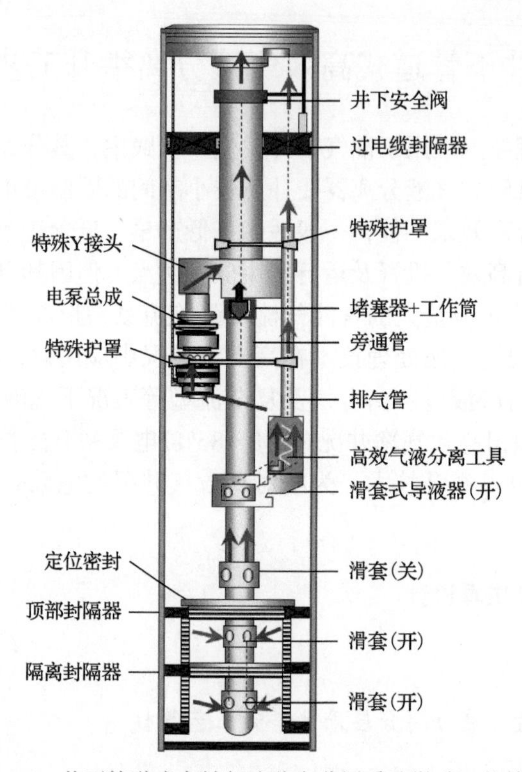

图 4-4-1 井下管道式高效气液分离分层采油举升工艺管柱图

整体管柱采用两趟管柱下入形式：第一趟下入 Y 型生产管柱，依次包括下入定位密封、高效气液分离工具、电泵总成、深井井下安全阀、特殊 Y 接头、外层油管和过电缆封隔器等部件，管柱下入到位后，投堵塞器打压坐封过电缆封隔器。第二趟管柱下入回接油管后，由 114.3mm 油管和 73mm 油管环空打压验封 82.6mm 插入密封的密封性，若井口打压压力值不降表示密封良好(图 4-4-2)。

(2) 工艺特点。

a. 适用于海上 244.5mm 套管完井管柱。

b. 建立气体和液体独立流动通道，设置两套深井安全阀装置，保证流动空间有效封隔，确保海上作业安全。

c. 建立液体/气体独立流动通道，可提高气路临界携液气量，有效避免气路通道二次积液风险。

d. 油套环空无大量气体存在，大幅度降低套压值，确保油套环空安全。

2. 配套工具设计

1) 特殊 Y 接头

特殊 Y 接头采用插入密封封隔气路、液路，建立了液体/气体独立流动通道，可实现液体、气体单独开采(图 4-4-3)，具体技术参数如下。

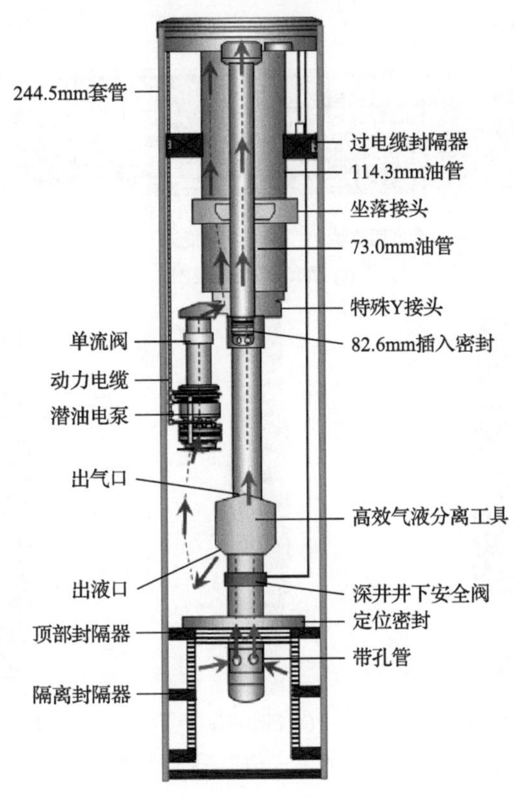

图 4-4-2　Y 型独立举升井下管道式高效气液分离工艺管柱图

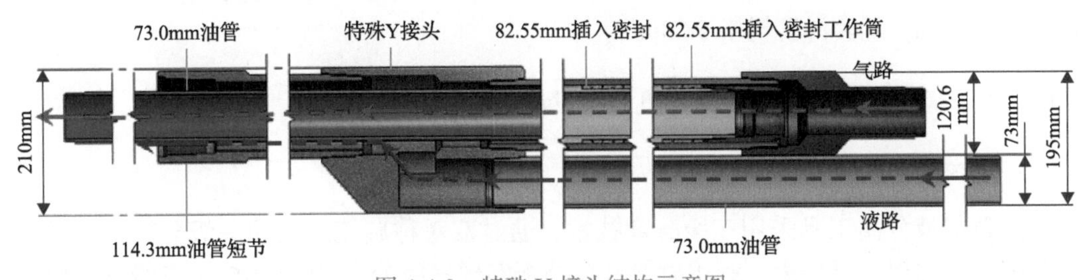

图 4-4-3　特殊 Y 接头结构示意图

(1)液路最小过流当量直径为 46.9mm(114.3mm 油管与 73.0mm 油管接箍处环空)。

(2)气路最小过流当量直径为 62mm(73.0mm 油管内径)。

(3)整体长度 4m，最大外径 210mm。

(4)耐压 35MPa，耐温 150℃。

2)滑套式导液器

滑套式导液器主要由角度调节器、活动接头和换向阀组成(图 4-4-4)。

(1)角度调节器:实现气液分离器工具,和换向阀角度一致,外径 106mm,内径 62mm,调节角度 360°。

(2)活动接头：实现排气管和气液分离器工具连接，外径 75mm，内径 40.9mm，调节距离 50mm。

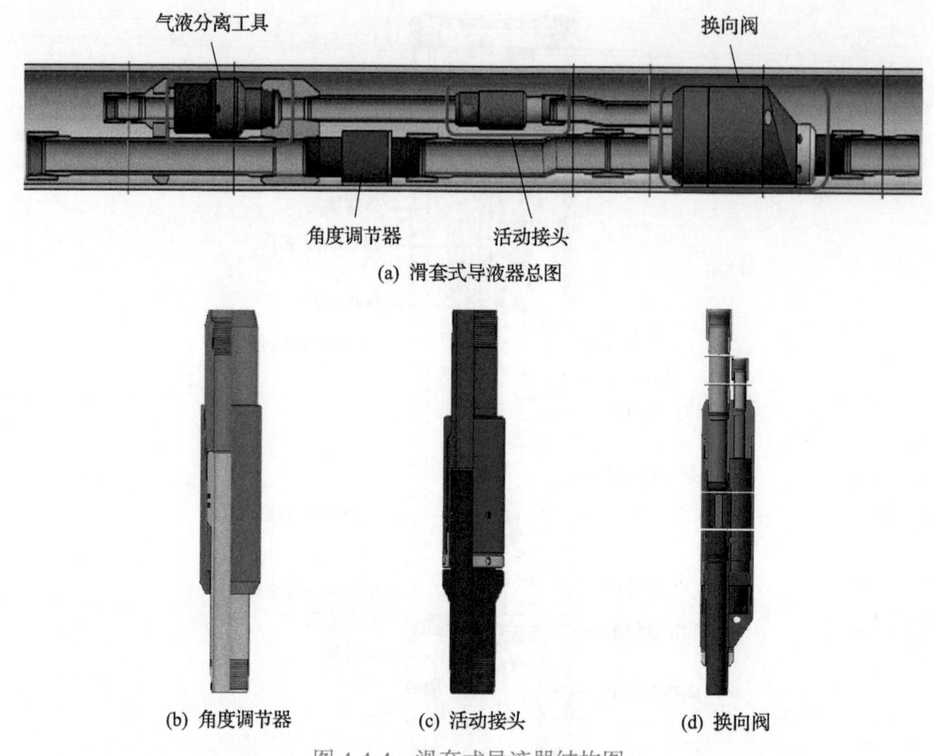

(a) 滑套式导液器总图

(b) 角度调节器　(c) 活动接头　(d) 换向阀

图 4-4-4　滑套式导液器结构图

(3)换向阀：实现井下气液排采流道的切换，井下气液进入气液分离器，外径 195mm，内径 58.75mm，配套滑套规格 58.8mm。

4.4.2　井下管道式高效气液分离工具结构设计及评价方法

1. 分离器结构设计及分离原理

高效气液分离工具采用三级分离技术：通过双对称旋流片实现一级分离，依靠重力分离腔室实现二级分离，利用碰撞分离挡板实现三级分离(图 4-4-5)，三级分离原理如下。

(1)一级旋流分离：流体通过轴向式入口进入内筒体和外筒体的环形空间，然后通过双对称螺旋线式切向入口产生旋流场，经过旋流片后流体由直线运动转变为旋转运动，并产生离心力，充分发展后气相在中心管内聚集形成气芯，液相在气芯周围形成环形液膜。

(2)二级重力分离：气液混合流体进入重力分离腔室，密度大的液体在离心力的作用下沿中心管柱体壁面向下运动，从出液口流出。密度小的气体沿中心管中心区域向上运动，最终从出气口流出。

(3)三级碰撞分离：受振荡和气体携带的影响，部分液体会到达中心管顶部，分离挡板可通过碰撞分离，阻挡大部分到达分离器顶部的液体，防止其直接进入气相出口。

管道式高效气液分离工具结构主要有进液短节、出气短节、旋流装置、分离挡板、排气管、出液口及外筒体等(图 4-4-6)。

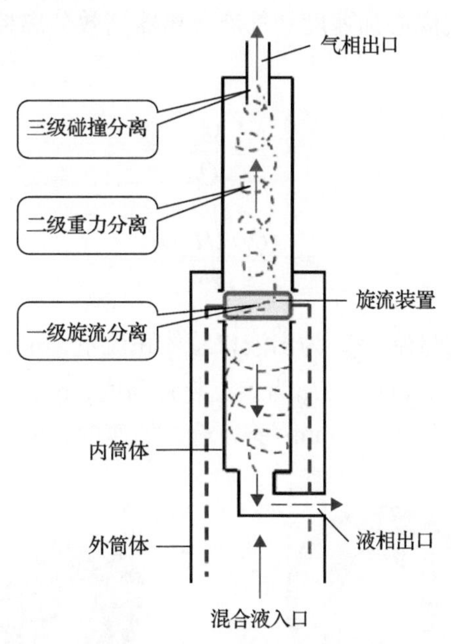

图 4-4-5　高效气液分离工具三级分离原理示意图

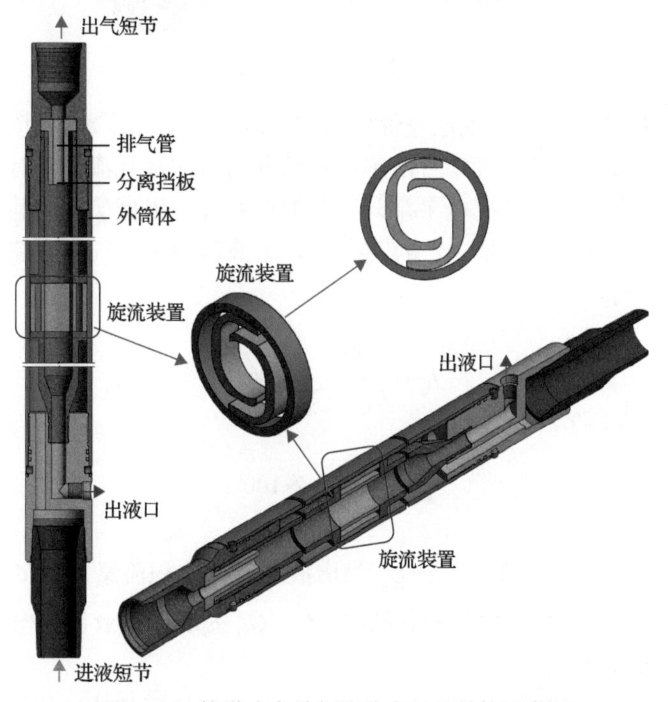

图 4-4-6　管道式高效气液分离工具结构示意图

2. 分离器评价指标

为了客观评价气液分离器的分离性能，引入运行分流比、旋流离心加速度、出液口液中含气率、出气口气中含液率和分离效率 5 个定义。

(1)运行分流比和旋流离心加速度是气液分离器高效分离控制的关键参数(图 4-4-7)，定义如下：

$$F=\frac{Q_{\mathrm{L}}}{Q_{\mathrm{I}}} \tag{4-4-1}$$

$$a=\frac{(Q_{\mathrm{L}}/2H_{\mathrm{X}}D)^2}{rg} \tag{4-4-2}$$

式中，F 为运行分流比，无量纲；Q_{L} 为出液口总体积流量，$\mathrm{m^3/d}$；Q_{I} 为入口总体积流量，$\mathrm{m^3/d}$；a 为旋流离心加速度，$\mathrm{m/s^2}$；H_{X} 为旋流装置高度，mm；D 为旋流装置内切入口宽度，mm；r 为旋流装置内切直径，mm；g 为重力加速度，$\mathrm{m/s^2}$。

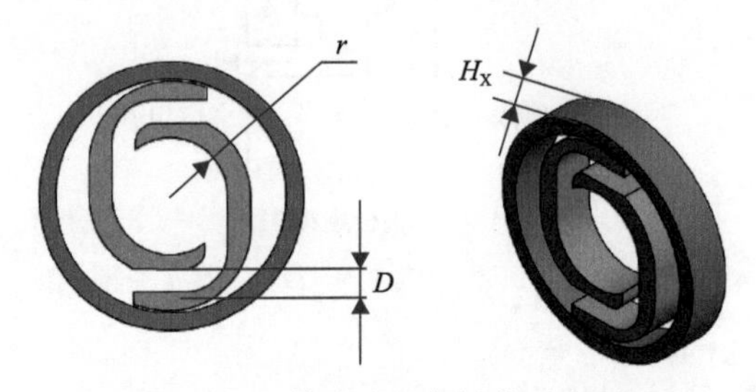

图 4-4-7　旋流片几何结构示意图

(2)出液口液中含气率可直观地评价分离后富液流中的气体含量，该指标是保证电泵平稳运行的关键参数。出气口气中含液率可判断分离后的富气流是否有充足的携带能力溢流至井口。为提高高含气井况电泵举升工艺的可靠性，根据矿场经验，出气口气中含液率应控制在 10%以内，以保证气体溢流至井口，出液口液中含气率应控制在 15%以内，以确保电泵平稳运行。

$$f_{\mathrm{lg}}=\frac{Q_{\mathrm{lg}}}{Q_{\mathrm{lg}}+Q_{\mathrm{ll}}}\times 100\% \tag{4-4-3}$$

$$f_{\mathrm{gl}}=\frac{Q_{\mathrm{gl}}}{Q_{\mathrm{gl}}+Q_{\mathrm{gg}}}\times 100\% \tag{4-4-4}$$

式中，f_{lg} 为出液口液中含气率，%；Q_{lg} 为出液口气相体积流量，$\mathrm{m^3/d}$；Q_{ll} 为出液口液相体积流量，$\mathrm{m^3/d}$；f_{gl} 为出气口气中含液率，%；Q_{gl} 为出气口液相体积流量，$\mathrm{m^3/d}$；Q_{gg} 为出气口气相体积流量，$\mathrm{m^3/d}$。

(3)分离效率是气液分离性能评价的关键指标，该指标可整体评估气液分离器的分离性能：

$$\eta_{分}=\frac{Q_{\mathrm{gg}}}{Q_{\mathrm{iG}}}\times 100\% \tag{4-4-5}$$

式中，$\eta_{分}$为分离效率，%；Q_{gg}为出气口气相体积流量，m^3/d；Q_{iG}为进液口气相体积流量，m^3/d。

3. 试验评价平台的建设

平台上端连接空压机和离心泵，高效气液分离工具前端连接压力传感器、液/气体流量计。带压来液/来气通过气液掺混器后进入高效气液分离工具。高效气液分离工具出口端设有2个分离罐，分离罐内安装连续液面记录仪，用于计量分离罐中液面高度的变化。在试验平台各节点安装了气体流量计、液体流量计、压力变送器和调节阀，在高效气液分离工具两端安装了压差传感器(图4-4-8)，后端的出液口和出气口端连接气体流量计，用于精准计量分离后出口的气中含液率和液中含气率。

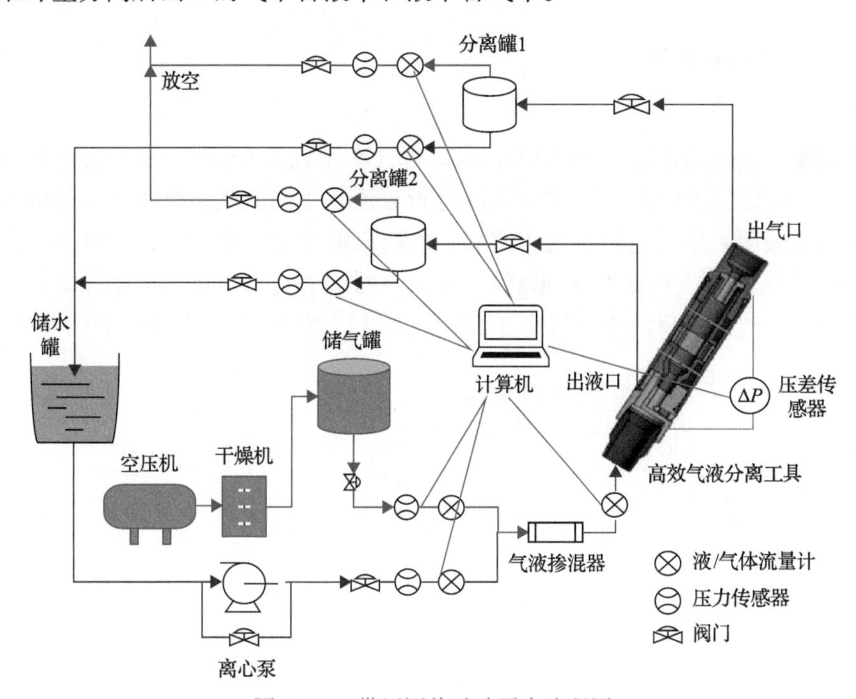

图4-4-8 带压评价试验平台流程图

试验流程主要包括以下8个步骤。

步骤1：连接试验设备，检查管路是否畅通，检查电路确保用电安全，调试空压机和离心泵，储水罐灌满水，高效气液分离工具倾斜夹角调到试验初值。

步骤2：打开所有调节阀，开启空压机和离心泵，缓慢提升工作压力，实验系统稳定循环5～10min，检查实验环路中是否存在泄压点，确保无泄压点。

步骤3：调节分离罐末端的调节阀，使排量和压力缓慢上升，试验环境压力调至试验初值。

步骤4：缓慢同步调节空压机和离心泵出口端的电控调节阀，使系统供气量和供液量为试验初值(如气量130.6m^3/d，液量69.4m^3/d，此时高效气液分离工具入口含气率为65.3%)。

步骤 5：调节高效气液分离工具出液口处的电控调节阀，使运行分流比为试验初值，并记录高效气液分离工具入口总体积流量、出液口气相体积流量、出液口液相体积流量、出气口液相体积流量和出气口气相体积流量，并计算出在设定运行分流比下分离后出液口液中含气率、出气口气中含液率和分离效率。

步骤 6：调节高效气液分离工具出液口的电控调节阀开度以改变运行分流比，计算不同运行分流比的出液口液中含气率、出气口气中含液率和高效气液分离工具的分离效率。

步骤 7：改变试验环境压力、系统供气量、供液量及入口含气量，重复步骤 3～步骤 6，完成特定工况的高效气液分离工具性能测试试验。

步骤 8：完成所有试验后，先关停空压机，再关停离心泵，拆卸设备、清洗设备。

4. 分离性能试验评价

1) 不同运行分流比带压试验评价

评价试验环境压力设置为 4.0MPa，入口含气率设置为 65.3%，运行分流比分别设置为 0.13、0.23、0.33、0.54 和 0.72，评价不同运行分流比下高效气液分离工具的分离性能。

试验结果表明：随着运行分流比增加，出液口液中含气率增大，出气口气中含液率减小，曲线形态呈现“半交叉 X 形状”。交叉点对应的行分流比为新型井下气液分离器最佳工作点，此时出液口液中含气率 3.28%，出气口气中含液率为 0%(图 4-4-9)。

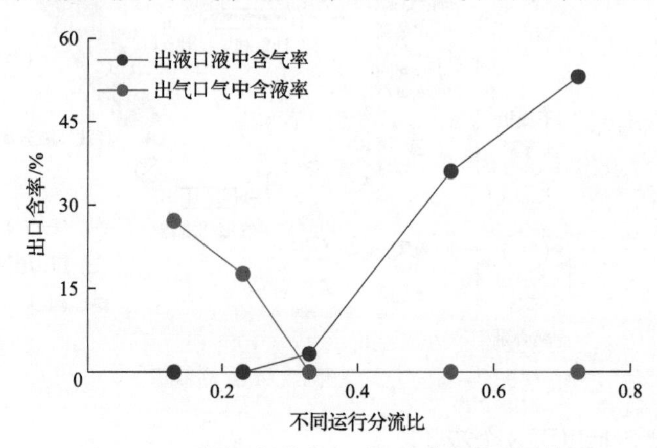

图 4-4-9 不同运行分流比下气液分离效果评价图

为提高高含气井况电泵举升工艺的可靠性，根据矿场经验出气口气中含液率应控制在 10%以内以保证气体溢流至井口，出液口液中含气率应控制在 15%以内以确保电泵平稳运行。按照出气口气中含液率小于 10%，出液口液中含气率小于 15%，运行分流比需设定在 0.27～0.40 的范围内运行，此时高效气液分离工具可实现高效分离，其分离效率为 91.2%～98.0%(图 4-4-9)。

2) 不同入口含气率带压试验评价

将试验环境压力设置为 4.0MPa，入口总体积流量设置为 200m^3/d，入口含气率分别设置为 29.7%、40.2%、49.6%、65.3%和 75.1%，运行分流比调试范围为 0.13～0.88，分析入口含气率对高效气液分离工具分离性能的影响。

从试验结果可以看出当入口含气率为 65.3%和 75.1%时，分离性能曲线形态呈现出明显的“半交叉 X 形状”。当入口含气率为 65.3%时，对应的高效气液分离工具最佳工作点出液口液中含气率 3.28%，出气口气中含液率 0.23%，最佳工作点处的分离效率为 99.2%。按照出气口气中含液率小于 10%，出液口液中含气率小于 15%，运行分流比需设定在 0.28～0.40 范围内运行，此时高效气液分离工具可实现高效分离，其分离效率为 97.9%～99.2%。当入口含气率为 75.1%时，对应的高效气液分离工具最佳工作点出液口液中含气率为 0%，出气口气中含液率为 0.12%，最佳工作点处的分离效率为 99.5%。按照出气口气中含液率小于 10%，出液口液中含气率小于 15%，运行分流比需设定在 0.22～0.37 范围内运行，此时高效气液分离工具可实现高效分离，其分离效率为 98.2%～99.5%(图 4-4-10)。

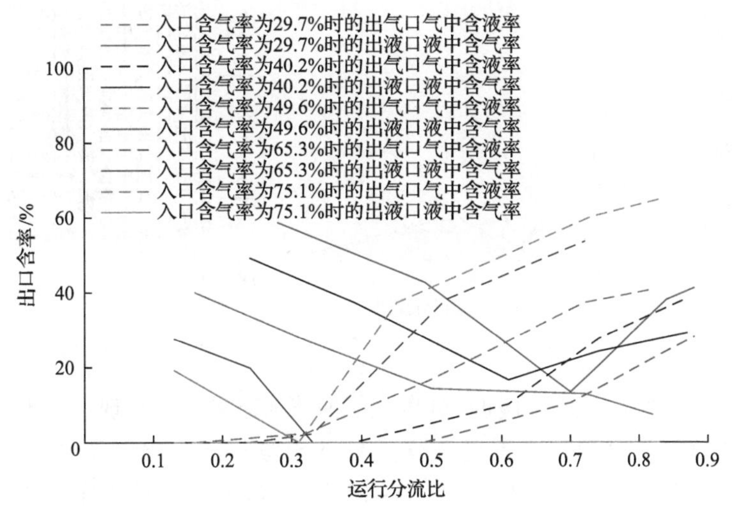

图 4-4-10　不同入口含气率高效气液分离工具出口含率曲线图

当入口含气率为 40.2%和 49.6%时，分离性能曲线虽然仍有交叉点出现，但“半交叉 X 形状”已经发生严重偏离。当入口含气率为 49.6%时，出液口液中含气率大于 15%，此时高效气液分离工具分离效率为 90.5%。当入口含气率为 40.2%时，出液口液中含气率曲线出现明显的先下降后上升的形态，此时高效气液分离工具分离效率仅为 88.1%(图 4-4-10)。

当入口含气率为 29.7%时，分离性能曲线没有出现交叉点，两个出口含气偏高，且可调运行分流比运行区间非常窄，分离效率低于 80%。试验发现随着入口含气率的增加，高效气液分离工具出液口液中含气率逐渐降低，出气口气中含液率逐渐降低，分离效率逐渐增加。试验验证了高效气液分离工具在高含气工况下具有更好的分离性能，而低含气工况的适用性较差。

3) 不同旋流离心加速度带压试验评价

将试验环境压力设置为 4.0MPa，入口含气率设置为 65.1%，按照式(4-4-2)设置旋流离心加速度分别为重力加速度的 8.5 倍、16.1 倍、19.9 倍、28.8 倍、31.1 倍、36.6 倍和 44.8 倍，运行分流比调试范围为 0.08～0.76，分析旋流离心加速度对高效气液分离工具分离性能的影响。

从试验结果可以看出：当旋流离心加速度小于 28.8*g* 时，分离性能曲线形态呈现出明显的“半交叉 X 形状”，对应的高效气液分离工具最佳工作点出液口液中含气率小于 2.44%，出气口气中含液率小于 3.44%，最佳工作点处的分离效率为 98.8%。按照出气口气中含液率小于 10%、出液口液中含气率小于 15%，运行分流比需设定在 0.26～0.49 范围内运行，此时高效气液分离工具可实现高效分离，其分离效率为 98.8%～100%(图 4-4-11)。

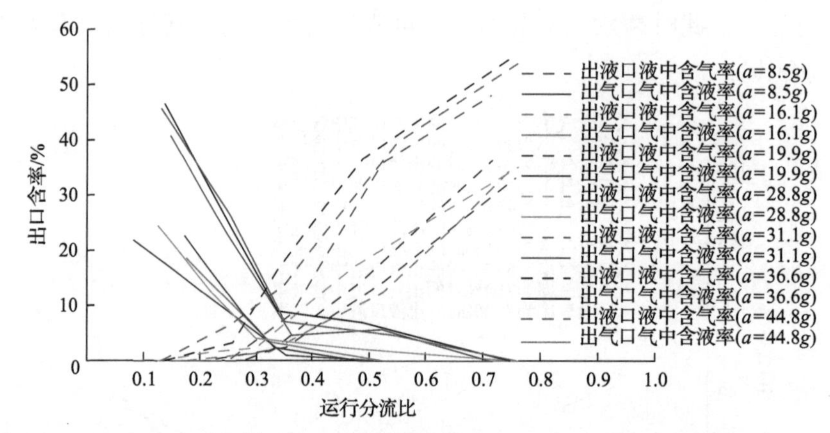

图 4-4-11 不同旋流离心加速度高效气液分离工具出口含率曲线图

当旋流离心加速度大于 31.1*g* 时，分离性能曲线形态虽然仍呈现出“半交叉 X 形状”，但交叉点即高效气液分离工具最佳工作点处的出液口液中含气率明显增加(8.58%～13.83%)，出气口气中含液率也明显增加(4.65%～8.96%)，最佳工作点处的分离效率仅为 90.5%～92.3%(图 4-4-11)。

随着旋流离心加速度的增加，高效气液分离工具出液口液中含气率逐渐增加，出气口气中含液率逐渐增加，分离效率逐渐降低。试验验证了高效气液分离工具在低旋流离心加速度工况下具有更好的分离性能，而在高旋流离心加速度工况下适用性较差。

随着旋流离心加速度的增加，出液口液中含气率曲线向左上方移动，出气口气中含液率曲线向右上方移动，且在最优运行分流比(F= 0.35)下两个出口含率增加，分离效果逐渐变差。当旋流离心加速大于 30*g* 左右时，出口含率曲线表现为两个变化区域特征，也就是说矿场应用中为了实现较高的气液分离效率，需要控制旋流离心加速度小于 30*g*，折算气液分离器入口气液两相总体积流量 425m^3/d。

4) 不同倾角带压试验评价

将试验环境压力设置为 4.0MPa，入口总体积流量设置为 200m^3/d，入口含气率分别设置为 55%和 65%，高效气液分离工具倾角分别设置为 0°、45°、60°和 70°，运行分流比调试范围为 0.10～0.89，分析倾角变化对高效气液分离工具分离性能的影响。

从试验结果可以看出入口含气率为 55%，当倾角小于 60°时，分离性能曲线形态呈现出“半交叉 X 形状”。对应的高效气液分离工具最佳工作点出液口液中含气率小于14.05%,出气口气中含液率小于11.04%,此时高效气液分离工具最低分离效率为87.3%~95.1%。按照气中含液率小于10%、液中含气率小于15%，运行分流比需设定在0.42~0.57范围内运行，此时高效气液分离工具可实现高效分离，其分离效率为76.7%~95.2%(图4-4-12)。

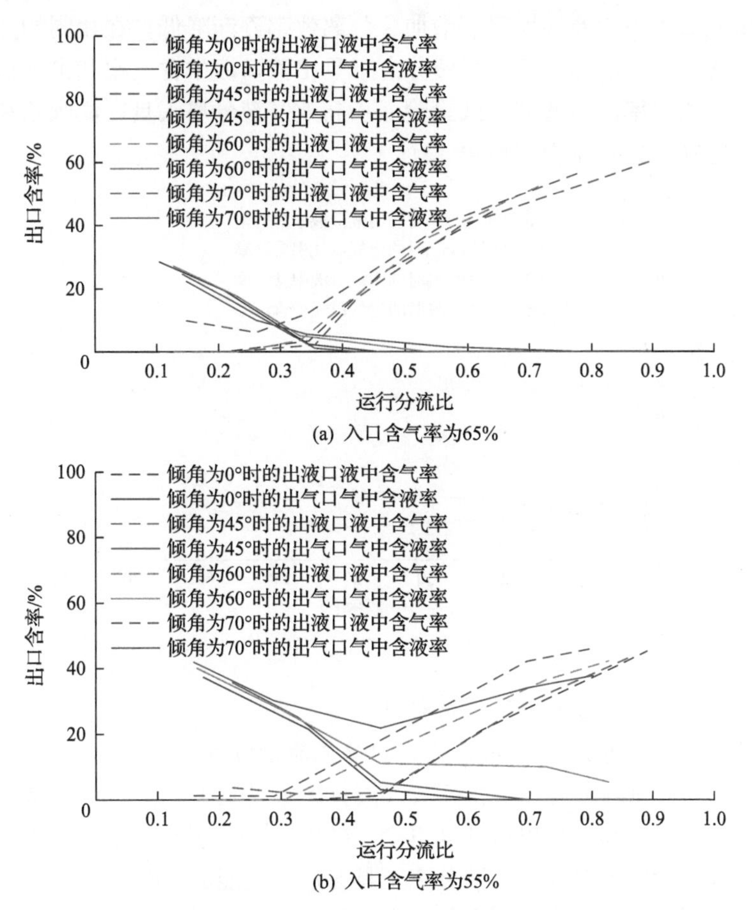

(a) 入口含气率为65%

(b) 入口含气率为55%

图4-4-12　不同倾角高效气液分离工具分离性能评价试验曲线图

当入口含气率为55%、倾角为70°时，分离性能曲线虽然仍有交叉点出现，但“半交叉X形状”已经发生严重偏离。对应的高效气液分离工具最佳工作点出液口液中含气率18.2%，出气口气中含液率21.9%，此时气液分离器最低分离效率为76.7%[图4-4-12(b)]。

当入口含气率为65%、倾角小于60°时，分离性能曲线形态呈现出明显的“半交叉X形状”。对应的高效气液分离工具最佳工作点出液口液中含气率小于3.65%，出气口气中含液率小于5.21%，此时高效气液分离工具最低分离效率为97.5%~98.2%。按照出气口气中含液率小于10%、出液口液中含气率小于15%，运行分流比需设定在0.26~0.42范围内运行，此时高效气液分离工具可实现高效分离，其分离效率为97.5%~100%[图4-4-12(a)]。

当入口含气率为 65%、倾角为 70°时，分离性能曲线虽然仍有交叉点出现，但“半交叉 X 形状”已经发生严重偏离。对应的高效气液分离工具最佳工作点出液口液中含气率为 12.07%，出气口气中含液率为 5.68%，此时高效气液分离工具最低分离效率为 95.8%[图 4-4-12(b)]。

试验发现在相同入口含气率条件下，随着倾角的增加，高效气液分离工具出液口液中含气率和出气口气中含液率均逐渐增加，分离效率逐渐降低。在相同的井斜倾斜条件下，随着入口含气率的增加，高效气液分离工具出液口液中含气率和出气口气中含液率均逐渐降低，分离效率逐渐增加。试验验证了高效气液分离工具在低倾角和高入口含气率工况下具有更好的分离性能(图 4-4-13)。

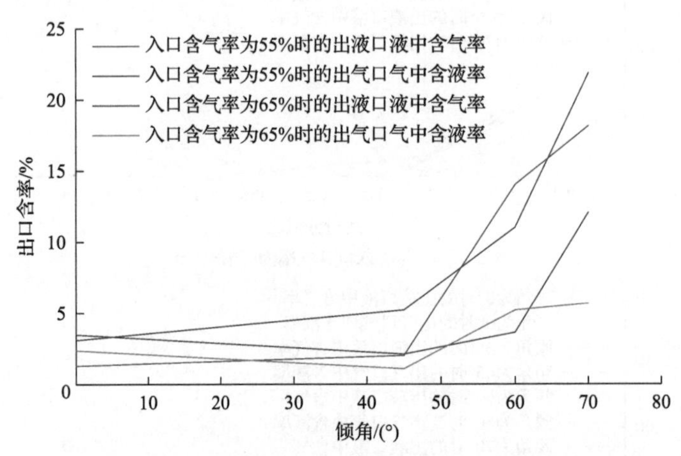

图 4-4-13　不同倾角最优分流比下分离性能曲线图

5) 不同运行工况自适应能力带压试验评价

将试验环境压力设置为 4.0MPa，入口总体积流量设置为 200m^3/d，入口含气率设置为 59.3%，运行分流比调试为 0.41，高效气液分离工具倾角设置为 0°，试验过程中保持高效气液分离工具入口和 2 个出口开度不变。在高效气液分离工具出口/入口开度不变的前提下，分析入口含气率对高效气液分离工具自适应性能的影响。

从试验结果可以看出：当入口含气率由 23.1%增至 85.1%时，高效气液分离工具出气口气中含液率呈现出逐步下降的趋势，出液口液中含气率呈现出逐步上升的趋势。在高效气液分离工具出口/入口开度不变的前提下，按照出气口气中含液率小于 10%、出液口液中含气率小于 15%，需控制高效气液分离工具入口含气率在 51.7%～69.5%范围内运行，此时高效气液分离工具可实现高效分离，其分离效率为 97.9%～99.2%。试验进一步验证了高效气液分离工具具有较宽的自适应入口含气率变化的能力(图 4-4-14)。

4.4.3　高含气井况 Y01 井井下管道式高效气液分离工艺方案设计

1. 生产现状及存在问题

JZ25-1S 油田 Y01 井 2016 年 1 月 23 日投产，投产初期油压 5.5MPa，套压 1.3MPa，日产液量 93m^3，日产油量 68m^3，含水率 26.9%，日产气量 0.63 万 m^3，气油比为 93(m^3/m^3)。

2016 年 12 月 5 日含水率开始上升，2017 年 4 月产气量开始上升，2018 年 10 月含水率开始上升，随后控制产液量，含水率未下降，2019 年 1 月 19 日生产提液后含水率下降。

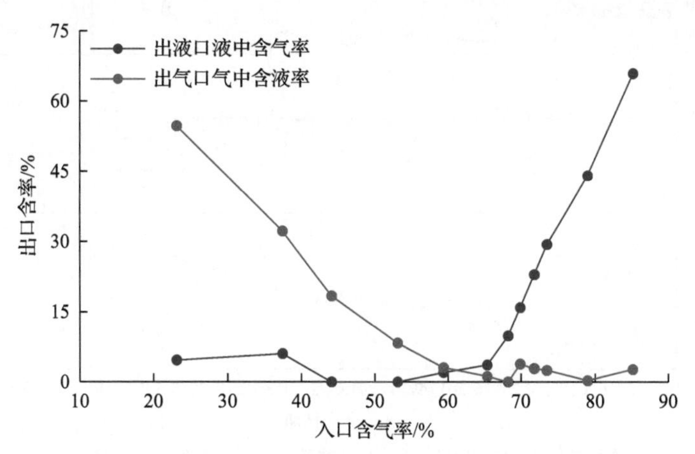

图 4-4-14 不同运行工况适应能力带压试验评价图

2019 年 3 月 17 日因高产气需要对生产管柱井筒完整性进行安全测试，该井井下安全阀和套管排气阀是地面分控，3 月 17 日 15:30 开始泄放套压，套压由 4.5MPa 降至 0MPa，后关闭其泄放，套压观察 30min 不上升，确定套管排气阀可以密封。17:30 打开套管排气阀，测试发现套管排气阀无法打开。3 月 18 日 7:00 地面打压至 42MPa，套管排气阀依然无法打开。该井的套管排气阀不满足安全生产需求，平台建议更换生产管柱。

2019 年 5 月 8 日关井并计划更换管柱作业，2019 年 5 月 23 日，更换管柱作业结束，启泵生产。2019 年 9 月 30 日，发现该井套压达到 7MPa，并且套压不能泄至 7MPa 以下。平台立即关闭电泵机组并对该井的套管排气阀和井下安全阀密封性进行测试，测试结果显示井下安全阀密封性好，套管排气阀存在一定程度的泄漏。该井的套管排气阀不满足安全生产需求，平台建议再次更换生产管柱。

2019 年 11 月 17 日进行再次更换管柱作业，并换大泵提液生产。2019 年 12 月 9 日，产气量增多，为控制气窜降频电泵生产。2019 年 12 月 16 日，泵工况故障，29 日启井生产。2020 年 2 月 26 日，日产气量 7.3 万 m^3，日产液量 64m^3，套压 5.1MPa，气油比 1448 (m^3/m^3) (图 4-4-15)。

在该井的生产历史中其因产气量过高，一方面泵吸入口处高含气率下导致大量气体过泵，高含气条件下叶轮流道大部分空间被气体占据，电泵举升扬程和排量效率大幅度下降，同时大量气体的存在会降低动力电缆的绝缘值，严重时电缆击穿，电泵生产中断。另外，高井口套压导致套管排气阀开启关闭失效，井筒完整性存在安全隐患。

2. 工艺方案设计

所设计的工艺管柱应满足套管环空压力低且能实现电泵高效举升，故选择 Y 型独立举升井下管道式高效气液分离工艺管柱(图 4-4-2)。依据地质设计配产设计举升电泵排量 400m^3/d，电泵扬程 1200m，电机功率 112kW，泵挂斜深 2300m，泵挂垂深 1516m，采用气体分离器+高效气液分离工具组合的方式进行气体处理(表 4-4-1)。

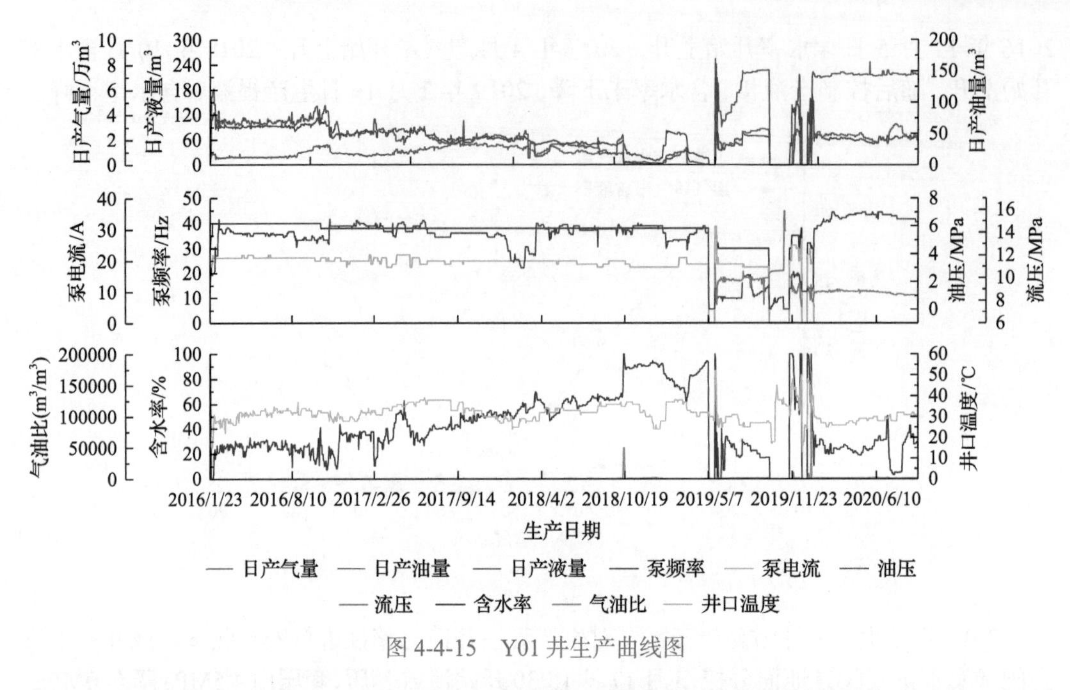

图 4-4-15 Y01 井生产曲线图

表 4-4-1 Y01 井举升设备选型设计结果表

气体处理方式	电泵排量/(m^3/d)	电泵扬程/m	电机功率/kW	电缆类型	泵挂斜深/m	泵挂垂深/m	泵挂处狗腿度/(°/30m)	泵挂处井斜角/(°)
气体分离器+高效气液分离工具	400	1200	112	4#圆电缆	2300	1516	0.52	59.5

依据地质设计配产设计高效气液分离工具长度 4.5m，外径 115mm，取气管直径 20mm，出液口直径 25mm，旋流装置高度 60mm，旋流装置内切入口宽度 12.5mm，旋流装置内切直径 37.25mm（表 4-4-2）。

表 4-4-2 高效气液分离工具参数设计结果表

高效气液分离工具长度/m	高效气液分离工具外径/mm	取气管直径/mm	出液口直径/mm	旋流装置高度/mm	旋流装置内切入口宽度/mm	旋流装置内切直径/mm
4.5	115	20	25	60	12.5	37.25

3. 施工方案设计

1）作业工序

动管柱作业主要涉及以下 6 个主要作业工序（图 4-4-16）。

（1）下入冲洗验封管柱，顶部封隔器验封：油套环空打压 2～3MPa，观察套压稳定情况，若套压稳定则证明顶封及插入密封均密封良好。

（2）下入 Y 型生产管柱。

（3）投堵塞器，坐封过电缆封隔器。

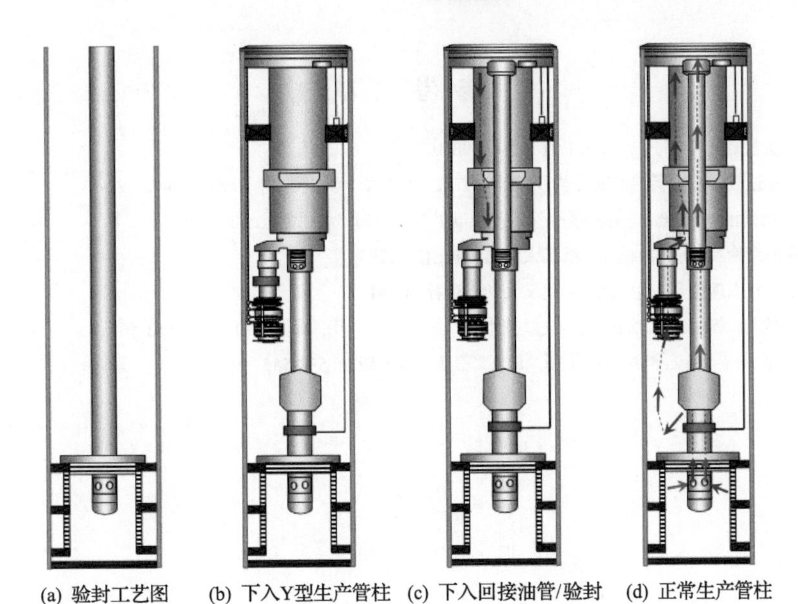

图 4-4-16　Y01 井作业工序流程图

(4)下入回接油管。

(5)插入密封验封：同心双管环空打压 2～3MPa，观察注入压力稳定或内层油管返出情况，若压力稳定或无返出液则证明 82.6mm 插入密封均密封良好。

(6)装采油树，启泵生产。

2)生产过程中洗井工艺

Y01 井生产过程中若发生泵筒堵塞，需要洗井作业。该工艺循环洗井时通过套管与 114.3mm 油管环形空间大排量洗井(一般洗井量控制在 10～30m^3/h，井口注入压力小于 10MPa 为宜)，高压水通过电泵机组和高效气液分离工具同时返出至井口，并推荐循环打水 3～5 个周期(图 4-4-17)。

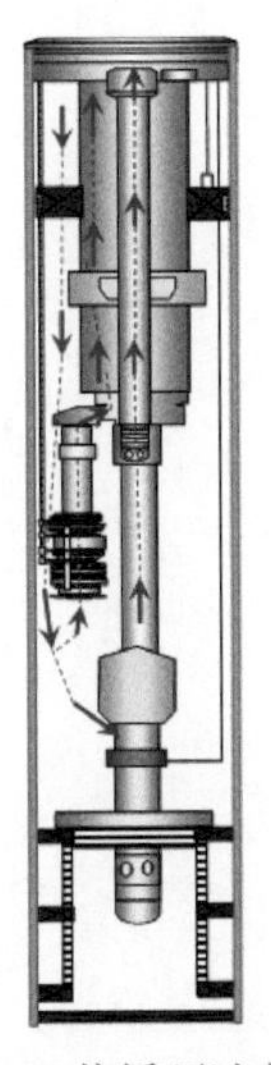
图 4-4-17　Y01 井循环洗井作业流程图

参 考 文 献

白广文. 2001. 潜油电泵技术. 北京: 石油工业出版社: 98-102

郭金基. 1981. 亚音速气体喷射器的性能分析及其计算方法. 中山大学学报(自然科学版), 4(1): 22-33

龙新平, 朱劲木, 梁爱国, 等, 2003. 射流泵喉管最优长度的数值计算. 水利学报. 10:14-18

韩惠霖. 1990. 喷射理论及其应用. 杭州: 浙江大学出版社: 124-129

陆宏圻. 2004. 喷射技术理论及应用. 武汉: 武汉大学出版社: 38-41

王安, 张凤喜, 严曙梅, 等. 2019. 油管打孔-气举技术在平湖气田的应用. 海洋石油, 39(2): 53-56

王平双, 郭士生, 范白涛. 2019. 海洋完井手册. 北京: 石油工业出版社: 533-535

第 5 章　特殊工况举升工艺创新与实践

随着油气田开发技术的进步，针对出砂、结蜡、稠油、高凝油、腐蚀等特殊条件下的油藏开发技术日趋完善，与之配套的举升工艺技术水平也有了长足的发展。海上油田开发过程中同样面临着腐蚀性流体影响、油井出砂、井筒结蜡等普遍性问题，对潜油电泵举升工艺技术提出了新的考验。经过多年的技术攻关，开发了系列化防腐潜油电泵机组、耐高温潜油电泵机组、防砂潜油电泵机组，形成了海上油田特殊工况举升工艺技术，为海上油田高效开发提供了解决方案。

5.1　腐蚀井况举升工艺创新与实践

渤海油田油井产出液中普遍含有 CO_2，含量为 0.1%～40%，个别油田的 CO_2 含量达到 85%，部分油井产出液中含有 H_2S，含量在 0.3%以内。从渤海油田在生产井的腐蚀情况来看，CO_2 是主要腐蚀源，CO_2 腐蚀导致潜油电泵的金属件强度下降，严重时出现断裂、密封部件失效等问题，从而引起电器性能损坏，导致潜油电泵运转寿命缩短。随着渤海油田的不断深入开发，油井数不断增加，腐蚀井的数量也逐年增长，因此开发防腐潜油电泵举升技术意义重大。

为应对腐蚀井况举升难题，开发了罐装电泵举升系统和系列防腐潜油电泵机组，大幅提高了潜油电泵对腐蚀环境的适应性。防腐潜油电泵举升技术在渤海油田已应用 120 多井次，防腐效果良好，平均运转天数已超过 900d，有效解决了腐蚀井况举升设备寿命短的难题。

5.1.1　罐装电泵举升工艺创新与实践

罐装电泵举升系统是将电泵机组封闭在罐装电泵举升系统内部，罐装电泵举升系统下部连接尾管，尾管下连接插入密封，利用插入密封实现与封隔器的良好密封，油井产出液直接由地层通过尾管进入罐装电泵举升系统内部，再经过电泵叶轮的增压作用从油管举升到地面，实现产出液与套管完全隔离。该技术可有效解决以下三个问题。

(1) 电潜泵采油过程中，油井产出液含 H_2S 或 CO_2 等腐蚀性气体时，电泵机组易发生腐蚀损坏，检泵周期较短。

(2) 顶部封隔器以上套管破损时，普通电泵采油系统存在安全风险。

(3) 在水平井或大斜度井应用电潜泵举升时，井下电泵机组通过曲率大的井段时容易发生弯曲受损。

1. 罐装电泵举升系统概述

1) 罐装电泵举升系统构成

罐装电泵举升系统主要由整体电缆穿越器、罐泵连接器、偏移装置、补偿工具、自切换阀、电泵系统、罐下变扣等组成(图 5-1-1)。罐泵连接器设置有主生产通道、电缆穿越通道、药剂注入通道和排气通道，上端与上部油管短节连接，下端依次连接下部油管短节、偏移装置、补偿工具、自切换阀和电泵系统，外侧从上到下可连接旋转压帽、转换接头、套管串及罐下变扣等，从而实现悬挂电泵和下部管柱。电缆穿越通道预留标准API 油管扣，可连接整体电缆穿越器。

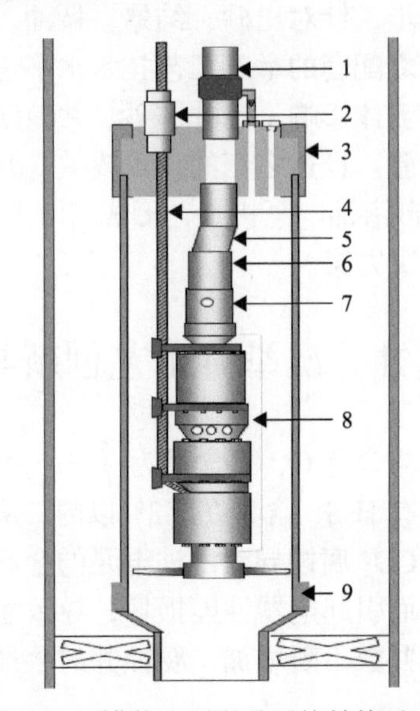

图 5-1-1　罐装电泵举升系统结构示意图

1-油管短节；2-整体电缆穿越器；3-罐泵连接器；4-电缆；5-偏移装置；6-补偿工具；7-自切换阀；8-电泵系统；9-罐下变扣

2) 罐装电泵举升系统系列

罐装电泵举升系统主要分为 5.5in 和 7in 两个系列，可根据套管类型进行选型(表 5-1-1)。

表 5-1-1　罐装电泵举升系统选型参数表

系列	罐装电泵系统系列/in	最大投影尺寸/mm	内通径/mm	电泵系统最大外径/mm	可处理含气量/%	系统耐压/MPa
7in 套管井	5.5	150	50.6	114	≤30	35
9.625in 套管井	7	194.5	76	138	≤30	35

2. 关键技术介绍

1) 罐泵连接器

罐泵连接器在耐压密封条件下具备悬挂电泵、穿越电泵电缆、注入化学药剂及排气功能。罐泵连接器主要由上接头、排气短节、油管短节、卡套管接头、排气管线、排气单流阀、螺帽、旋转压帽、多通道泵挂、锁紧螺钉、密封圈、注药单流阀及转换接头组成(图 5-1-2)。

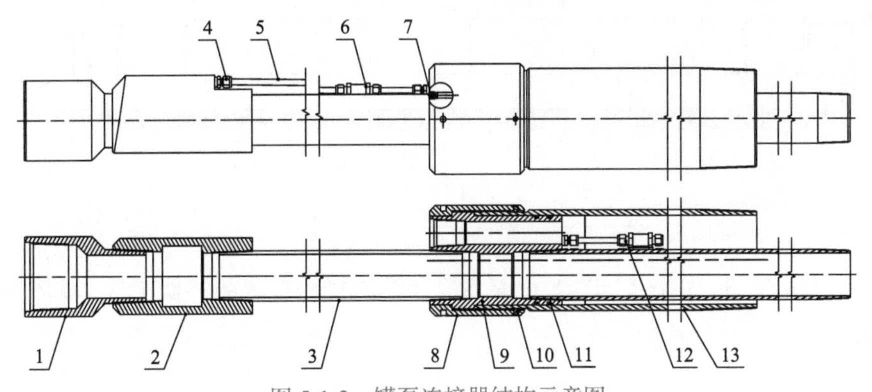

图 5-1-2　罐泵连接器结构示意图

1-上接头；2-排气短节；3-油管短节；4-卡套管接头；5-排气管线；6-排气单流阀；7-螺帽；8-旋转压帽；9-多通道泵挂；10-锁紧螺钉；11-密封圈；12-注药单流阀；13-转换接头

上接头、排气短节、油管短节与多通道泵挂依次连接建立主生产通道。多通道泵挂设置有排气通道，排气短节可通过排气管线与排气通道建立沟通，排气管线上连接有排气单流阀。多通道泵挂上设置有密封面和密封圈，与转换接头内密封面形成密封，为了验证密封性能，在多通道泵挂设置有试压通道。旋转压帽与转换接头间采用螺纹连接方式，为提高螺纹连接防扭转能力加装锁紧螺钉。多通道泵挂外凸台置于旋转压帽内台阶与转换接头上端面间，这样上部油管可通过多通道泵挂悬挂下部管柱。此外多通道泵挂上还设置有电缆穿越通道和药剂注入通道，其中电缆穿越通道根据电缆穿越方式的不同可分别设置为标准 API 油管扣通道和 NPT(锥形密封扣)密封穿孔通道，药剂注入通道为 NPT 穿孔通道，通道下液控管线依次连接注药启动阀和注药单流阀，实现药剂的注入和防返吐功能。

2) 补偿工具

电泵机组安装入罐装电泵举升系统内部后需要实现动力电缆与小扁电缆间的连接，由于配管误差不能实现电缆长度精确控制，需要采用补偿锁定单元，用于油管长度自适应，避免电机引接电缆冗长，影响系统正常生产。补偿工具主要由上接头、外筒、中心管、锁紧压帽、键、传动螺母及调节筒组成(图 5-1-3)，其中上接头、外筒与锁紧压帽从上至下依次连接，上接头与外筒间形成密封紧固连接。中心管置于外筒内部，其上端外侧密封面可沿外筒内圆柱面滑动密封，外侧梯形螺纹与传动螺母内螺纹连接，其中传动螺母固定在中心管和锁紧压帽间。传动螺母与调节筒间设置插槽连接，调节筒与中心管梯形螺纹连接。为了防止中心管在外筒内部转动，在外筒与中心管间设置固定键。在需要进行管柱长度补偿时，转动调节筒，带动传动螺母旋转，由于传动螺母轴向固定，中心管实现轴向移动。补偿工具具有以下特点。

(1)结构简单、组成件少。

(2)调节扭矩小，工作可靠。

(3)可适用于多种场合管柱长度补偿。

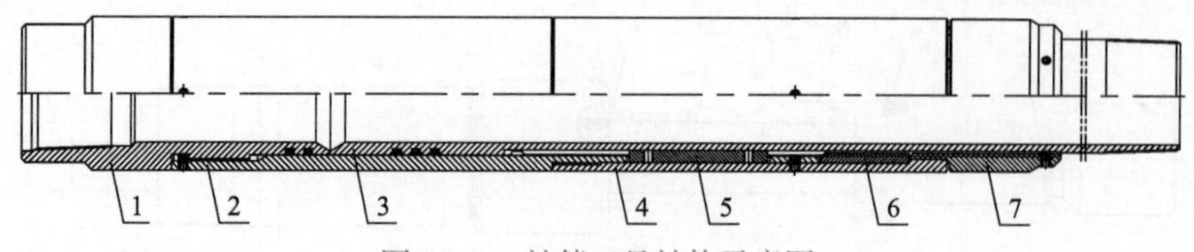

图 5-1-3　补偿工具结构示意图

1-上接头；2-外筒；3-中心管；4-锁紧压帽；5-键；6-传动螺母；7-调节筒

针对 5.5in 和 7in 两个系列罐装电泵举升系统选择相配套的补偿工具，具体参数详见表 5-1-2。

表 5-1-2　补偿工具参数表

	5.5in 罐装电泵举升系统	7in 罐装电泵举升系统
补偿工具件号	BC-85.5-00-A	BC-120-00-A
工具总长/mm	1433	1642
最大外径/mm	85.5	120
最小内径/mm	50.6	76
最大调节距离/mm	610	610
最大传递扭矩/(N·m)	1730	3510
工作压力/MPa	35	35
工作温度/℃	120	120
两端扣型	59.6mmTBG，对应 2 7/8in 油管	88.9mmTBG，对应的是 3 1/2in 油管

3) 偏移装置

因罐装电泵举升系统内的电泵系统悬挂通道中心偏离罐装电泵举升系统中心，导致电泵系统不居中，配套工具无法下入。为此，开发偏移装置使电泵系统居中，提高其运转可靠性。

偏移短节主要由上接头、锁齿、锁紧套、旋转短节、偏移接头等组成(图 5-1-4)。在正常工作时，上接头与上部油管连接，偏移接头与下部电泵机组连接。在下入电泵机组过程中发现电泵机组不居中时，卸松锁紧套，退下锁齿，旋转旋转短节使电泵机组居中，之后调整锁齿位置后上紧锁紧套。偏移短节采用有级调节方式，设计调节精度 10°。偏移装置具有以下特点。

(1) 结构简单、设计紧凑。

(2) 现场调节灵活可靠。

针对 5.5in 和 7in 两个系列罐装电泵举升系统选择相配套的偏移装置，具体参数详见表 5-1-3。

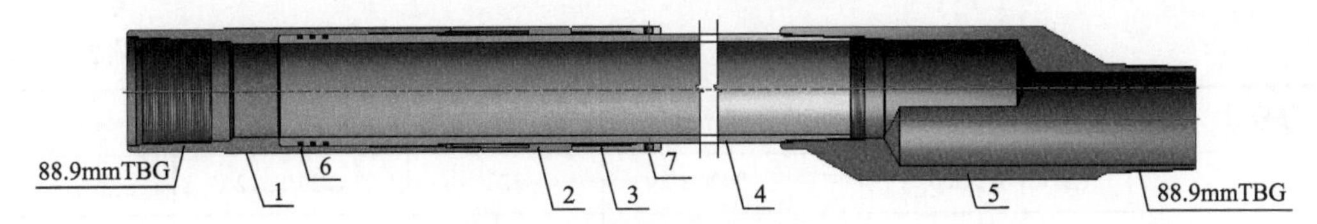

图 5-1-4 偏移短节结构示意图

1-上接头；2-锁齿；3-锁紧套；4-旋转短节；5-偏移接头；6-密封圈；7-紧钉螺钉；TBG-平式油管扣

表 5-1-3 偏移装置参数表

	5.5in 罐装电泵举升系统	7in 罐装电泵举升系统
偏移装置件号	KTPY-55-00-A	KTPY-70-A
工具总长/mm	843	1015
最大外径/mm	95	126
最小内径/mm	50.6	76
偏心距/mm	25	26
最大可调工作行程/mm	30	30
调节精度/(°)	±10	±10
最大传递扭矩/(N·m)	1730	3510
工作压力/MPa	35	35
工作温度/℃	120	120
两端扣型	60.3mmTBG	60.3mmTBG

3. 罐装电泵举升工艺矿场实践与效果分析

截至 2020 年 11 月，罐装电泵举升系统在渤海油田应用 14 井次，运行稳定，运转时间最长已达 356d(表 5-1-4)。

表 5-1-4 罐装电泵举升系统应用统计表

序号	井号	投产日期	运行天数/d	统计故障日期	说明
1	CFD11-6-YG01H1	2019/11/22	356	2020/11/12	正常生产
2	CFD11-1-YG01H1	2019/11/24	272	2020/11/12	侧钻
3	CFD11-1-YG02H1	2019/12/16	332	2020/11/12	正常生产
4	CFD11-2-YG01	2020/1/12	305	2020/11/12	正常生产
5	CFD12-1YG01H	2020/1/13	304	2020/11/12	正常生产
6	CFD11-1-YG03H3	2020/3/7	250	2020/11/12	正常生产
7	CAD11-1 YG04	2020/3/12	245	2020/11/12	正常生产
8	CFD11-1-YG05H	2020/3/17	240	2020/11/12	正常生产

续表

序号	井号	投产日期	运行天数/d	统计故障日期	说明
9	CFD11-1 YG06	2020/3/29	228	2020/11/12	正常生产
10	LD27-2 YG01	2020/6/24	141	2020/11/12	正常生产
11	CFD11-1-YG07	2020/6/2	163	2020/11/12	正常生产
12	CFD11-1- YG08	2020/7/31	104	2020/11/12	正常生产
13	JZ9-3- YG01	2020/8/9	95	2020/11/12	正常生产
14	CFD11-1- YG08	2020/8/30	74	2020/11/12	正常生产

1)生产现状及存在问题

CFD11-1-YG04H井为曹妃甸11-1油田A平台的一口水平井，生产Um797砂体，水平段有效长度375m，产层平均有效厚度6.3m。该井水平段采用裸眼完井、筛管砾石充填方式防砂。初期下入的电泵额定排量1200m^3/d，额定扬程800m，泵挂垂深700m。初期35Hz变频生产，油嘴13.7mm，油压1.24MPa，产液量281m^3/d，产油量258m^3/d，含水率8.19%，生产压差1.56MPa。

2019年11月15日该井发生故障，测量井下绝缘电阻为0Ω，三相直阻(2.74Ω/2.91Ω/2.89Ω)不平衡，多次试启失败，判断井下机组故障。该井机组故障前稳定生产时，频率50Hz，油压2.42MPa，产液量1162m^3/d，产油量76m^3/d，流压3.31MPa，生产压差3.02MPa。

该井产出流体含CO_2，最大含量为1.19%，计算CO_2分压为0.32MPa，套管未采取防CO_2腐蚀措施。考虑到要进一步释放产能，需进一步加深泵挂，泵挂位置由原泵挂斜深750m/垂深700m、井斜角51°、狗腿度2°/30m调整至斜深913m/垂深850mm、井斜角58°、狗腿度3.8°/30m。因该井狗腿度变化较大(最大7.5°/30m)，电泵系统通过曲率大的井段时容易发生弯曲受损。综合考虑以上难题，选用罐装电泵举升系统，以达到防腐(保护套管)和保护潜油电泵机组的目的。

2)工艺方案及参数设计

通过优化设备，选用密闭罐装系统，将防腐潜油电泵机组安装于密闭罐装系统内，避免腐蚀流体套管，延长套管使用寿命。潜油电泵被罐包裹，在下井和提井过程中对潜油电泵机组提供了有效保护。罐装电泵举升系统具体参数设计见表5-1-5。

表5-1-5 罐装电泵举升系统参数设计表

参数项	措施前井下/地面运行参数	措施后井下/地面运行参数
管柱类型	普通合采管柱	带有罐装电泵举升系统的普通合采管柱
额定排量/(m^3/d)	1200	1500
额定扬程/m	800	700
电机功率/kW	198	224

续表

参数项	措施前井下/地面运行参数	措施后井下/地面运行参数
泵挂斜深/m	750/700	913/850
泵挂处全角变化率	2	3.8
电缆类型	2#圆电缆	2#圆电缆
变压器范围/(kV·A)	400	400
变压器电压挡位/V	1130～3179	1130～3179
生产套管/mm	244.5	244.5
生产油管(EUE)/mm	114.3	114.3

3)实施效果分析

CFD11-1-YG04H 井 2019 年 11 月 22 日下入罐装电泵机组，截至 2020 年 11 月 12 日，机组已运行 356d。目前机组运行电压、电流稳定，生产平稳，运行状态良好(图 5-1-5)。

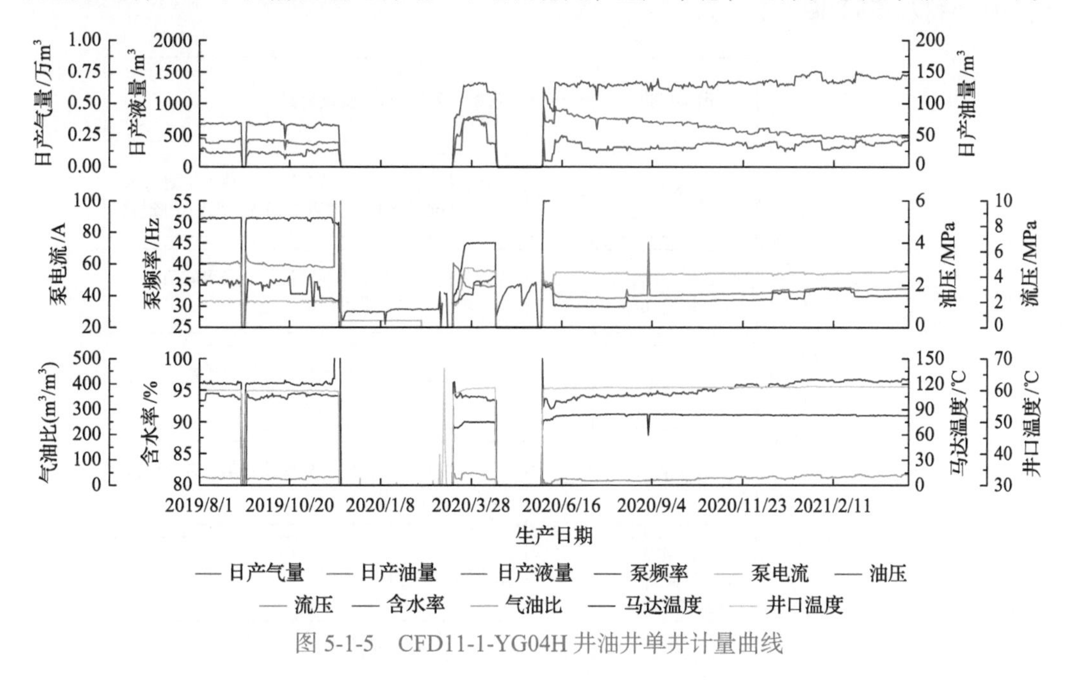

图 5-1-5 CFD11-1-YG04H 井油井单井计量曲线

4)矿场实践结论

罐装电泵举升系统是基于成熟的电潜泵设备，匹配合理的管柱设计和关键工具而形成的举升工艺技术。罐装电泵举升系统在渤海油田现场应用 15 井次，运行稳定，最长运转时间已达 356d。相较常规电泵系统，罐装电泵举升系统运行寿命较长，减少了油田因全角变化率过大导致机组无法正常下入、机组弯曲的经济损失，并有效解决了流体腐蚀套管的问题，取得了良好的应用效果，满足油田生产要求。

5.1.2 防腐潜油电泵举升工艺创新与实践

防腐潜油电泵举升工艺通过采用耐腐蚀材料提高电泵机组耐 CO_2 腐蚀性能。防腐潜油电泵可适用的 CO_2 分压值达到 1.6MPa，温度达到 180℃，流速达到 4m/s，大大提高了潜油电泵对腐蚀环境的适应性。

1. 防腐潜油电泵技术概述

渤海油田开发井多以大斜度井或水平井为主，潜油电泵机组在下井过程中外表容易刮伤，如果采用涂层或镀层技术会加速腐蚀；如果采用缓蚀剂，加注工艺设计又较为复杂。综合考虑技术和经济性，采用耐腐蚀材料的防腐潜油电泵效果最佳，且工艺可靠(马进文等，2012)。

1) 防腐潜油电泵材料选择

根据渤海油田腐蚀情况分析，潜油电泵发生腐蚀的位置或部件大多采用碳钢或不耐腐蚀非金属材料，因此为达到防腐目的，需要改进部件材料，潜油电泵机组各部分所选用的防腐材料不同(图 5-1-6)。

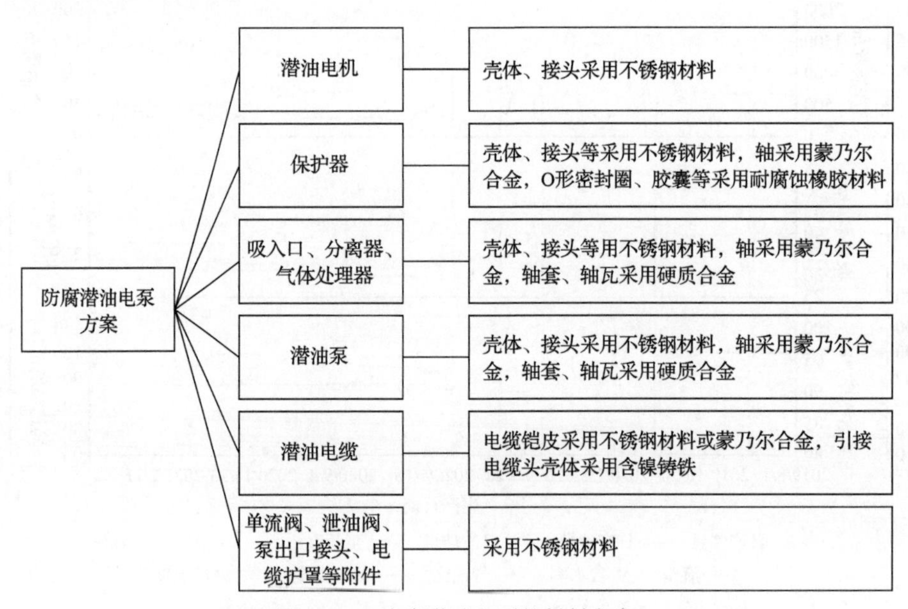

图 5-1-6 防腐潜油电泵的材料方案

2) 防腐潜油电泵工艺加工及装配工艺

(1) 加工工艺。

由于防腐潜油电泵零部件以不锈钢为主，不锈钢零件由于其本身材料性能的影响，其加工性能有别于普通碳钢。不锈钢的切削加工性比中碳钢差得多，在切削过程中存在加工硬化，切削力大，切削温度高，切屑不易折断、易黏结，刀具易磨损、粘刀现象明显，线膨胀系数大、容易产生热变形等问题。因此，要在刀具选择、切削速度、切削液等方面做出调整。刀具材料应具有耐热性好、耐磨性好、与不锈钢的亲和作用差等特点。切削速度要降低，一般按切削普通碳钢的 40%～60%选取，并保证加工全过程加入足量的切削液，以防止粘刀。

(2)防腐潜油电泵的装配工艺。

防腐潜油电泵的头座及壳体使用防腐材料，装配时为防止粘扣，需在头座及壳体螺纹处涂螺纹润滑脂。

2. 防腐潜油电泵关键技术

防腐潜油电泵关键技术主要有两部分：一是要对不同的防腐材料进行耐腐蚀性试验，得出不同材料在不同腐蚀条件下的耐腐蚀性数据，优选出耐腐蚀性高的材料；二是对采用防腐材料的零部件进行强度校核。

1)防腐材料试验

基于渤海油田的 CO_2 腐蚀环境特性开展防腐试验，研究每种材料的防腐性能，验证其使用在防腐潜油电泵上的可行性。

(1)试验方法。

试验参照美国材料与试验协会(ASTM)标准“ASTM G170-06 Standard Guide for Evaluating and Qualifying Oilfield and Refinery Corrosion Inhibitors in the Laboratory”(《在实验室评定和合格鉴定油田和精炼厂的腐蚀抑制剂的标准指南》)，利用室内动态高温高压腐蚀评价釜进行试验，所评价材质共 8 种分别为 45 钢、2Cr13、9Cr1Mo、1Cr18Ni9、304 不锈钢、蒙乃尔合金、含镍铸铁和氢化丁腈橡胶(HSN)。

(2)试验条件。

①温度：65℃、95℃、125℃、155℃。

②压力：2MPa、4MPa，其中 CO_2 占 40%，其余天然气成分用 N_2 代替，无 H_2S。

③流速：1m/s、2m/s。

④周期：72h。

(3)试验结果。

在试验所选取的不同温度、不同 CO_2 分压条件下各材质耐腐蚀性表现如下。

①304 不锈钢耐腐蚀性最好，在试验所选取各种条件下，腐蚀速率均属于低度腐蚀；1Cr18Ni9 耐腐蚀性次之，比 304 不锈钢略差，在温度和 CO_2 分压较高条件下，腐蚀速率接近中度腐蚀。

②2Cr13 耐腐蚀性处于第 3 位，在实验所选取各个条件下，腐蚀速率均属于低度腐蚀和中度腐蚀；该材质随温度和 CO_2 分压升高腐蚀速率上升相对较慢。

③蒙乃尔合金耐腐蚀性处于第 4 位，在试验所选取各种条件下，腐蚀速率均属于中度腐蚀；该材质随温度和 CO_2 分压升高腐蚀速率上升相对较慢。其他实验条件不变，采用不含氯离子的蒸馏水时，腐蚀速率更高，这与蒸馏水中无 HCO_3^- 作为缓冲，导致更多 CO_2 溶入水中，从而导致 pH 更低、腐蚀性更强有关。

④含镍铸铁耐腐蚀性处于第 5 位，在试验所选取的各种条件下，腐蚀速率均属于中度腐蚀和高度腐蚀范围。

⑤9Cr1Mo 耐腐蚀性处于第 6 位，在试验所选取各种条件下，腐蚀速率均属于中度腐蚀到严重腐蚀范围；该材质随温度和 CO_2 分压升高腐蚀速率上升相对较块。

⑥45 钢耐腐蚀性最差，在试验所选取各种条件下，腐蚀速率均属严重腐蚀，但腐蚀速率随温度升高而降低，这与高温生成的致密 $FeCO_3$ 膜有一定的保护作用有关。

⑦氢化丁腈橡胶试验前后外观无明显变化，说明橡胶材料基本适用于试验所模拟的腐蚀环境；但试验后橡胶试样出现了重量增加的情况，说明橡胶在试验过程中有少许吸水溶胀现象，在实际应用时应注意进一步积累橡胶的长期性能表现数据。

⑧电偶腐蚀评价结果显示：当 9Cr1Mo 与 2Cr13、304 不锈钢或蒙乃尔合金偶接时，9Cr1Mo 的腐蚀速率较单种材质升高，而 2Cr13、304 不锈钢和蒙乃尔合金的腐蚀速率较单种材质降低；当 2Cr13 与蒙乃尔合金或 304 不锈钢偶接时，2Cr13 的腐蚀速率较单种材质升高，而 304 不锈钢和蒙乃尔合金的腐蚀速率较单种材质降低；当 304 不锈钢与蒙乃尔合金偶接时，304 不锈钢的腐蚀速率较单种材质升高，而蒙乃尔合金的腐蚀速率较单种材质降低；当 9Cr1Mo、304 不锈钢与蒙乃尔合金同时偶接时，9Cr1Mo 的腐蚀速率较单种材质升高，而 304 不锈钢和蒙乃尔合金的腐蚀速率较单种材质降低。

2)关键零部件设计

(1)零部件所采用的防腐材料选型。

根据各种防腐材料的腐蚀速率数据，优选出油田腐蚀井中各种井温、压力、流速等井况条件下防腐性能最佳的材料。以温度 125℃、压力 4MPa、流速 2m/s 条件为例，对比不同材料的腐蚀速率(表 5-1-6)。

表 5-1-6　防腐材料腐蚀速率对比表

材质	腐蚀速率/(mm/a)	压力/MPa	流速/(m/s)	温度/℃
9Cr1Mo(P9)标准	0.3105	4	2	125
1Cr18Ni9(固溶)标准	0.0211	4	2	125
304 不锈钢标准	0.0547	4	2	125
2Cr13 标准	0.0849	4	2	125
蒙乃尔合金标准	0.0608	4	2	125

通过对比不同材料在实际交货状态下的机械性能指标，优选出机械性能最佳的材料。以常用的潜油电泵壳体材料为例，对比其机械性能数据(表 5-1-7)。

表 5-1-7　防腐材料的机械性能对比表

材质	抗拉强度/MPa	屈服强度/MPa	伸长率/%
9Cr1Mo(P9)标准	≥415	≥205	≥30
1Cr18Ni9(固溶)标准	≥520	≥210	≥40

续表

材质	抗拉强度/MPa	屈服强度/MPa	伸长率/%
304 不锈钢标准	515～760	≥205	≥30
2Cr13 标准	≥635	≥440	≥20
蒙乃尔合金标准	≥965	≥690	≥20

通过综合对比防腐材料的耐腐蚀性和机械性能，可优选出适用于防腐潜油电泵的各个零部件材料。

(2)零部件的设计。

根据优选出的防腐材料，对潜油电泵的各零部件进行强度校核，若强度不满足要求则优化其结构尺寸，直至满足要求。以潜油电泵的壳体设计为例，在腐蚀条件下，核算达到预期的运行天数后，因腐蚀变薄的壳体其承压能力是否大于潜油电泵扬程造成的压力，若不大于，则需通过增加壁厚等方式改进设计。参考同样的设计模式，可完成轴、花键套、接头、螺栓等零部件的设计。

3. 腐蚀井况举升工艺矿场实践及效果分析

截至 2020 年底，防腐潜油电泵在渤海油田已应用 100 多井次，防腐效果良好，平均运转天数已超过 900d，最长运转天数已超过 2000d，有效解决了腐蚀井电泵机组寿命短的难题。

1) 生产现状及存在问题

YF28 井于 2014 年 4 月 30 日投产，泵挂斜深 724m，采用潜油电泵生产，设计参数为非防腐设计(表 5-1-8)，额定排量 $1500m^3/d$，额定扬程 300m，检泵结束后启泵，各项生产参数平稳，产液量 $1620m^3/d$。2014 年 8 月 1 日平台停产检修手动停泵，8 月 5 日以工频启泵生产，恢复正常生产。2014 年 11 月 30 日过载停机，停机瞬时三相电流分别为 142A、120A、110A。从接线盒处测三相相间直阻分别为 85kΩ、1.1MΩ、5kΩ，三相对地绝缘电阻为 0Ω，检泵周期 214d。

表 5-1-8　非防腐机组设计参数

电泵规格型号	数量	备注
电机：BM540-158HP，50Hz，1710V/59A	1	配置常规非防腐机组及电缆
保护器：BPR540BPBSL+BPBSL	1	
吸入口：BIN540	1	
泵：BP540；额定排量 $1500m^3/d$、额定扬程 3000m	1	
电缆头：540 缠绕式，120℃，$3\times20mm^2$，13m	1	
动力电缆：2#，扁，120℃	770m	

机组返回陆地后进行拆检，检查电机外观，外壳腐蚀严重，最大腐蚀坑深约 6mm，

防倒板腐蚀脱落，在距离电机头约 1m 处有明显泄漏点，电机油流出，拆电缆头护盖，内部油液呈黑色，进井液，测量三相直流电阻不平衡(32.1Ω、22.7Ω、54.3Ω)，对地绝缘电阻为 0Ω；电机发生腐蚀，壳体腐蚀穿孔，电机头腐蚀严重，保护器表面发生腐蚀，防倒块腐蚀脱落，底部沉降腔放油清亮，无井液(图 5-1-7)。

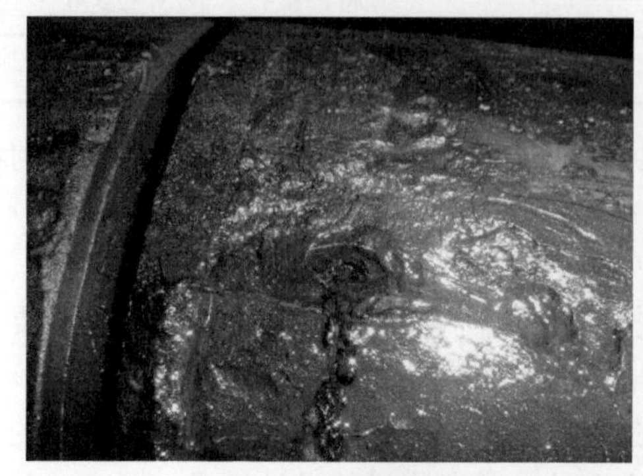

(a) 电机壳体腐蚀穿孔

(b) 电机头严重腐蚀

(c) 保护防倒板及壳体严重腐蚀

图 5-1-7　电机、保护器腐蚀严重

拆检分析，电机外壳腐蚀穿孔，井液进入电机内部，导致电机烧损，该井井况存在 CO_2 腐蚀，CO_2 分压 0.3MPa，采用普通非防腐机组适应性差。

2)工艺方案及参数设计

(1)针对此井进行选泵设计时，选择适应腐蚀环境的防腐电泵机组，防腐效果好，工艺可靠。

(2)优化潜油电泵选型及管柱结构，降低环空流速，从而降低冲蚀的影响。

(3)采用渗氮工艺提高分离器或吸入口头座及入口孔处的材质强度。

3)实施效果分析

2014 年 12 月 5 日实施检泵作业，此次修井按照工艺方案机组采用防腐材质，动力电缆使用 304 不锈钢铠装，额定排量 1200m^3/d，于 2014 年 12 月 12 日投产运行，以 50Hz 启泵生产，产液量 1160m^3/d，2017 年 4 月 28 日因管柱漏失检泵，该套机组检泵周期 869d，较上次检泵周期延长了 629d，检泵次数减少 2 井次，节约检泵作业费用近 300 万

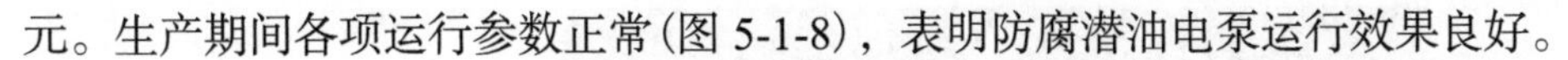

元。生产期间各项运行参数正常(图 5-1-8)，表明防腐潜油电泵运行效果良好。

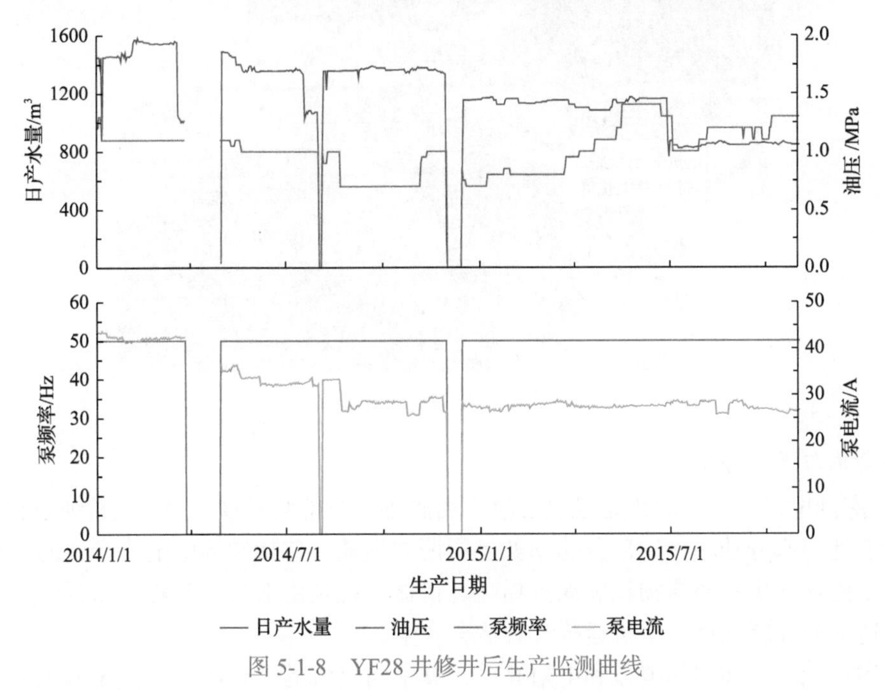

图 5-1-8　YF28 井修井后生产监测曲线

5.2　高温井况举升工艺创新与实践

渤海油田部分深井油层温度 100～125℃，生产过程中潜油电泵受到高温、井深的影响，寿命普遍偏低，平均检泵周期不足 500d，对油田上产稳产造成较大影响。研究分析高温下潜油电泵机组寿命短的深层次原因，并制定应对措施，可有效延长机组寿命。

5.2.1　高温井况对潜油电泵的影响分析

1. 高温对电机的影响

高温对潜油电机的影响主要体现在电机散热问题上。电机工作产生的热量无法及时导出，造成机组内持续高温，电机引出线处接头绝缘材料长时间超过正常工作温度容易老化，最终脱落造成电机相间短路(图 5-2-1)。

潜油电机中使用的各种绝缘材料都有最高允许工作温度，在该温度范围内可长期使用，若超过最高允许工作温度使用，则绝缘材料将老化而破坏电器性能、机械性能、化学性能，使用寿命迅速缩短，严重时潜油电机被烧毁，造成电机损坏。潜油电机作为潜油电泵机组的重要部件之一，在井底工作时的发热与散热是影响其耐温性能高低的主要因素，因此需确保电机正常工作时温升保持在一定的范围内，以保障电机长期运行(纪树立，2017)。

图 5-2-1 电机引出线绝缘材料老化脱落

1）发热与温升分析

（1）潜油电机的工作原理是经电磁感应由磁场进行能量转换，在能量转换过程中，电机本身消耗一部分功率，这部分功率就是所谓的损耗，包括导体中电流产生的损耗、铁芯中交变磁通产生的磁滞损耗和涡流损耗、机械损耗及由谐波、漏磁等因素引起的额外损耗，这部分损耗在潜油电机运行时必然会产生。

上述损耗与导体中的电流和电阻有关，其中与电流的平方成正比。在电机设计时采用高电压低电流技术，可有效降低电机铜耗；铁耗主要与铁芯中的磁通密度、硅钢片的厚度和性能有关，采用优化设计的方法，选择合适比例的电磁负荷，提高硅钢片的冲叠工艺水平可有效降低铁耗；通过提高零部件的加工精度和整机的装配质量，减少摩擦系数，降低机械损耗；采用进槽配合减少气隙磁场的谐波含量，选用合适的槽形减少漏磁含量，从而降低机械损耗和附加损耗。

（2）潜油电泵的日常管理也会对电机的发热产生很大的影响。《潜油电泵机组》（GB/T 16750—2015）中规定电机运行电压与额定值的偏差小于±5%。当潜油电机运行电压高于额定值过多时，可能导致电机磁路饱和，电机处于过励磁状态，从而产生额外损耗。在电机启动时，使用变频柜软启动，可以降低潜油电泵机组启动时的冲击电流。因此，加强潜油电泵机组的日常管理，可以有效减少潜油电机产生额外发热。

2）散热与温升分析

潜油电机在井下几千米的油井中工作，它的散热途径是靠井液流经电机外壳时将热量带走。《潜油电泵机组》（GB/T 16750—2015）中规定潜油电泵正常工作时电机表面流速应不低于 0.3m/s，流速计算公式为

$$v=\frac{Q}{24\times 60\times 60\times \pi\left(\frac{D^2-d^2}{4000000}\right)} \tag{5-2-1}$$

式中，v 为电机表面流速，m/s；Q 为油井产液量，m^3/d；D 为套管内径，mm；d 为电机外径，mm。

从式(5-2-1)中可以得出，减小电机与套管间的环空面积可增大电机表面流速，从而加快电机散热。因此，在油井套管允许的情况下，选用大直径电机或在电机外部安装导流罩可以增大电机壳与井液的接触面积，减小环空截面积，增大电机表面流速。

2. 高温对电缆的影响

高温井液对电缆头与电机连接处、动力电缆与引接电缆连接处、电缆连接处或封隔器密封位置等均有不同程度的影响。

1) 电缆头与电机连接处

电缆头与电机连接处采用插头连接，三相端子与电机引线连接处铜芯截面积不同，导致其温度高于两端，此处的绝缘带长时间处于高温状态，可能会造成绝缘带熔化，从而造成短路(图 5-2-2)。

图 5-2-2 电缆头环氧树脂胀出及芯线相间短路

电缆头内部采用环氧树脂进行填充，井温过高会造成环氧树脂从电缆头壳体中胀出，进而导致密封性受损(图 5-2-2)。

2) 其他连接点

高温井液若通过大小扁链接处、电缆穿越链接处等位置进入电缆护套内层易造成气窜(图 5-2-3)，长时间高温浸泡也会导致电缆橡胶材料溶胀，井液进一步侵蚀绝缘层，进而出现绝缘层破损或老化，失去绝缘作用，最终导致电缆故障(图 5-2-4)。

图 5-2-3 电缆连接处短路

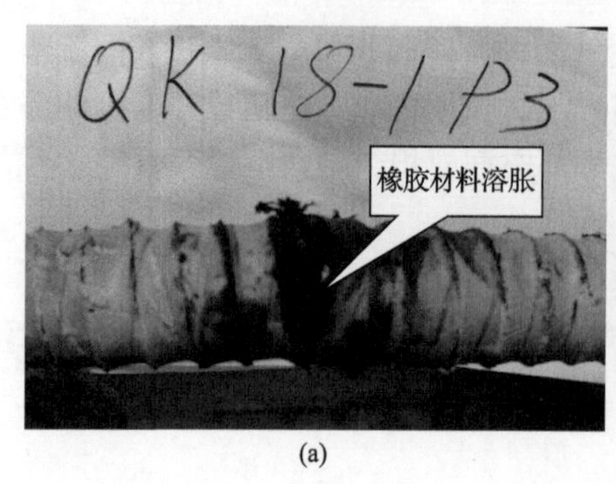

(a)

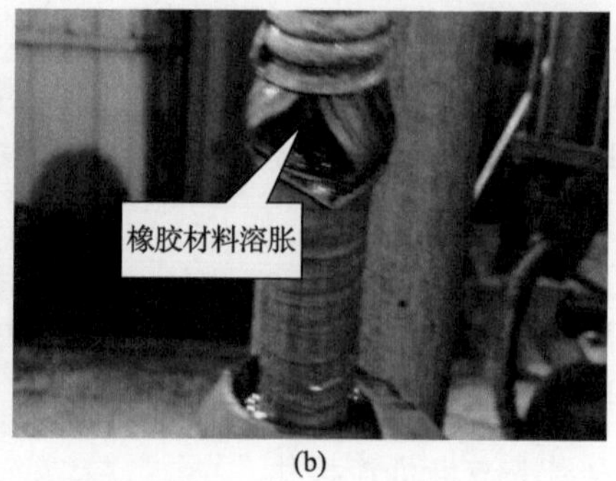

(b)

图 5-2-4　电缆橡胶材料溶胀

电缆穿越密封处存在安装过程中对电缆护套或绝缘层产生物理损伤的风险，密封块过度压紧对电缆形成挤压或扭曲的作用力，易造成绝缘损伤(图 5-2-5)。除此之外，电缆穿越器本体的耐压性能及内部绝缘处理的耐温性能不够，易造成穿越器内部短路故障。

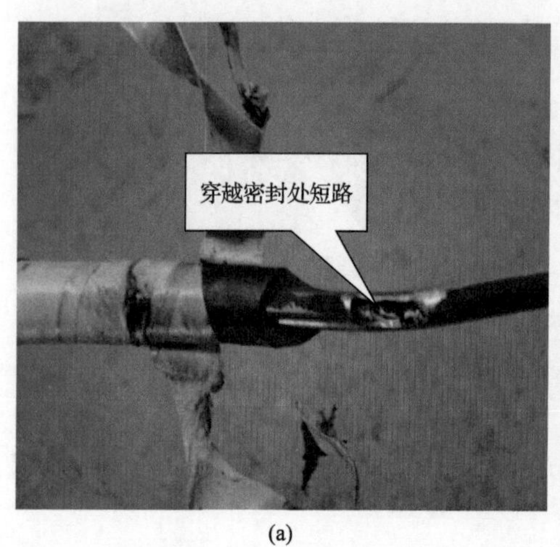

(a)

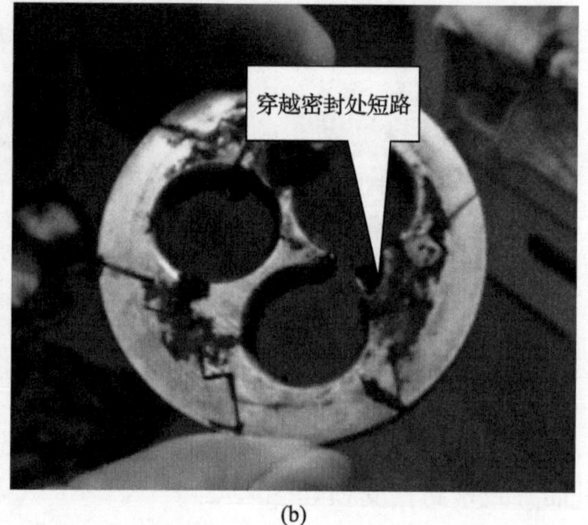

(b)

图 5-2-5　电缆穿越密封处短路

总结分析高温井况下举升系统出现故障现象的主要原因为材料耐温等级不够、结构设计不合理。因此，高温井况下举升技术改进提升的主要工作是提高材料耐温等级、改进耐高温结构设计。

5.2.2　高温井况下潜油电泵举升工艺优化

1. 潜油电泵机组工艺方案优化

1) 电机工艺方案优化

电机尺寸：在套管允许的情况下，选用大直径电机或加装导流罩，增大电机表面流速，减少温升。在 244.5mm 套管或 177.8mm 套管普通合采管柱情况下，使用 562 系列、540 系列电机或 456 系列电机加装导流罩；在 244.5mm 套管、Y 型管柱情况下，使用 540 系列或 456 系列电机。

电机规格：为降低电机铜耗，选用高电压低电流电机，负载率70%～80%。

电机温度等级：由于井温在100～125℃，加上机组温升在30℃左右(根据目前在运行井数据)，电机温度达155℃，为防止电机异常运行导致温升，优化电机温度等级为180℃。

建议安装泵工况，监测电机绕组温度。

2)小扁头工艺方案优化

小扁头尺寸：根据电机尺寸选择540系列或456系列小扁头。

小扁头规格：根据电机电流选择6#或4#小扁头。

小扁头温度等级：小扁头与电机连接处由于铜芯尺寸变化，温度会高于电机温度，易产生变形损坏(图5-2-6)。因此，小扁头温度等级优化为204℃。

图5-2-6 小扁头温度等级不符合井况，环氧树脂变形

3)保护器、分离器、泵工艺方案优化

保护器尺寸：根据电机尺寸选择540系列或387系列保护器。

保护器结构：因为电机温升一般在30℃左右，且电机油膨胀收缩量大，需要配置高承载止推轴承，推荐结构类型为BPBSL+BPBSL-HL。

保护器胶囊材质：氟橡胶。

分离器尺寸：选择540系列或387系列分离器。

泵尺寸：选择540系列或387系列泵。

根据套管尺寸及生产管柱结构优化机组工艺方案(表5-2-1)。

2. 电缆及密封橡胶件优化

为了验证在高温环境下电缆的绝缘层及护套层是否会受高温的影响而产生变化，开展电缆高温试验。电缆泄漏电流测试结果表明，在环境温度为150℃时，耐温等级150℃及以上的潜油动力电缆绝缘可以满足正常使用要求(表5-2-2)。

表 5-2-1　高温井况潜油电泵机组工艺方案优化

管柱结构	电机	小扁头	保护器	分离器	泵
244.5mm 套管 普通管柱	562/540 系列 高电压低电流 负载率 80%～100% 温度等级 180℃	540 系列 6#或 4# 温度等级 204℃	540/387 系列 结构：BPBSL+BPBSL-HL 胶囊材质：Aflas	540/387 系列	540/387 系列
244.5mm 套管 Y 型管柱	540/456 系列 高电压低电流 负载率 80%～100% 温度等级 180℃	540/387 系列 6#或 4# 温度等级 204℃	540/387 系列 结构：BPBSL+BPBSL-HL 胶囊材质：Aflas	540/387 系列	540/387 系列
177.8mm 套管 普通管柱	562/540 系列 高电压低电流 负载率 80%～100% 温度等级 180℃	540 系列 6#或 4# 温度等级 204℃	540/387 系列 结构：BPBSL+BPBSL-HL 胶囊材质：Aflas	540/387 系列	540/387 系列

表 5-2-2　电缆泄漏电流测试结果

试验用电缆数据表				试验电压/kV	泄漏电流折算值/(μA/km)
序号	电缆规范型号	温度等级	标记方式		
1	QYYEEY	150℃	红色乙丙绝缘橡胶	28	6.92
2	QYYEQEY	150℃	7	28	5.82
3	QYYEQEY	180℃	S	28	5.77
4	QYYEEY	150℃	塑料带有字	28	6.34
5	QYYEQEY	150℃	H	28	6.77

为了验证在高温环境下，机组 O 形密封圈是否会产生恒定形变下的永久变形，开展了高温环境下恒定形变压缩永久变形测试。压缩永久变形是 O 形密封性能的一项指标，允许最大压缩量在静密封中约为 30%，所测的耐温 150℃的氢化丁腈橡胶(HSN)和 Aflas 两种材质的 O 形密封圈均在允许范围内，且 Aflas 的压缩永久变形优于 HSN(表 5-2-3)。

表 5-2-3　O 形密封圈恒定形变压缩永久变形　　　　(单位：%)

序号	HSN	Aflas
1	23	14
2	21	8.5
3	20	11

3. 电缆连接工艺优化

1)常规电缆连接工艺方案优化

通过故障机组拆检分析发现大小扁连接处存在问题，进行了如下优化改进。

(1)保证电缆连接材料的质量和可靠性。

(2)电缆连接材料必须恒温储藏，尤其在夏季需使用恒温箱携带。

(3)规范电缆连接操作标准，把好电缆连接材料的质量管控和检验关，陆地电缆连接由专人使用专业、专用工具及操作台。

(4)开发出防气窜电缆连接保护套，使井下油气不能通过电缆连接器进入电缆内部，提高电缆连接处的密封性能，达到防气窜的目的(图 5-2-7)。

图 5-2-7 防气窜电缆连接保护套

2)潜油电缆连接器

潜油电缆连接器(图 5-2-8)可用于动力电缆与动力电缆、引接电缆与动力电缆的快速连接，将电缆连接的作业时效提高到 1～1.5h，增强电缆连接的安全可靠性，耐温级别高达 200℃及以上，满足高温油井的使用需求。潜油电缆连接器由不锈钢外壳、橡胶绝缘密封套、压紧套、快速冷凝胶及紧固螺栓等配件组成。

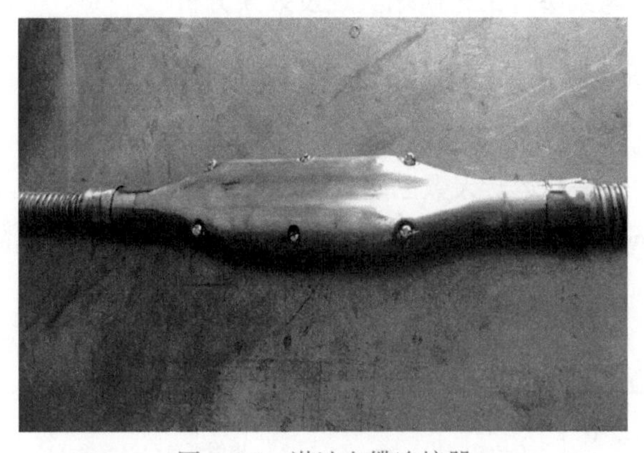

图 5-2-8 潜油电缆连接器

4. 电缆穿越方式优化

电缆穿越方式分为高效密封和穿越器两种。高效密封部件包含密封底筒、密封中筒、密封上筒、压铁、压环、密封垫、特种密封胶、其他配件。穿越器主体内部主要由芯线、芯线橡胶层、环氧树脂、三元乙丙橡胶组成。穿越器用于电缆的穿越密封，分为井口和井下两大类，井口式电缆穿越器安装于地面井口装置中，井下式电缆穿越器安装于井下封隔器上，具有密封、防爆、耐油、耐 CO_2 腐蚀、耐 H_2S 腐蚀等性能，可保证电缆穿越的密封性和安全性，防止腐蚀性和有害气体泄漏。

1）高效密封优化

(1)按顺序把组合电缆穿越的下筒、中筒及压盖串在电缆上，一次性穿过电缆，避免电缆穿越过程中损伤。

(2)从过电缆封隔器上部把电缆拉直，不让井下的电缆打扭、弯曲。

(3)电缆铠皮剥开时不能损伤电缆绝缘层。

(4)打磨电缆护套上的橡胶条棱，不能损伤电缆绝缘。

(5)去掉电缆护套层，必须保护电缆绝缘层。

(6)配胶混合后进行注胶，需保持出胶口向上竖立。

2）穿越器优化

(1)在穿越器的上端安装保护安装帽，避免造成穿越器的金属唇密封和螺纹的损伤；

(2)为保证绝缘电阻测量有效，插头表面和电气接触部位必须保持干燥，在湿度高的地方，如海上每次测试之前，应用电器清洁剂对其进行清洗并晾干；

(3)安装或拆卸穿越器时，始终防止穿越器主体旋转；

(4)保证配合面要干燥，在插头的配合面不能使用硅脂或其他类型的润滑脂，避免电器接触部位产生高电阻；

(5)不可过分拧紧插头，否则会损伤主要密封和各个电气接触密封。

5.2.3 高温井况潜油电泵举升工艺矿场实践及效果分析

1. 高温井况举升技术应用分析

截至 2020 年底，高温井况潜油电泵举升技术在渤海油田已应用 150 多井次，在高温井况下应用效果良好，平均运转天数已超过 1000d，最长运行天数已超过 2000d，有效解决了高温区块检泵周期短、生产时率低等问题。部分典型高温井况潜油电泵应用统计情况见表 5-2-4。

表 5-2-4 部分典型高温井况潜油电泵应用统计列表

井号	井温/℃	额定排量/(m^3/d)	额定扬程/m	电机、保护器、动力电缆、电缆穿越耐温等级/℃	引接电缆和电缆头耐温等级/℃
QK18-1-YW01	120	150	1600	180	204
QK18-1-YW02	120	100	1800	180	204
QK18-1-YW03	120	150	1800	180	204
QK18-1-YW04	120	100	2000	180	204

续表

井号	井温/℃	额定排量/(m^3/d)	额定扬程/m	电机、保护器、动力电缆、电缆穿越耐温等级/℃	引接电缆和电缆头耐温等级/℃
QK18-1-YW05	120	75	1900	180	204
QK18-1-YW06	120	200	2000	180	204
QK18-1-YW07	120	300	2000	180	204
QK18-1-YW08	120	50	2000	180	204
QK18-1-YW09	120	200	2000	180	204
QK18-1-YW10	120	150	2000	180	204
QK18-1-YW11	120	100	2000	180	204
BZ26-2-YW01	97.3	50	1800	180	204
BZ26-2-YW02	97.3	100	1800	180	204
BZ26-2-YW03	97.3	150	1800	180	204
BZ26-2-YW04	97.3	100	1800	180	204

2. 高温井况举升工艺矿场实践与效果分析

1) 生产现状及存在的问题

BZ26-2-YW02 井自 2016 年 2 月 10 日启泵生产，机组配置为普通潜油电泵机组(表 5-2-5)。故障前生产稳定，电机运行频率 30Hz，油嘴 14.68mm，日产液量 117.32m^3，日产气量 0.59 万 m^3，含水率 34.14%，电流 14A，油压 2.8MPa，套压 0.85MPa。2017 年 3 月 17 日 22:30，中控显示 YW02 井停泵，变频器屏幕显示为“电机短路”。对电机断电、验电、充分放电后，井口接线盒处测得电机三相直阻均为 6.3Ω，绝缘电阻为 0Ω。试启泵，变频器显示电机短路故障，检泵周期 401d。

表 5-2-5 YW02 井机组配置参数表

电泵规格型号	数量	备注
电机：BM540-133HP，50Hz，1820V/46A	1	潜油电泵机组耐温等级 120℃，电缆耐温等级 150℃
保护器：BPR540BPBSL+BPBSL	1	
分离器：BS387	1	
泵：BP387；额定排量 200m^3/d、额定扬程 1800m	1	
电缆头：540 缠绕式，150℃，3×13mm^2，25m	1	
动力电缆:4#，圆，150℃，泵挂斜深 2000m	2100m	

机组返回陆地后进行拆检，引接电缆头锡焊开裂，插头处无橡胶堆积痕迹，内部环氧树脂变软，略微粉化，环氧树脂位置两相短路，密封位置一处橡胶层破损(图 5-2-9)。

(a) 引接电缆头插头变形

(b) 引接电缆头内部树脂粉化

(c) 引接电缆头击穿点

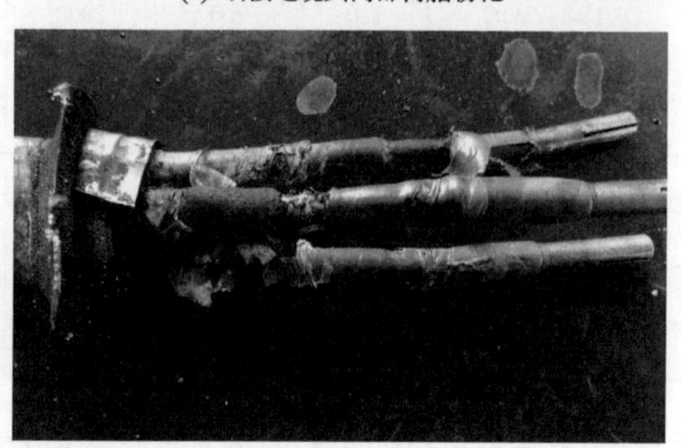

(d) 引接电缆头两相击穿

图 5-2-9 引接电缆头故障

确定引接电缆头击穿位置，一相为环氧树脂上部，靠近锡焊位置，一相为环氧树脂与密封块连接处。分析原因为环氧树脂粉化变软，井液在锡焊开裂位置进入小扁头内部，长时间运行后绝缘变差，由于处于井液中，两相短路导致停机。该井井温 118℃，引接电缆头耐温等级 150℃，若温升超过 30℃时无法保证长期运行。

2) 工艺方案及参数设计

(1) 设计机组耐温等级 180℃，引接电缆耐温等级 204℃。

(2) 电机选择 540 系列，且负载率控制在 70%～80%。

(3) 保护器选择 513 系列，BPBSL+BPBSL-HL。

(4) 优化管柱设计，推荐 Y 型管柱结构，缩小环空截面，提高电机表面流速。

3) 实施效果分析

2017 年 3 月 25 日实施检泵作业，潜油电泵机组采用耐温 180℃设计，引接电缆耐温等级 204℃，额定排量 $200m^3/d$，于 2017 年 4 月 5 日投产运行，50Hz 启泵生产，日产液量 $158m^3$，截至 2020 年 11 月 11 日仍稳定运行，运转时间 1327d，各项运行参数正常（图 5-2-10），较上次检泵周期长 926d，运转时间增加了 2.3 倍，减少 2 井次检泵作业，节约修井作业费约 300 万元，实现增油量 $1150m^3$。经实际生产验证，针对该高温井优化后的工艺设计方案，电泵系统性能稳定，系统可靠性更高，对油田提质增效、稳产增产效果明显。

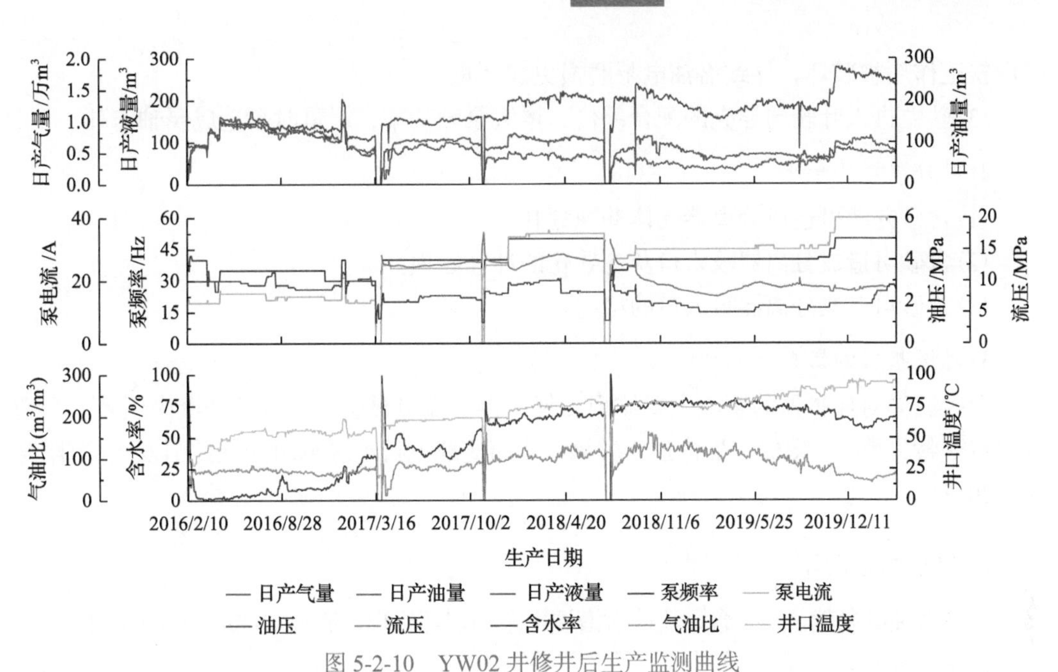

图 5-2-10 YW02 井修井后生产监测曲线

5.3 出砂井况举升工艺创新与实践

潜油电泵举升工艺耐砂性能有限，《潜油电泵机组》(GB/T 16750—2015)规定常规潜油电泵应用油井产出液含砂量不应超过 500g/m^3，当油井产出液含砂量高于此值时，潜油电泵的运行寿命会随着含砂量的增加而明显降低。渤海油田存在大量疏松砂质油岩，油井出砂较为普遍，每年因出砂导致的故障检泵超 20 井次，年均损失超千万元，严重影响油井的生产时率和油田的产量，因此耐砂潜油电泵的开发价值和意义较为重大。

耐砂潜油电泵是通过对离心泵、分离器、保护器的结构优化和工艺改进以提高潜油电泵机组与井液接触部件的耐砂性能，使潜油电泵的耐砂性能由 500g/m^3 提高至 1000g/m^3，从而提高潜油电泵在适度出砂油井中的运行寿命。耐砂潜油电泵现场应用 72 井次，生产稳定，有效解决了适度出砂油井的人工举升难题。

5.3.1 耐砂潜油电泵工艺概述

1. 含砂流体对潜油电泵的影响分析

在出砂油井中，含砂流体对潜油电泵的影响主要有以下几个方面。

1) 对离心泵的影响

(1) 含砂井液冲蚀叶轮和导壳，使叶轮和导壳产生磨损，进而改变叶轮和导壳的主要几何尺寸，使离心泵的性能降低。

(2) 叶轮与导壳磨损后间隙密封变差，使潜油电泵的容积损失增大，同时叶轮、导壳径向扶正作用被破坏，导致潜油电泵磨损更加严重。

(3)砂粒进入叶轮与导壳的配合部位，增大泵轴功率，严重时会造成泵轴卡死。

2)对分离器的影响

(1)含砂井液可造成分离器壳体冲蚀穿孔。

(2)含砂可造成分离器吸入口及诱导轮的冲蚀磨损。

(3)含砂可造成分离器吸入口的堵塞。

3)对保护器的影响

含砂流体对保护器的影响主要体现在保护器上端机械密封在含砂井液中运转，会造成机械密封失效，导致保护器内进入井液，从而造成电机绝缘电阻降低并引发故障(隋晓明，2013)。

2. 耐砂工艺设计

耐砂潜油电泵就是基于含砂流体对潜油电泵的损坏机理，有针对性地进行了技术改进。

1)离心泵结构改进

改进叶轮和导壳的结构，加宽叶轮和导壳流道及圆弧过渡，减少砂粒冲蚀风险；增加耐砂磨径向扶正摩擦副，保障离心泵能够在含砂环境下长期居中运转，延长使用寿命。耐砂离心泵采用全压缩结构，装配时采取先锁紧导壳后锁紧叶轮的工艺，保障叶轮完全锁紧在轴上，保证叶轮和导壳之间有一定的间隙，相比全浮泵或半浮泵，全压缩泵能有效降低砂粒对叶轮和导壳的磨损。

2)分离器结构改进

优化分离器耐磨衬筒的设计，将原来的两段式结构改成一体式结构，并且将耐磨衬筒两端深入分离器上下接头内部，避免砂粒通过衬筒与接头间的缝隙磨蚀壳体；优化分离器诱导轮的导入轮型，降低磨蚀风险。

3)保护器上端机械密封结构改进

在保护器上端设计了耐砂结构，可将砂粒排到保护器外，避免砂粒对机械密封的磨蚀。

5.3.2 关键技术设计

1. 耐砂离心泵设计

耐砂离心泵采用全压缩结构(图 5-3-1)，将叶轮完全锁紧在轴上，保证每级叶轮和导壳之间有一定的间隙，可有效降低砂粒对叶轮和导壳的磨损；同时对叶轮和导壳的结构进行改进，加宽叶轮和导壳的流道，将防冲蚀叶轮转角由原来的直角改为斜角，且在拐角处进行了圆弧过渡，同时采用耐磨高铬材质，提高叶轮和导壳的耐砂性能。

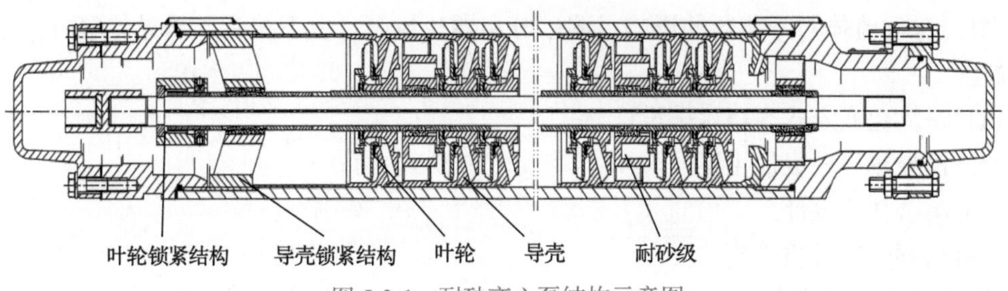

图 5-3-1 耐砂离心泵结构示意图

为保障耐砂离心泵能够在含砂环境下长期居中运转、降低砂粒对泵的影响，在耐砂离心泵中间增设了耐砂级机构(图 5-3-2)。耐砂级机构由轴承支架、轴瓦、轴套构成，轴瓦、轴套采用硬质合金材质，抗磨性能强，能够有效对泵轴进行扶正，防止砂磨造成泵轴偏心震动。此外，耐砂离心泵泵头、底座两端的扶正轴瓦、轴套均采用硬质合金(YG8)，保障离心泵能够在含砂环境下长期居中运转，延长使用寿命。

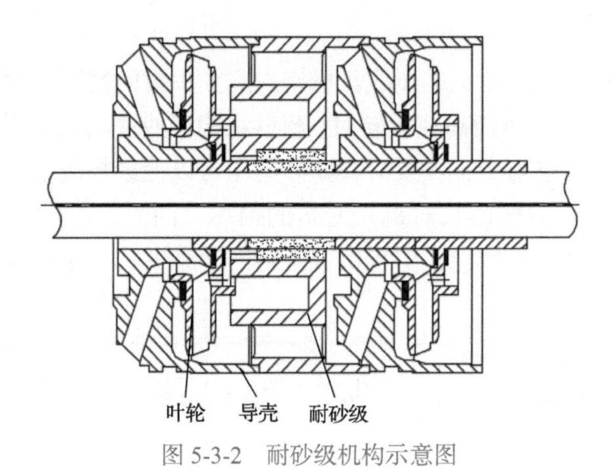

图 5-3-2 耐砂级机构示意图

2. 耐砂分离器设计

常规分离器衬筒一般由两段或三段组成，衬筒两端与上下接头之间有垫圈，这些连接缝隙是耐砂的薄弱点，分离器上下接头及衬筒连接处时有被含砂流体冲蚀穿孔的现象发生(图 5-3-3)。

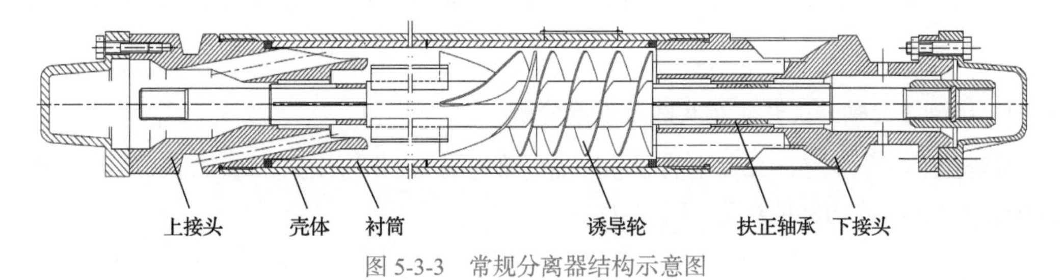

图 5-3-3 常规分离器结构示意图

针对含砂流体对分离器的影响，耐砂分离器从衬筒、上下接头、诱导轮等方面进行了改进。

(1)一体化嵌入式耐磨衬筒设计。

(2)诱导轮导入级优化设计。

(3)耐磨扶正设计。

(4)耐磨壳体材质优选。

耐砂分离器衬筒为一体式金属筒，消除了原两段式衬筒之间的缝隙；衬筒下端插入下接头内，衬筒上端插入上接头内，避免了砂粒通过衬筒与上下接头间隙磨损壳体的可能；同时，衬筒材质选为高铬耐磨铸铁，硬度达到HB400，具有较高的耐磨性。分离器上下扶正轴承均采用硬质合金材质，提高了扶正轴承的耐磨性，保证更持久的扶正效果。分离器壳体采用27SiMn合金钢，调制硬度达到HRC30，具有较好的耐磨性。分离器诱导轮导入级采用圆弧设计，降低砂粒对诱导轮导入级的冲蚀伤害。

3. 耐砂保护器设计

针对含砂井液进入保护器上端造成机械密封磨损失效的情况，耐砂保护器上端增设了耐砂结构(图5-3-4)，当机组高速运转时，耐砂结构可使进入保护器头中的砂粒在离心力的作用下排到油套环空当中；停泵时，耐砂结构可以使砂粒沉落至油套环空，阻挡砂粒沉积在机械密封上，减轻砂粒对机械密封的损坏。同时，耐砂保护器机械密封采用碳化硅材质，可提高其耐磨性能，防止机械密封因砂磨失效，保障保护器正常运转。

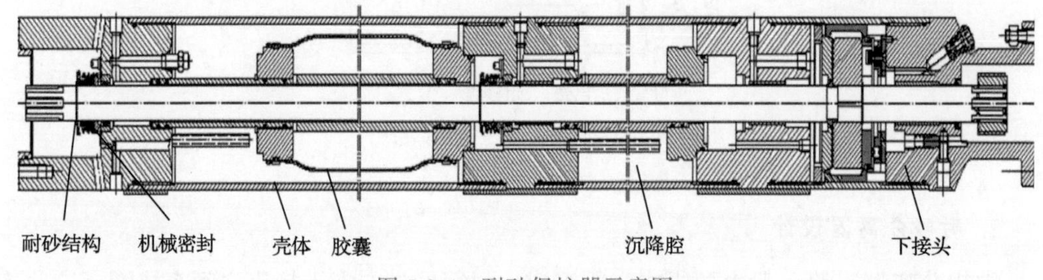

图5-3-4　耐砂保护器示意图

耐砂保护器一般推荐胶囊腔与胶囊腔并联后串联沉降腔结构，每节保护器上端两个腔室为并联胶囊腔，最下端为串联沉降腔，既能保障呼吸量，又能给电机提供多重保护。

5.3.3　出砂井况举升工艺矿场实践及效果分析

截至2020年9月，开发出的耐砂潜油电泵在渤海油田应用72井次，平均已运转超500d，最长已运转1800多天(表5-3-1)。

表 5-3-1 耐砂潜油电泵应用统计表（截至 2020 年 9 月）

序号	井号	额定排量/(m^3/d)	额定扬程/m	下井日期	运转天数	出砂量	备注
1	SZ36-1 Z08	100	1300	2014/8/25	955	微量出砂	供液不足，停泵弃井
2	BZ28-2S-Z46h	200	1300	2014/10/5	670	约 0.12%	管柱漏失，停泵
3	BZ28-2S-Z08	500	1200	2015/9/16	1841	约 0.1%	正常生产
4	LD5-2-Z37	150	1500	2016/11/30	1400	约 0.1%	正常生产
5	PL19-3-Z29	650	1500	2017/6/2	1216	微量出砂	正常生产
6	BZ25-1-Z27	150	1500	2017/9/25	1101	微量出砂	正常生产
7	PL19-3-Z39	430	1550	2017/10/17	460	微量出砂	电机故障
8	PH-Z1	1200	1000	2017/11/10	1055	微量出砂	正常生产
9	PH-Z2	500	800	2017/11/21	1044	约 0.05%	正常生产
10	PH-Z4	600	800	2017/12/1	1034	约 0.06%	正常生产
11	BZ34-1N-Z07	500	1000	2018/2/1	972	微量出砂	正常生产
12	SZ36-1-Z14	200	1500	2018/2/14	959	约 0.03%	正常生产
13	BZ34-3-Z2	100	2500	2018/5/7	877	约 0.07%	正常生产
14	BZ28-2S-Z45	450	1200	2018/5/10	874	微量出砂	正常生产
15	BZ34-3-Z2	50	2500	2018/5/21	863	约 0.1%	正常生产
16	BZ34-1-Z18	200	1200	2018/7/25	798	约 0.1%	正常生产
17	EP18-1-Z09	150	1000	2018/10/10	721	约 0.1%	正常生产
18	BZ28-2S-Z8	500	1200	2018/10/14	717	约 0.06%	正常生产
19	NB35-2-Z43	80	1800	2018/10/23	708	微量出砂	正常生产
20	KL10-1-Z50	150	1800	2018/10/26	705	微量出砂	正常生产
21	BZ28-2S-Z31	300	1200	2018/10/30	701	微量出砂	正常生产
22	BZ28-2S-Z23	700	1200	2018/11/27	673	微量出砂	正常生产
23	BZ28-2S-Z3	600	1000	2018/12/14	656	约 0.05%	正常生产
24	BZ34-1-Z38	150	1500	2019/1/2	399	微量出砂	电缆故障
25	BZ34-1N-Z4	100	1500	2019/1/3	636	微量出砂	手动停泵
26	BZ28-2S-Z37	2000	400	2019/1/12	627	微量出砂	正常生产
27	BZ34-1N-Z17	400	1000	2019/1/23	616	约 0.07%	正常生产
28	BZ34-1-Z20	200	1200	2019/2/28	580	约 0.08%	正常生产
29	QHD32-6-Z7	700	1200	2019/6/16	332	微量出砂	电机故障

续表

序号	井号	额定排量/(m^3/d)	额定扬程/m	下井日期	运转天数	出砂量	备注
30	BZ28-2S-Z50	2500	400	2019/7/9	449	约 0.07%	正常生产
31	EP18-1-Z12	300	1000	2019/7/20	438	约 0.05%	正常生产
32	BZ35-2-Z3	350	1500	2019/7/31	427	微量出砂	正常生产
33	SZ36-1-Z4	300	1200	2019/8/5	422	约 0.1%	正常生产
34	NB35-2-Z5	600	1500	2019/8/24	403	约 0.1%	正常生产
35	NB35-2-Z03	500	1200	2019/9/2	394	约 0.1%	正常生产
36	BZ28-2S-Z07	650	1000	2019/9/9	387	约 0.06%	正常生产
37	BZ34-1-Z37	250	1200	2019/9/10	386	微量出砂	正常生产
38	KL10-1-Z26	250	1800	2019/10/1	365	微量出砂	正常生产
39	KL10-1-Z49	50	2200	2019/10/17	349	微量出砂	正常生产
40	CFD11-1-Z72	3000	700	2019/10/30	336	微量出砂	正常生产
41	KL3-2-Z17	100	1500	2019/10/31	335	约 0.07%	正常生产
42	BZ28-2S-Z05	500	1200	2019/11/2	333	约 0.08%	正常生产
43	CFD11-1-Z20	3000	700	2019/11/3	332	微量出砂	正常生产
44	CFD11-1-Z44	3000	700	2019/11/8	327	微量出砂	正常生产
45	QHD32-6-Z06	800	1000	2019/12/22	283	约 0.1%	正常生产
46	BZ34-1N-Z22	250	1400	2019/12/22	283	约 0.1%	正常生产
47	QHD32-6-Z49	800	1000	2019/12/30	275	约 0.06%	正常生产
48	QHD32-6-Z48	800	1000	2019/12/30	275	微量出砂	正常生产
49	QHD32-6-Z52	800	1000	2019/12/30	275	微量出砂	正常生产
50	QHD32-6-Z26	800	1000	2019/12/30	275	微量出砂	正常生产
51	QHD32-6-Z43	800	1000	2019/12/30	275	微量出砂	正常生产
52	QHD32-6-Z45	800	1000	2019/12/30	275	约 0.09%	正常生产
53	QHD32-6-Z48	800	1000	2019/12/30	275	约 0.10%	正常生产
54	QHD32-6-Z52	800	1000	2019/12/30	275	微量出砂	正常生产
55	BZ34-1-Z4	100	1500	2020/1/3	271	微量出砂	正常生产
56	CFD11-6-Z2	750	1000	2020/1/9	265	约 0.1%	正常生产
57	BZ28-2S-Z08	200	1200	2020/1/12	262	约 0.1%	正常生产
58	CFD11-1-Z29	3000	700	2020/1/18	256	约 0.06%	正常生产
59	QHD32-6-Z30	1000	800	2020/1/23	251	微量出砂	正常生产

续表

序号	井号	额定排量/(m^3/d)	额定扬程/m	下井日期	运转天数	出砂量	备注
60	QHD32-6-Z23	800	1000	2020/1/31	243	微量出砂	正常生产
61	CFD11-6-Z18	750	1000	2020/2/27	216	微量出砂	正常生产
62	QHD32-6-Z22	1500	800	2020/3/3	211	微量出砂	正常生产
63	CFD11-6-Z13	750	1000	2020/3/5	209	约 0.10%	正常生产
64	CFD11-1-Z18	3000	700	2020/3/7	207	约 0.02%	正常生产
65	CFD11-6-Z33	750	1000	2020/3/22	192	微量出砂	正常生产
66	QHD32-6-Z29	1500	800	2020/3/24	190	微量出砂	正常生产
67	CFD11-6-Z32	750	1000	2020/3/27	187	约 0.1%	正常生产
68	BZ28-2S-Z38	2500	300	2020/4/5	178	微量出砂	正常生产
69	SZ36-1-Z25	150	1500	2020/5/2	151	约 0.05%	正常生产
70	CFD11-1-Z13	2000	800	2020/5/3	150	约 0.06%	正常生产
71	BZ34-1W-Z05	250	1200	2020/5/13	140	微量出砂	正常生产
72	BZ34-1-Z33	100	1500	2020/6/30	92	微量出砂	正常生产

1. BZ28-2S-Z08 井矿场实践及效果分析

1) 生产现状及存在问题

渤海 BZ28-2S-Z08 井位于渤海南部海域，生产层位为明化镇组(Nm) Ⅱ油组 1167 砂体，油层中部深度 1215m，油层有效厚度 9m。储层以中-细粒砂岩为主，孔隙度 31.2%，该井地面原油密度 0.92g/cm^3，地面原油黏度 56.4mPa·s。

该井于 2011 年 7 月 4 日投产，日产液量 110m^3，含水率 75%，日产气量 0.28 万 m^3，2013 年 11 月 6 日过载停泵，拆检发现泵头及吸入口有较多油泥，且无法流动，井下含砂量约 0.1%。2013 年 12 月 8 日检泵恢复生产，日产液量 220m^3，含水率 74%，日产气量 0.29 万 m^3，2015 年 7 月 22 日过载停泵，机组无绝缘。

从表 5-3-2 和图 5-3-5 可以看出，该井产出液含泥砂问题严重影响机组的正常运行。

表 5-3-2 BZ28-2S-Z08 井潜油电泵应用统计表

序号	机组类型	额定排量/(m^3/d)	额定扬程/m	下泵日期	检泵日期	检泵周期/d	故障现象
1	常规潜油电泵 1	200	1000	2011/7/4	2013/11/6	856	过载停泵，泵头及吸入口有较多油泥，且无法流动
2	常规潜油电泵 2	400	1200	2013/12/8	2015/7/22	591	过载停泵，绝缘电阻为 0Ω，机组内有泥砂
3	耐砂潜油泵	500	1200	2015/9/16	在运行	1840	运行中，无故障

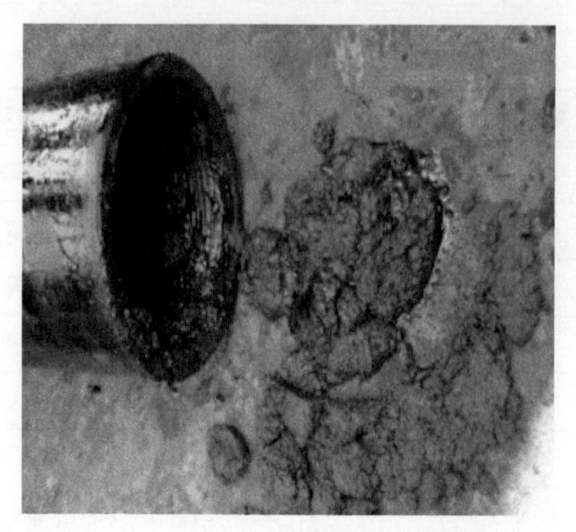

图 5-3-5　BZ28-2S-Z08 井机组上端的泥砂照片

2) 工艺方案及参数设计

依据油藏特点和油井生产需求，设计电泵额定排量 500m^3/d，额定扬程 1200m。2015 年 9 月 16 日下入耐砂潜油电泵，计量日产液量 310m^3，含水率 83%，持续稳定运行(表 5-3-3)。

表 5-3-3　工艺方案参数设计

参数项	措施前井下/地面运行参数	措施后井下/地面运行参数
管柱类型	普通合采管柱	
额定排量/(m^3/d)	400	500
额定扬程/m	1200	1200
电机功率/kW	95	115
泵挂斜深/m	1050	1050
电缆类型	2#圆电缆	2#圆电缆
生产油管尺寸/mm	88.9	88.9

3) 实施效果分析

BZ28-2S-Z08 井耐砂潜油电泵机组运行情况较好(图 5-3-6)，前两次常规机组平均运转周期 724d(最长 856d)，截至 2020 年 9 月 30 日下入耐砂潜油电泵已运行 1841d，是原平均运转周期的 2.54 倍，而且该井目前还在稳定运行，展现了耐砂潜油电泵在含砂流体中的适用性。

2. LD5-2-Z37 井矿场实践及效果分析

1) 生产现状及存在问题

旅大油田 LD5-2-Z37 井为旅大油田 2 号块东二下段生产井，生产层位东二下段Ⅰ、Ⅱ、Ⅲ油组，有效生产厚度 91.4m。优质筛管防砂，分五个防砂段：Ⅰ、Ⅲ油组各两段，Ⅱ油组一段。最大井斜角 18.80°，生产第 1、4、5 防砂段(有效生产厚度 67.7m)。

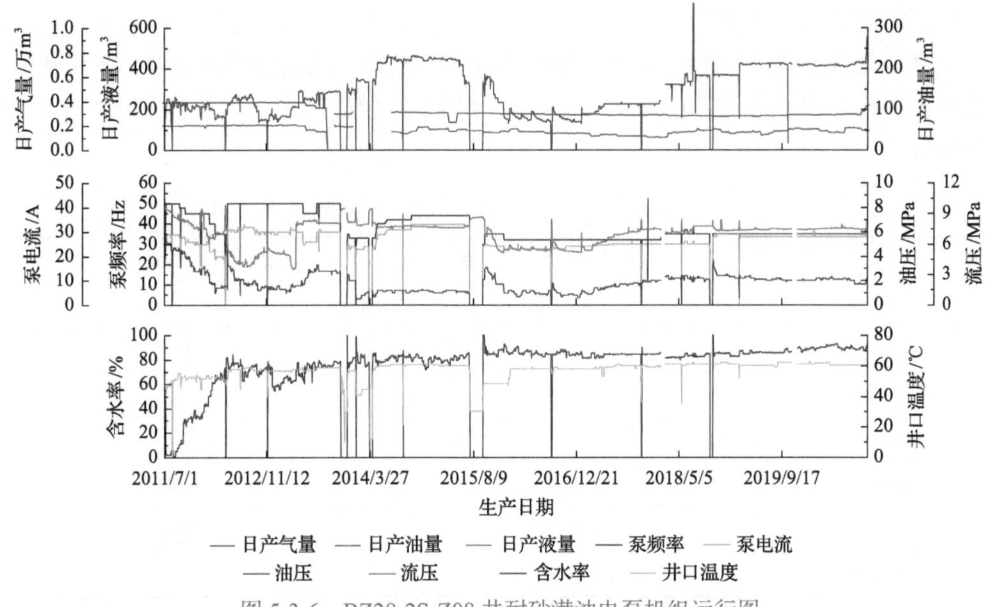

图 5-3-6　BZ28-2S-Z08 井耐砂潜油电泵机组运行图

LD5-2-Z37 井于 2006 年 5 月 29 日投产，电泵额定排量 500m³/d，额定扬程 1500m，下入普通合采管柱，产液量为 138m³/d，基本不含水。2006 年 12 月 21 日 LD5-2-Z37 井故障停泵，起出电泵机组发现其内有稠油；2009 年 8 月、2011 年 2 月、2013 年 1 月又故障停泵 3 次，该井电泵应用情况详见表 5-3-4。该井多次井口见砂，第 2、3 防砂段筛管破损严重，其余筛管存在轻微破损，因油井存在砂泥而造成机组频繁故障，井液含砂是该井频繁检泵的主要原因，电泵扳栓详见图 5-3-7。

表 5-3-4　LD5-2-Z37 井潜油电泵应用统计表

序号	机组类型	额定排量/(m³/d)	额定扬程/m	下泵日期	检泵日期	检泵周期/d	故障现象
1	常规潜油电泵 1	500	1500	2006/5/29	2006/12/21	206	机组故障，机组内有油泥
2	常规潜油电泵 2	150	1300	2006/12/25	2009/8/25	974	故障停泵
3	常规潜油电泵 3	300	1300	2009/9/21	2011/2/27	524	油管带原油较多，有泥砂
4	常规潜油电泵 4	200	1500	2011/3/12	2013/1/16	676	机组故障，机组内有泥砂
5	耐砂潜油电泵	250	1500	2013/1/25	2016/10/2	1346	管柱漏失，机组内见砂

图 5-3-7　LD5-2-Z37 井拆检砂泥照片

2）工艺方案及参数设计

依据油藏特点和油井生产需求，2013 年 1 月 25 日下入耐砂潜油电泵，采用普通合采管柱，额定排量改为 250m³/d（表 5-3-5），此后生产较为稳定，产液量 215m³/d，产油量 54m³/d。

表 5-3-5　LD5-2-Z37 井工艺方案参数设计

	措施前井下/地面运行参数	措施后井下/地面运行参数
管柱类型	普通合采管柱	
额定排量/(m³/d)	200	250
额定扬程/m	1500	1500
电机功率/kW	60	75
泵挂斜深/m	1400	1400
电缆类型	4#圆电缆	4#圆电缆
生产油管/mm	88.9	88.9

3）实施效果分析

LD5-2-Z37 井耐砂潜油电泵机组运行情况较好（图 5-3-8），从表 5-3-4 中能够看出 LD5-2-Z37 井防砂筛管损坏严重，出砂明显，井口产出液含砂量约 0.05%。前 4 次常规机组平均运转周期 595d，均因出砂等问题故障检泵。而目前下入的耐砂潜油电泵已运转 1346d，是常规潜油电泵运转周期的 2.26 倍。

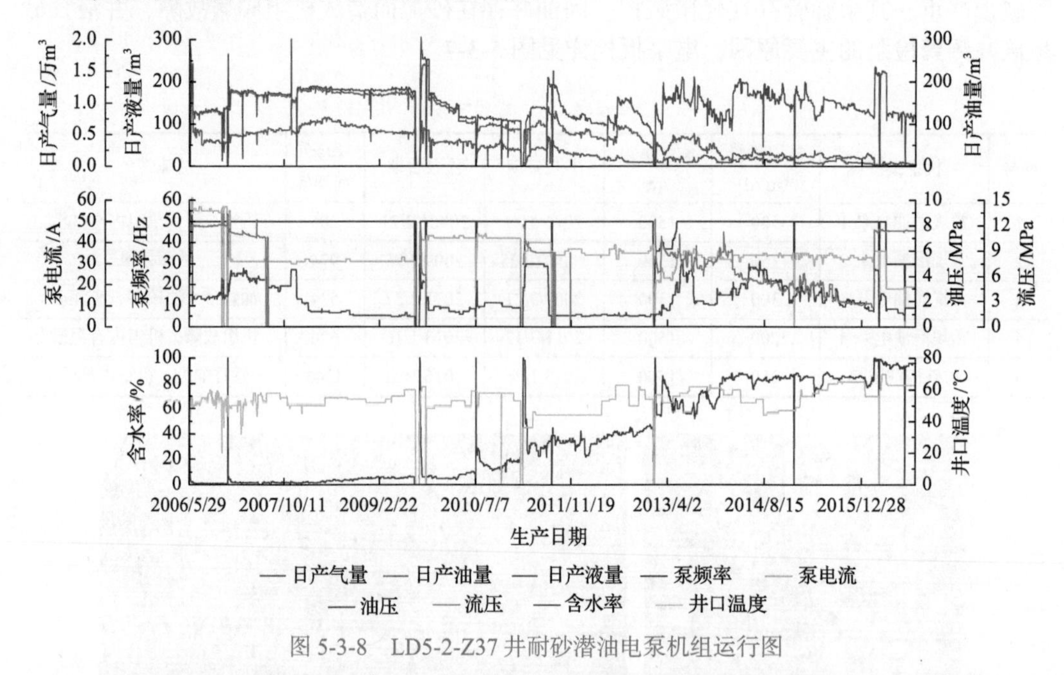

图 5-3-8　LD5-2-Z37 井耐砂潜油电泵机组运行图

相较常规潜油电泵，耐砂潜油电泵在含砂流体中的运行寿命明显增长，减少了油田因油井出砂而造成的检泵作业及不必要的经济损失。耐砂潜油电泵在渤海油田的矿场实践证明，在含砂量不超过0.1%的油井中耐砂潜油电泵可稳定运行。

5.4 高含蜡井况举升工艺创新与实践

高含蜡油井生产过程中普遍存在析蜡问题，生产井结蜡会导致井筒的有效过流面积减小，相同产量下管内摩阻增加，影响单井产液能力，严重时会导致井筒堵塞，增加作业次数，从而导致作业费用大幅上升，影响生产平稳运行，部分高含蜡的油井甚至被迫关停，给原油的生产和集输带来了很大的影响。针对海上油田高含蜡油井举升存在的难题，历过多年的实践探索，发展了系列防蜡工艺措施。在理论方面，建立了海上油田动态结蜡剖面及清蜡周期预测方法；在防蜡工艺方面，形成了电泵井热循环洗井工艺及参数优化设计方法，发展了潜油电泵结蜡井空心杆电加热工艺措施。

5.4.1 结蜡影响因素分析

渤海油田原油含蜡量和凝固点相对较高，含蜡量超过10%的油田共有32个，占油田总数的62.7%。原油析蜡温度测试结果表明，析蜡温度超过30℃的油田共有18个，占油田总数的56.25%。其中，JX1-1油田、KL10-1油田等8个油田累计28口井有较为严重的结蜡现象，生产特点表现为采油管柱易堵塞、油井产能低、采油速度低，需要经常实施清蜡作业，增加了油田的生产成本，严重影响油井开发效益。

为解决油井结蜡导致的生产问题，常用的清防蜡工艺有真空隔热油管防蜡工艺、化学药剂清防蜡工艺、钢丝通井清蜡、循环热洗清蜡和连续油管清蜡工艺(表5-4-1)。

表5-4-1 多种清防蜡工艺措施对比表

序号	名称	主要作用	使用对象	基本原理	优点	缺点	经济性	渤海油田运用情况
1	真空隔热油管防蜡	防蜡	油井	利用隔热油管的隔热性能来提高管壁与油管内流体的温度，达到防蜡的目的	能显著提升油管内壁温度与井口温度	需要进行单独的管柱设计和参数优化，升温幅度受油温和环境限制，一次投入较大	一般	JX1-1油田、BZ34-9油田、BZ34-1油田
2	化学药剂清防蜡	清蜡、防蜡	油井管道	防蜡剂是使用化学方法抑制原油中蜡晶的析出、长大、聚集或在固体表面上的沉积。清蜡剂是利用化学方法将已沉积的蜡溶解或分散使其在油井原油中处于溶解或小颗粒悬浮状态而随液流流出油井或管道	加药方法简单，对油井和管道的生产与作业不会有任何影响	防蜡剂不能完全保证无蜡，需要专门研制或筛选合适的药剂，需要长期投入	一般	JX1-1油田、JZ 25-1S油田、KL10-1油田、BZ26-3油田
3	钢丝通井清蜡	清蜡、解堵	油井管道	用专门的刮蜡工具，利用机械方法将附着于管道中的沉积蜡刮掉	设备简单、成本低、清蜡不受原油性质的影响	对油井而言劳动强度大，施工中油井需要停产，设计不当的清管方案可能造成卡管	较经济	JX1-1油田、JZ 25-1S油田、BZ26-3油田

续表

序号	名称	主要作用	使用对象	基本原理	优点	缺点	经济性	渤海油田运用情况
4	循环热洗清蜡	清蜡、防蜡	油井管道	利用热能来提高油管的温度	工艺简单、施工方便	措施准备时间长，热洗可能造成油层污染，电加热消耗的功率较大	热洗成本较低，电热法成本较高	JX1-1 油田、JZ 25-1S 油田等
5	连续油管清蜡	清蜡、解堵	油井	通过连续油管将热流体导入堵塞段，利用热能清除管内积蜡	清蜡效果显著，适用性强	作业时间长，占地空间大，费用高	成本较高	JX1-1 油田、JZ21-1 油田

渤海油田的结蜡防治主要具有以下特点。

(1) 目前渤海油田对于结蜡问题的处理以清蜡为主，防蜡为辅，并且对方法和设备的选择主要依赖于油田方面的经验。防治过程中投资大、设备不配套、参数选用不合理等问题突出。

(2) 渤海油田普遍存在结蜡现象，但每个区块的实际情况不同，渤海油田辽东、渤中、渤南、渤西等区块的含蜡原油的析蜡点、凝固点以及各个地层的温度和产量均不同，因而需要对各个区块的实际情况进行方案优化设计。

关于高含蜡原油析蜡结蜡沉积的研究，基本形成的共识认为，蜡沉积是原油组分、温度、液流速度、流型、管壁材质及沉积时间等多种因素共同作用的结果，是一个相当复杂的过程。

1. 原油组分对结蜡的影响

油气烃类体系的组分、组成特征是有机固相沉积最为关键的内在因素。统计分析了渤海油田各含蜡油样的基本物性(表 5-4-2)。渤海油田结蜡油田含蜡量高，普遍含有胶质、沥青质，导致沉积的蜡更易于粘连于管壁之上。

表 5-4-2 渤海油田各含蜡油样的基本物性

井号	50℃黏度/(mPa·s)	沥青质/%	胶质/%	含蜡量/%	凝固点/℃	析蜡点/℃
JZ21-1	3.276	0.29	4.02	23.9	19.0	29
BZ34-1	24.8	—	—	17.87	23.1	35
KL10-1	24.95	2.00	13.41	29.23	36	45
LD27-2	27	1.94	10.44	10.14	8.6	19

2. 温度的影响

蜡在原油中的溶解温度系数是与径向温度梯度成正比的，因此温度将直接影响到蜡晶析出与否，并且油温与管壁温度间的温差是产生蜡分子浓度梯度的主要原因，且温差加大，有利于石蜡分子的径向扩散，进而使石蜡沉积速度上升。

对于析蜡点较高的原油，如垦利 10-1 油田深层沙河街油组，当井筒流体温度低于析蜡点温度时，井筒存在析蜡风险。对于这种井况，控制井筒温度是防止井筒结蜡的关键因素，井筒举升过程中应尽量保持原油油温在析蜡点温度范围之上。

3. 含水率的影响

研究表明，含水率对析蜡点影响较小。相关文献试验结果显示，在相同的压力下，不同含水率原油的析蜡点平均偏差 0.2℃。

一般理论认为，原油中含水率增加后对结蜡过程产生两方面的影响，一是由于水的比热容大于油的比热容，含水后可减少油流温度的降低；二是含水率增加后易在管壁上形成连续水膜，不利于蜡沉积在管壁上。当含水率增加到 70%以上时，会产生水包油乳化物，蜡被水包住，阻止蜡晶聚积而减缓结蜡。

4. 压力的影响

压力对结蜡的影响的相关研究成果较多，如 Brown 等(1994)研究了压力和 C_1～C_3 轻质组分对于原油析蜡点的影响，结果表明，死油(脱气油)的析蜡点随着压力线性升高，升高幅度约 0.2℃/MPa；李汉勇等(2010)针对渤海某油田含蜡原油进行研究，研究结果表明当压力从 0.1MPa 增至 12.0MPa 时，析蜡点随压力线性升高，平均升幅约 0.1℃/MPa。压力的影响趋势是压力越高，析蜡点越高，但压力对于原油析蜡点的影响很有限，不同油品的含蜡原油，析蜡点升高幅度仅为 0.1～0.2℃/MPa。

对于沥青质含量较高的高含蜡原油，如 JX1-1-2D 井区的油井，油田开发过程中油藏压力、温度等变化会导致原油中沥青质析出并沉积，从而对储层造成伤害并使油井产能降低。由于采油井近井地带压力下降幅度最大，沥青质析出与沉积现象最为显著，造成原油黏度升高和渗透率下降的幅度也最大，从而导致油井产能下降。

5. 液流速度和表面粗糙程度

油井生产实践表明，高产量井结蜡情况没有低产量井严重，这是由于通常高产量井的压力高，脱气少，初始结蜡温度较低，同时液流速度大，井筒中热损失小，油流可在井筒内保持较高的温度，蜡不易析出；另外由于油流速度高，对管壁的冲刷作用强，蜡不易沉积在管壁上。

根据在不同材料的管子中所做的流动试验可知，随着液流速度的增大，结蜡量增加，液流速度增大到一定值后，结蜡量随着液流速度的增大而减少。从图 5-4-1 可以看出，管子材料不同，结蜡量也不同，且管壁越光滑越不易结蜡。

5.4.2 动态结蜡剖面及清蜡周期预测方法

基于结蜡理论和实验方法，研究了适合海上油田的结蜡剖面预测方法和清蜡周期计

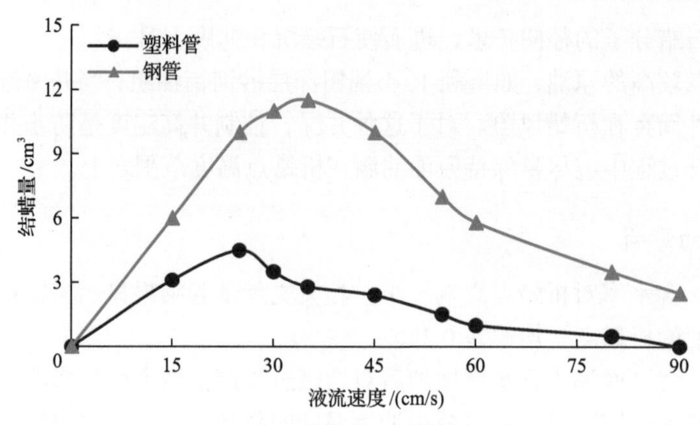

图 5-4-1　液流速度与结蜡量的关系

算方法，用于指导结蜡油井清防蜡措施优选和实施。

1. 井筒沿程动态结蜡剖面计算方法

准确的井筒沿程流体压力、温度分布是预测井筒沿程动态结蜡剖面的基础，基于 Ramey 井筒温度计算方法和 Hagedorn-Brown 垂直管流压降模型，建立了考虑结蜡井的流体压力、温度分布的计算模型。

1) 井筒流体温度场计算方法

基于 Ramey 井筒流体温度计算方法，综合考虑海上结蜡油井的生产特点，分段建立了井筒流体温度计算方程，主要考虑以下影响因素：①电泵电机与电缆发热产生的流体增温；②油管与外侧环境流体的对流或辐射传热；③隔水管外海水和空气的温度对传热过程的影响；④油井结蜡引起的油管过流面积及传热系数的变化。

(1) 井底至电机底端的井筒流体温度。

$$T_1(l) = -\frac{m_s W}{k_c} e^{-\frac{k_c}{W} l} + \frac{m_s W}{k_c} + T_f - m_s l \tag{5-4-1}$$

式中，T_1 为此段产出液的温度，℃；l 为井底至井口沿井筒向上高度，m；k_c 为该段传热过程的传热系数，W/(m·K)；W 为产出液的水当量，W/℃；m_s 为地温梯度，℃/m；T_f 为地层温度，℃。

(2) 流经电机井筒流体增温。

$$\Delta T = \frac{N_m (1-\eta_m) \times 10^3}{W} + \frac{3 I^2 R_0 L_s}{W} \tag{5-4-2}$$

式中，ΔT 为流体流经电泵机组后的增温，℃；N_m 为电机功率，kW；η_m 为电机效率；R_0 为小扁电缆单位长度的电阻值，Ω/m；L_s 为泵内小扁电缆长度，m。

泵排出口处的流体温度为

$$T_{po}=-\frac{m_s W}{k_c}e^{-\frac{k_c}{W}(H_r-H_p)}+\frac{m_s W}{k_c}+T_f-m_s(H_r-H_p)+\Delta T \tag{5-4-3}$$

式中，T_{po}为泵排出口处的流体温度，℃；H_r为油藏中深，m；H_p为下泵深度，m。

(3)泵排出口至泥面段的井筒流体温度。

$$T_2(l)=\left(T_{po}-\frac{m_s W}{k_c}-T_p-\frac{q_v}{k_c}\right)e^{-\frac{k_c}{W}l}+\frac{m_s W}{k_c}+T_p-m_s l+\frac{q_v}{k_c} \tag{5-4-4}$$

式中，T_2为此段产出液的温度，℃；q_v为单位长度电缆发热量，W/m；T_p为下泵深度处的地层温度，℃。

(4)泥面至海平面段的井筒流体温度。

$$T_3(l)=\left[T_2(H_p-H_m)-\frac{m_w W}{k_w}-T_w-\frac{q_v}{k_w}\right]e^{-\frac{k_w}{W}l}+\frac{m_w W}{k_w}+T_w-m_w l+\frac{q_v}{k_w} \tag{5-4-5}$$

式中，k_w为该段传热过程的传热系数，W/(m·K)；T_w为海床平面处海水的温度，℃；m_w为海水的水温梯度，℃/m；H_m井口至泥面的距离，m。

(5)海平面至井口段的井筒流体温度。

$$T_4(l)=\left(T_3(H_m-H_s)-\frac{m_a W}{k_a}-T_a-\frac{q_v}{k_a}\right)e^{-\frac{k_a}{W}l}+\frac{m_a W}{k_a}+T_a-m_a l+\frac{q_v}{k_a} \tag{5-4-6}$$

式中，k_a为该段传热过程的传热系数，W/(m·K)；T_a为海平面处大气的温度，℃；m_a为大气的温度梯度，℃/m；H_s井口至海平面的距离，m。

对于结蜡油井，油管内壁的蜡层会引起油管过流面积变化及传热系数改变。各段的传热系数按照式(5-4-7)计算：

$$\begin{cases}
k_c=\left(\begin{array}{l}\dfrac{1}{h_{1w}\pi d_{wax}}+\dfrac{1}{2\pi\lambda_{wax}}\ln\dfrac{d_{ti}}{D_{wax}}+\dfrac{1}{2\pi\lambda_{tub}}\ln\dfrac{d_{to}}{d_{ti}}+\\ \dfrac{1}{2\pi\lambda_r}\ln\dfrac{d_{ci}}{d_{to}}+\dfrac{1}{2\pi\lambda_{cas}}\ln\dfrac{d_{co}}{d_{ci}}+\dfrac{1}{2\pi\lambda_{cem}}\ln\dfrac{d_h}{d_{co}}\end{array}\right)^{-1}\\
k_w=\left(\begin{array}{l}\dfrac{1}{h_{1w}\pi d_{wax}}+\dfrac{1}{2\pi\lambda_{wax}}\ln\dfrac{d_{ti}}{D_{wax}}+\dfrac{1}{2\pi\lambda_{tub}}\ln\dfrac{d_{to}}{d_{ti}}+\dfrac{1}{2\pi\lambda_a}\ln\dfrac{d_{ci}}{d_{to}}+\dfrac{1}{2\pi\lambda_{cas}}\ln\dfrac{d_{co}}{d_{ci}}+\dfrac{1}{2\pi\lambda_a}\ln\dfrac{d_{c1i}}{d_{co}}\\ +\dfrac{1}{2\pi\lambda_{cas}}\ln\dfrac{d_{c1o}}{d_{c1i}}+\dfrac{1}{2\pi\lambda_a}\ln\dfrac{d_{c2i}}{d_{c1o}}+\dfrac{1}{2\pi\lambda_{cas}}\ln\dfrac{d_{c2o}}{d_{c2i}}+\dfrac{1}{2\pi\lambda_a}\ln\dfrac{d_{c3i}}{d_{c2o}}+\dfrac{1}{2\pi\lambda_a}\ln\dfrac{d_{c3o}}{d_{c3i}}+\dfrac{1}{h_w\pi d_{c3o}}\end{array}\right)^{-1}\\
k_a=\left(\begin{array}{l}\dfrac{1}{h_{1w}\pi d_{wax}}+\dfrac{1}{2\pi\lambda_{wax}}\ln\dfrac{d_{ti}}{D_{wax}}+\dfrac{1}{2\pi\lambda_{tub}}\ln\dfrac{d_{to}}{d_{ti}}+\dfrac{1}{2\pi\lambda_a}\ln\dfrac{d_{ci}}{d_{to}}+\dfrac{1}{2\pi\lambda_{cas}}\ln\dfrac{d_{co}}{d_{ci}}\\ +\dfrac{1}{2\pi\lambda_a}\ln\dfrac{d_{c1i}}{d_{co}}+\dfrac{1}{2\pi\lambda_{cas}}\ln\dfrac{d_{c1o}}{d_{c1i}}+\dfrac{1}{2\pi\lambda_a}\ln\dfrac{d_{c2i}}{d_{c1o}}+\dfrac{1}{2\pi\lambda_{cas}}\ln\dfrac{d_{c2o}}{d_{c2i}}+\dfrac{1}{h_a\pi d_{c2o}}\end{array}\right)^{-1}
\end{cases} \tag{5-4-7}$$

式中，h_{1w} 为流体与储层的对流换热系数；d_{wax} 为结蜡后油管内径；d_{c1}、d_{c2}、d_{c3} 分别为隔水导管、表层套管和技术套管的内、外径，其中下标 i 表示内径，o 表示外径；d_{ti}、d_{to} 分别为油管内、外径，m；d_{ci}、d_{co}、d_h 分别为套管内径、外径和水泥环外缘直径，m；λ_{wax}、λ_{tub} 分别为蜡层、油管的导热系数，W/(m·K)；λ_a 为环空中气体的导热系数，W/(m·K)；λ_r 为油套环空中介质的导热系数，W/(m·K)；λ_{cas}、λ_{cem} 分别为套管、水泥环的导热系数，W/(m·K)。

2) 井筒流体压力场计算方法

基于 Hagedorn-Brown 垂直管流压降模型，综合考虑海上结蜡油井的生产特点，建立了井筒流体压力计算方程，主要考虑以下影响因素：①节流点和井斜对位差压头损失的影响；②油管内壁结蜡引起的管壁摩阻和过流面积变化，以及引发的压头损失。

结蜡油井的井筒流体压力场计算方法为

$$-\frac{\mathrm{d}P}{\mathrm{d}Z}=[\rho_1 H_L+\rho_g(1-H_L)]g\sin\theta-\frac{\rho v v_{sg}}{p}\frac{\mathrm{d}p}{\mathrm{d}Z}+\lambda\eta\frac{G/A}{2d_{wax}}v_m \tag{5-4-8}$$

式中，dZ 为垂直管深度增量，m；dP 为垂直管压力增量，MPa；H_L 为持液率(m^3/m^3)；ρ_1 为液相密度，kg/m^3；ρ_g 为气相密度，kg/m^3；λ 为两相摩阻系数，无因次量；η 为摩阻修正系数，无因次量；G 为混合物的质量流量，kg/s；v_m 为混合物的平均流速，m/s；g 为重力加速度，m/s^2；d_{wax} 为结蜡后油管内径，m；v_{sg} 为气相的折算速度，m/s；A 为油管的截面积，m^2；θ 为井斜角；ρ 为混合液密度；p 为计算段内压力，mPa。

3) 井筒沿程动态结蜡剖面预测理论方法

基于分子扩散-剪切弥散-老化-剪切剥离等结蜡机理，根据含蜡原油动态析蜡特性评价的实验结果，建立海上电泵举升的结蜡油井井筒动态结蜡剖面预测新模型(郑春峰等，2017)。

(1) 扩散沉积速度模型。

依据菲克(Fick)扩散定律，结合分子扩散作用、剪切作用和蜡质浓度对扩散沉积的影响，引入蜡质扩散沉积系数、分子扩散常数、石蜡运移沉积系数，考虑含水率、剪切冲蚀速率的修正，得到油管内壁上石蜡的扩散沉积速度为

$$\frac{\mathrm{d}W_d}{\mathrm{d}t}=D_d D_s C_h\frac{\rho_s A_w}{\mu}\frac{V\rho_1 c_p}{\pi k d_{ti}}\left(\frac{\mathrm{d}T}{\mathrm{d}L}\right)\times 10^{(-0.19458T_t-2.297)} \tag{5-4-9}$$

式中，$\frac{\mathrm{d}W_d}{\mathrm{d}t}$ 为单位时间内由分子扩散而沉积的溶解蜡的质量，kg/s；D_d 为剪切速度修正值，无量纲，$D_d=1500m_{wax}^{a_1}$；D_s 为含水率修正系数，无量纲(由实验数据拟合校正)，$D_s=(1-f_w)^{b_1}$，f_w 为地层产出液含水率，无量纲；C_h 为单位换算系数，C_h=0.8267578；ρ_s 为蜡晶密度，kg/m^3；A_w 为蜡沉积表面积，m^2；V 为井筒流体的体积流量，m^3/s；μ 为流体的黏度，mPa·s；T_t 为管壁温度，℃；ρ_1 为液相密度，kg/m^3；c_p 为井筒流体的定压比

热容，kJ/(kg·℃)；k 为井筒流体的热传导系数，kJ/(kg·s·℃)；d_{ti} 为油管内径，m；$\frac{dT}{dL}$ 为井筒轴向温度梯度，℃/m；m_{wax} 为原油中蜡质的质量分数，%；a_1、b_1 为系数，无量纲，取值见表 5-4-3。

表 5-4-3 公式系数 a_1、b_1、c_1、d_1 的取值

产出液含水率	a_1	b_1	c_1	d_1
0～0.15	0.12	0.005	2.315	1.00
0.15～0.75	0.50	1.25	1.50	1.75
0.75～1.00	1.12	2.314	0.75	2.25

(2) 剪切沉积速度模型。

速度梯度的影响使蜡晶产生的剪切沉积速度计算式为

$$\frac{dW_s}{dt}=0.011512C_dC_hC_sm_{wax}^{c_1}f_w^{d_1}\gamma A_w(10^{-0.19458T_t}-10^{-0.19458T_c}) \tag{5-4-10}$$

式中，$\frac{dW_s}{dt}$ 为单位时间内因石蜡晶体剪切扩散而发生沉积的蜡晶的质量，kg/s；C_d 为剪切沉积修正常数，C_d=1.25；γ 为剪切速度，s^{-1}；C_s 为单位换算系数，C_s=35.31467；T_c 为蜡的初始结晶温度，℃；c_1、d_1 为系数，无量纲，取值见表 5-4-3。

(3) 老化与剪切剥离速度模型。

石蜡沉积过程中的剪切剥离作用和石蜡层的老化作用对结蜡厚度产生的影响与分子扩散作用存在线性相关关系，石蜡层的剥离和老化损失表示为

$$\frac{dW_e}{dt}=-D_e\frac{\rho_sA_w}{\mu}\left(\frac{dc}{dT}\right)\left(\frac{dT}{dr}\right) \tag{5-4-11}$$

式中，D_e 为蜡层冲刷和老化的经验系数，无量纲，$D_e=\dfrac{D_d}{1+\dfrac{(1+K_af_w)^2f_w}{1-f_w}}$，$K_a$ 为剪切剥蚀损失速度常数，无量纲；$\frac{dc}{dT}$ 为管壁处蜡晶溶解度系数，10^{-3}/℃；$\frac{dT}{dr}$ 为径向温度梯度，℃/m；dW_e/dt 为单位时间内剪切剥离作用和石蜡层的老化作用而发生沉积的蜡晶的质量。

综上所述，井壁石蜡总沉积速度为

$$\frac{dW}{dt}=\frac{dW_d}{dt}+\frac{dW_s}{dt}+\frac{dW_e}{dt} \tag{5-4-12}$$

式中，dW/dt 为单位时间内总沉积蜡晶的质量，kg/s。

4) 结蜡模型经验参数的拟合分析

为了进一步提高结蜡预测理论模型在矿场应用的计算精度，需利用实验方法修正扩

散沉积速度修正系数、剪切速度修正系数和温度修正系数。

利用设计的“适用于海上大斜度井井筒含蜡原油动态析蜡特性评价”装置开展结蜡剖面动态评价试验(图 5-4-2)。该试验装置主要通过两个不同的循环通道来实现模拟油井生产过程中的动态结蜡规律。一个循环通道模拟井液流动状况，将储液罐中的试验样品通过蠕动泵打入油管中，流经管汇回到储液罐，从而建立循环；另一个循环通道是在油管外设置一个套筒，套筒与恒温浴相连，套筒与油管之间的环空充满冷却液，冷却液的温度由高低温恒温浴控制，用来模拟油管外的温度状况。利用该试验装置可以实现大斜度油井井筒结蜡剖面动态评价试验、多影响因素评价试验。

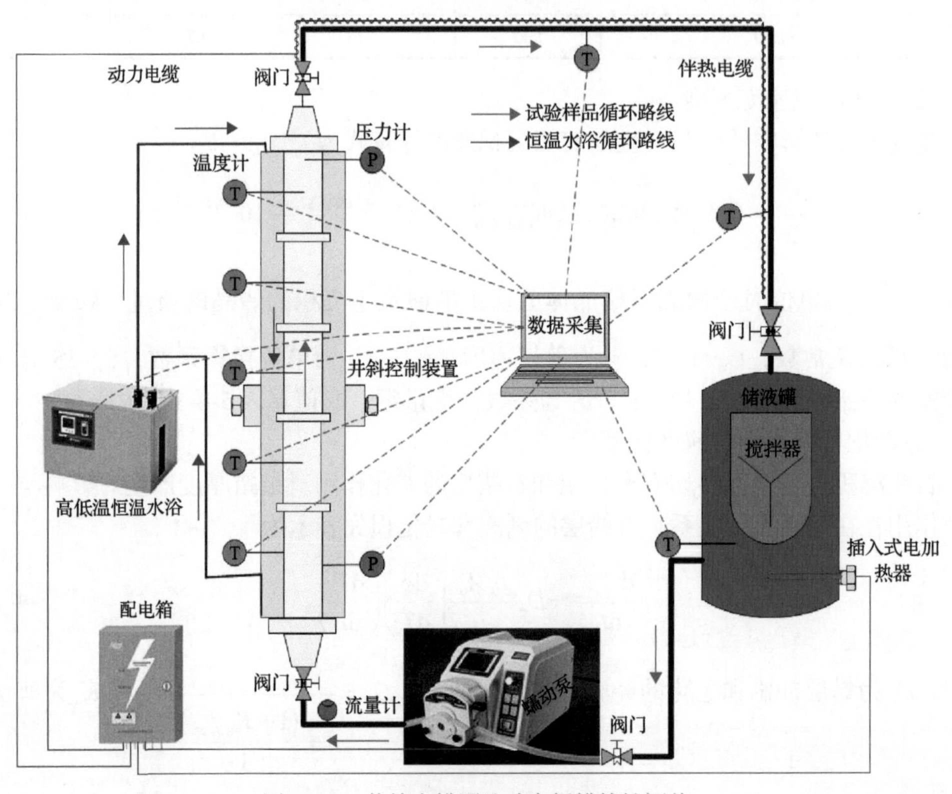

图 5-4-2 井筒含蜡原油动态析蜡特性评价

以 JX1-1-Y01 井井口取样原油为油样(表 5-4-4)，对井筒结蜡规律进行模拟试验，试验不同温度、流量、含水率、井斜角和井壁温差条件下的蜡沉积速度。

表 5-4-4 试验基本管柱和油样信息

参数	数值	参数	数值
析蜡温度/℃	41.7	沥青质含量/%	4.75
试验管材内径/mm	60	含蜡量/%	6.8
试验样品量/L	30	蜡密度/(g/cm³)	0.9
试验样品密度/(g/cm³)	0.94	计算最大结蜡量/g	1917.6
胶质含量/%	15.18	试验管长度/m	1.5

(1)含水率修正(扩散沉积速度修正)。

当试验排量为 45m^3/d、试验流体温度为 35℃、油壁温差为 10℃、试验时间为 24h 时，试验测试了含水率为 4%、15%、28%、40%、52%、65%下的试验管蜡沉积量。

定义含水率修正系数关系式为

$$D_s = a_2 \ln(1 - f_w) + b_2 \tag{5-4-13}$$

式中，a_2 和 b_2 为修正系数，无量纲。

对结蜡模型数据进行拟合(图 5-4-3)，得出拟合参数 a_2=1.926、b_2=8.81。

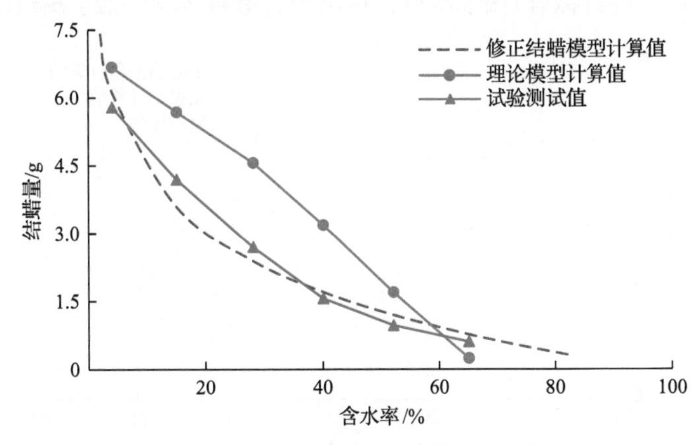

图 5-4-3 结蜡量与含水率修正关系图

(2)流量修正(剪切速度修正)。

当试验样品不含水、试验流体温度为 35℃、油壁温差为 10℃、实验时间为 24h 时，试验测试了流量分别为 15m^3/d、25m^3/d、30m^3/d、38m^3/d、45m^3/d、54m^3/d 下试验管蜡沉积量。定义含水率修正关系式为

$$D_d = c_2 + d_2 \gamma^n \tag{5-4-14}$$

式中，c_2、d_2 和 n 为修正系数，无量纲。

对结蜡模型数据进行拟合(图 5-4-4)，得出拟合参数 c_2=5.232, d_2=0.9825, n=1.2。

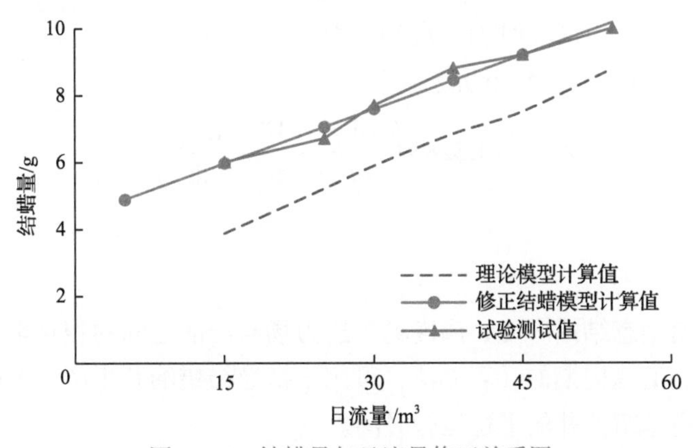

图 5-4-4 结蜡量与日流量修正关系图

(3) 温度修正。

当试验排量为45m^3/d、样品不含水、油壁温差为10℃、实验时间为24h时，进行了流体温度分别为12℃、17℃、22℃、27℃、33℃、36℃下井筒蜡沉积的试验。参照试验数据利用最小二乘法对模型进行线性拟合，定义修正关系为

$$\frac{\mathrm{d}W}{\mathrm{d}t}=a_3+b_3\times\left(\frac{\mathrm{d}W_\mathrm{d}}{\mathrm{d}t}+\frac{\mathrm{d}W_\mathrm{s}}{\mathrm{d}t}+\frac{\mathrm{d}W_\mathrm{e}}{\mathrm{d}t}\right) \tag{5-4-15}$$

对结蜡模型数据进行拟合(图 5-4-5)，得出拟合参数 a_3=2.922、b_3=1.328。

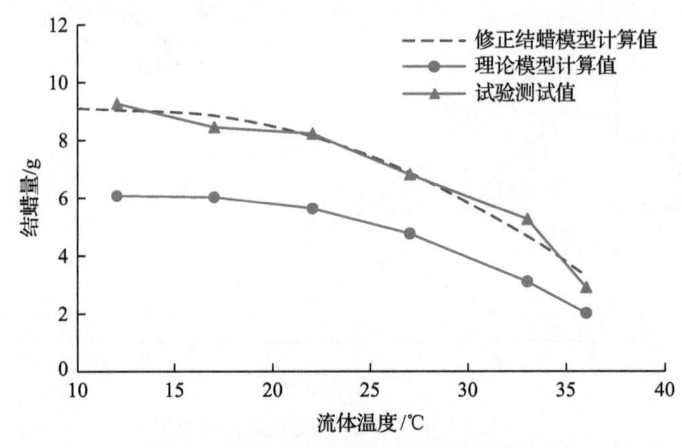

图 5-4-5　结蜡量与流体温度修正关系图

综上所述，修正后的井筒沿程动态结蜡剖面预测模型为

$$\begin{cases}\dfrac{\mathrm{d}W_\mathrm{d}}{\mathrm{d}t}=D_\mathrm{d}D_\mathrm{s}C_\mathrm{h}\dfrac{\rho_\mathrm{s}A_\mathrm{w}}{\mu}\dfrac{V\rho_1 c_p}{\pi kd}\left(\dfrac{\mathrm{d}T}{\mathrm{d}L}\right)\times10^{(-0.19458T_\mathrm{t}-2.297)}\\ \dfrac{\mathrm{d}W_\mathrm{s}}{\mathrm{d}t}=0.011512C_\mathrm{h}C_\mathrm{s}\gamma A_\mathrm{w}\left(10^{-0.19458T_\mathrm{t}}-10^{-0.19458T_\mathrm{c}}\right)\\ \dfrac{\mathrm{d}W_\mathrm{e}}{\mathrm{d}t}=-D_\mathrm{e}D_\mathrm{d}\dfrac{\rho_\mathrm{s}A_\mathrm{w}}{\mu}\left(\dfrac{\mathrm{d}c}{\mathrm{d}T}\right)\left(\dfrac{\mathrm{d}T}{\mathrm{d}r}\right)\\ D_\mathrm{s}=1.926\times\ln(1-f_\mathrm{w})+8.81\\ D_\mathrm{d}=5.232+0.9825\gamma^{1.2}\\ \dfrac{\mathrm{d}W}{\mathrm{d}t}=2.922+1.328\times\left(\dfrac{\mathrm{d}W_\mathrm{d}}{\mathrm{d}t}+\dfrac{\mathrm{d}W_\mathrm{s}}{\mathrm{d}t}+\dfrac{\mathrm{d}W_\mathrm{e}}{\mathrm{d}t}\right)\end{cases} \tag{5-4-16}$$

2. 清蜡周期预测计算方法

综合考虑井筒动态结蜡厚度、温度场、压力场与产能之间的相互影响，建立了一套准确预测井筒动态清蜡周期的计算方法，可用于指导结蜡油井生产制度的制定和清防蜡工艺的优选，提高结蜡油井的平稳运行时间。

基于结蜡剖面预测模型，可计算当前工况下油井在未来生产中的结蜡情况，分析结蜡对油井产量递减规律的影响并准确预测现场清防蜡措施实施的周期，是缓解结蜡现象对油井的消极影响、减小经济损失的必要前提。故此处定义临界干扰结蜡量概念(杨万有等，2019)。

1)临界干扰结蜡量概念的提出

一般而言，油田管理者依据油井产量下降绝对值判定清蜡作业时机，但往往油井产量生产情况不同和人员经验存在差异，导致不同管理者判定的同一口井的清蜡时机不同，为此引入“临界干扰产量百分比”的概念，以指导并帮助管理者做出合理决策。

临界干扰产液量：生产管柱结蜡使油井产量下降至正常生产所允许的最低临界产量时所对应的产量为临界干扰产液量。

临界干扰产量百分比：临界干扰产液量除以正常生产时的产液量称为临界干扰产量百分比。

临界干扰结蜡厚度：产液量下降至临界干扰产液量时，对应的管壁结蜡厚度为临界干扰结蜡厚度，该厚度对应的结蜡量为临界干扰结蜡量，对应的结蜡时间为清蜡周期。

按照不同程度的临界干扰产量百分比可将清蜡周期划分为三个区域(图 5-4-6)：①生产安全期。井筒流体开始析蜡，大部分蜡晶因流体冲刷随井液产出至井口，仅有小部分蜡沉积在油管内壁，未对生产造成明显影响，一般表现为油井生产平稳，电泵运行电流、流压无明显变化。②生产过渡期。随着沿程井筒温度的降低，析蜡量逐渐升高，部分蜡晶随井液产出至井口，大部分蜡晶在油管内壁开始沉积，沉积厚度逐渐增加，一般表现为生产出现波动，产量略有下降，流压略有升高，运行电流无显著规律可循。③生产危险期。绝大部分蜡晶在油管内壁开始沉积，沉积厚度逐渐增加，严重者油管有效流动通道变窄，甚至发生堵塞，一般表现为油井产量下降明显，流压升高显著，运行电流无显著规律可循。

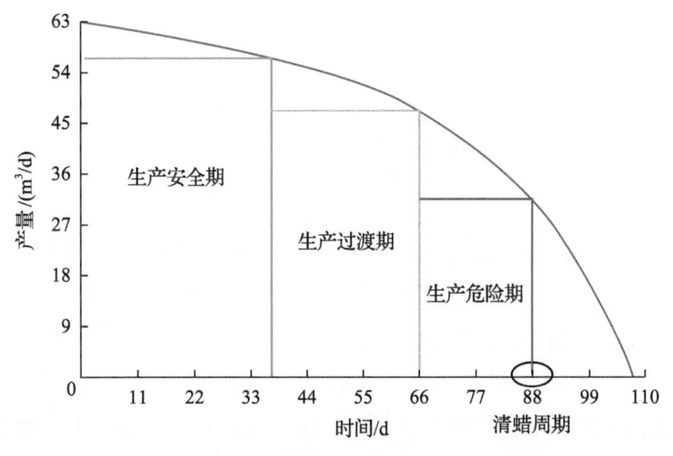

图 5-4-6　结蜡油井生产周期划分示意图

实际油田清蜡作业后油井产能恢复，随着生产进行产液量逐渐降低，从生产安全期、生产过渡期到生产危险期，产量降低的速度越来越快。这是因为当油井出现结蜡状况时，油管内的过流面积减小，增加了井筒内的压力损失，导致油井产量减小。随着油井产量的减小，井筒流体温度变小，加剧了油管内壁的结蜡状况，进一步减小了油管内的过流面积，因此油井的产量降低速度越来越快。

2)清蜡周期预测计算方法

与常规电泵井相比，由于井筒结蜡，井筒中流体的温度场分布、压力场分布受影响，从而改变了油井的流出动态规律，导致结蜡油井的生产协调点向左偏移，直观体现为结蜡油井产液量下降、井底流压升高(图 5-4-7)。

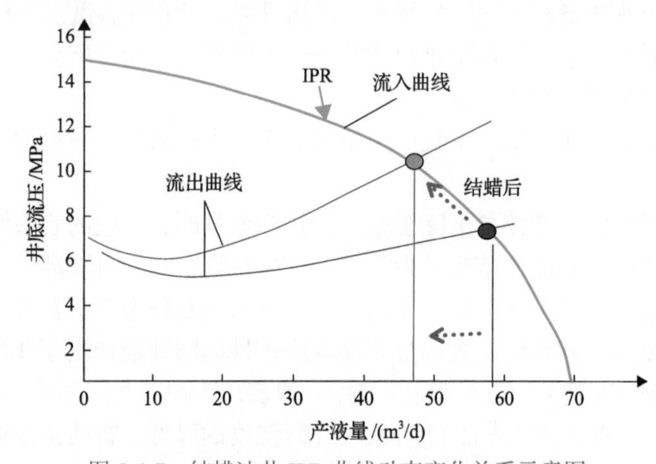

图 5-4-7　结蜡油井 IPR 曲线动态变化关系示意图

运用节点系统分析方法，综合考虑井筒动态结蜡厚度、温度场、压力场与产能之间的相互影响，建立结蜡油井清蜡周期预测计算模型：

$$\begin{cases} P_{\mathrm{wf}} = f_{\mathrm{i}}\left(Q_{\mathrm{t}}\right) \\ P = k_{\mathrm{i}}\left(L, P_{\mathrm{wf}}, P_{\mathrm{t}}\right) \\ T = T_{\mathrm{i}}\left(L, \lambda_{\mathrm{wax}}, \lambda_{\mathrm{tub}}\right) \\ \dfrac{\mathrm{d}W}{\mathrm{d}t} = \dfrac{\mathrm{d}W_{\mathrm{d}}}{\mathrm{d}t} + \dfrac{\mathrm{d}W_{\mathrm{s}}}{\mathrm{d}t} + \dfrac{\mathrm{d}W_{\mathrm{e}}}{\mathrm{d}t} \\ t = y_{\mathrm{i}}\left(P_{\mathrm{wf}}, P, T, W_{\text{t-wax}}, \eta_{\mathrm{w}}\right) \end{cases} \tag{5-4-17}$$

式中，P_{wf} 为井底流压，MPa；f_{i} 为油井流入动态关系函数；P 为沿程井筒压力，MPa；k_{i} 为沿程井筒压力计算关系函数；L 为沿程井筒深度，m；P_{t} 为井口油压，MPa；T 为沿程井筒温度，℃；T_{i} 为沿程井筒温度计算关系式；λ_{wax}、λ_{tub} 分别为蜡层、油管的导热系数，W/(m·k)；$\mathrm{d}W_{\mathrm{d}}/\mathrm{d}t$ 为单位时间内由分子扩散而沉积的溶解蜡的质量，kg/s；$\mathrm{d}W_{\mathrm{s}}/\mathrm{d}t$ 为单位时间内因石蜡晶体剪切扩散而发生沉积的蜡晶的质量，kg/s；$\mathrm{d}W_{\mathrm{e}}/\mathrm{d}t$ 为单位时间内剪切剥离作用和石蜡层的老化作用而发生沉积的蜡晶的质量，kg/s；t 为清蜡周期，d；y_{i} 为清蜡周期计算函数；$W_{\text{t-wax}}$ 为沿程井筒临界干扰结蜡厚度，mm；η_{w} 为临界干扰产量百分比，%。

方程边界条件为

$$\begin{cases} P\left(H = H_{井口}\right) = P_{t} \\ P\left(H = H_{井底}\right) = P_{wf} \\ 0 < \eta_{w} < 1 \\ 0 \leqslant W_{t\text{-}wax} \leqslant \dfrac{d}{2} \end{cases} \tag{5-4-18}$$

式中，$H_{井口}$为井口处垂深，m；$H_{井底}$为井底处垂深，m；d 为油管直径(内部直径)，mm。

以临界干扰产量百分比为计算求解目标，计算泵上泵下沿程井筒温/压分布规律，以此为条件计算沿程动态结蜡剖面分布规律。该方法综合考虑井筒动态结蜡厚度、温度场、压力场与产能之间的相互影响，建立清蜡周期求解方法(图 5-4-8)，具体求解步骤如下。

步骤 1：给定目标井产液量 Q_1，根据油井流入动态 IPR 计算目标井产液量下的井底流压 P_{wf}。

步骤 2：给定目标井生产参数、管柱特征及电泵机组参数。

步骤 3：初始假定清蜡周期为 Δt，赋值 $t=\Delta t$。

步骤 4：假设该时间周期结束时产液量不变，赋值迭代变量 $Q_m=Q_1$。

步骤 5：按照产液量 Q_m、清蜡周期 t，由井口向下计算 Δt 时间内沿程井筒温度剖面 T 和沿程井筒结蜡量 $W_{m\text{-}wax}$。

步骤 6：按照产液量 Q_m、清蜡周期 t，由井口向下计算至泵排出口井筒流体压力 P_{out}。

步骤 7：按照产液量 Q_m、清蜡周期 t，根据井底流压 P_{wf} 向上计算至泵吸入口井筒流体压力 P_{in}。

步骤 8：根据泵排出口井筒流体压力 P_{out} 和泵吸入口井筒流体压力 P_{in}，计算泵实际提供有效扬程 H_m。

步骤 9：结合电泵特性曲线，计算流经电泵流体的流量 Q_n。

步骤 10：若$|Q_n-Q_m|<\varepsilon$不成立，赋值 $Q_m=(Q_n+Q_m)/2$，重复步骤 5～步骤 9，其中 ε 为误差精度。

步骤 11：若$|Q_n-Q_m|<\varepsilon$成立，计 Q_t 为当前有效产液量。

步骤 12：若 $Q_t/Q_1<\eta_w$ 不成立，赋值 $t=t+\Delta t$，重复步骤 4～步骤 11，其中 η_w 为定义的临界干扰产量百分比，计量单位为%。

步骤 13：若 $Q_t/Q_1<\eta_w$ 成立，得到临界干扰产液量 Q_t，预测的清蜡周期为 t，对应的沿程井筒临界干扰结蜡为 $W_{t\text{-}wax}$。

3) 清蜡周期影响因素分析

(1) 产液量。

不改变其他条件，分别计算产液量为 $40m^3/d$、$50m^3/d$、$60m^3/d$ 和 $70m^3/d$ 时的清蜡周期，计算结果表明，相同临界干扰产量百分比条件下，随着产液量的增加，清蜡周期增加。当临界干扰产量百分比为 30%时，产液量降低至 40～$70m^3/d$ 时的清蜡周期为 110～125d。临界干扰产量百分比为 50%时，产液量降低至 40～$70m^3/d$ 时的清蜡周期为 85～113d。临界干扰产量百分比为 70%时，产液量降低至 40～$70m^3/d$ 时的清蜡周期为 65～93d(图 5-4-9)。

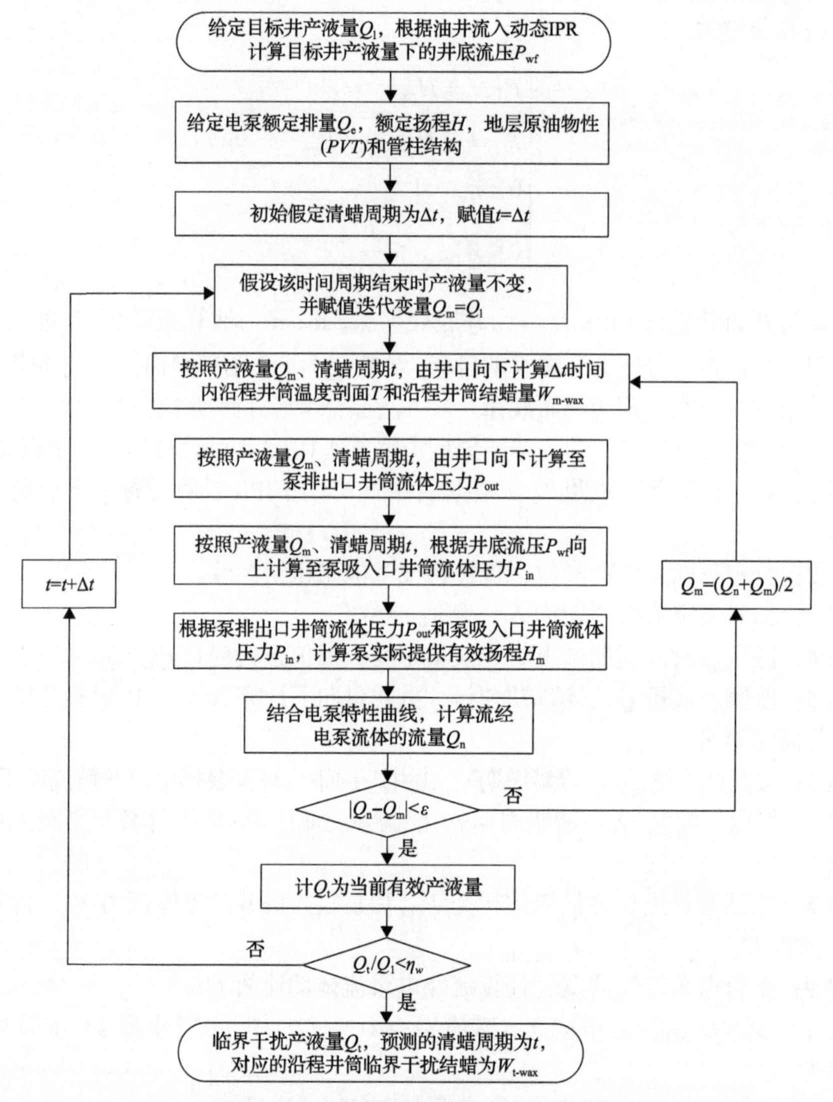

图 5-4-8　结蜡井清蜡周期预测计算方法

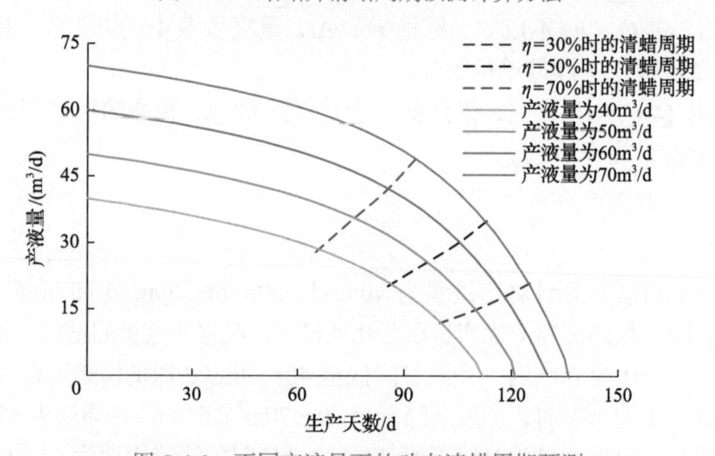

图 5-4-9　不同产液量下的动态清蜡周期预测

(2)含水率。

不改变其他条件，分别计算含水率为0%、20%、40%和60%时的清蜡周期，计算结果表明，相同临界干扰产量百分比条件下，随着含水率的增加，清蜡周期增加。当临界干扰产量百分比为30%时，含水率为0%～60%时的清蜡周期为63～90d。当临界干扰产量百分比为50%时，含水率为0%～60%时的清蜡周期为78～112d。当临界干扰产量百分比为70%时，含水率为0%～60%时的清蜡周期为88～127d(图5-4-10)。

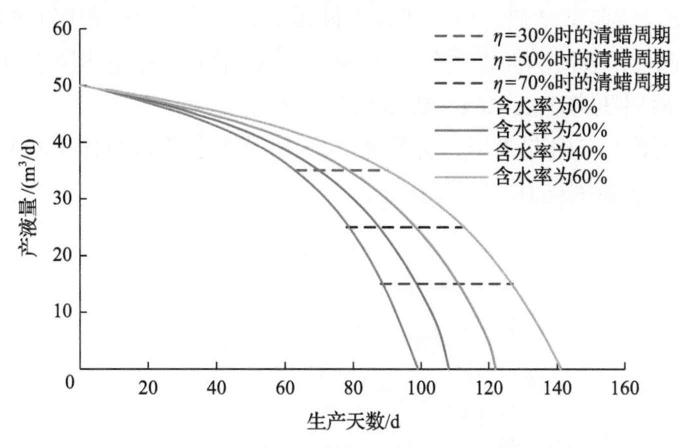

图5-4-10 不同含水率下的动态清蜡周期预测

(3)不同生产气油比分析。

不改变其他条件，分别计算生产气油比为20(m^3/m^3，下同)、50、100和150时的清蜡周期，计算结果表明，相同临界干扰产量百分比条件下，随着生产气油比的增加，清蜡周期增加。当临界干扰产量百分比为30%时，生产气油比为20～150时的清蜡周期为68～81d。当临界干扰产量百分比为50%时，生产气油比为20～150时的清蜡周期为85～101d。当临界干扰产量百分比为70%时，生产气油比为20～150时的清蜡周期为96～114d(图5-4-11)。

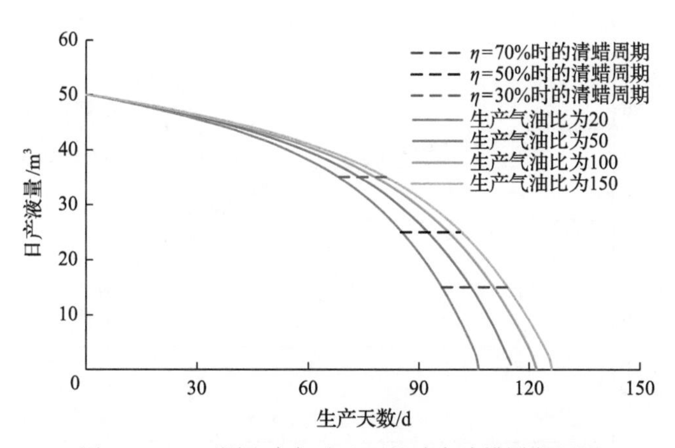

图5-4-11 不同生产气油比下的动态清蜡周期预测

3. 典型实例井计算分析

以 JX1-1 油田 Y06 井为例计算不同临界干扰产量百分比下沿程井筒结蜡剖面和动态清蜡周期，并与实际生产时的清蜡周期进行对比。该井自投产以来，因井筒结蜡堵塞周期性出现，产液量下降，流压上升(结蜡特征明显)，现场多次实施真空隔热油管防蜡、化学药剂清防蜡、钢丝通井清蜡、循环热洗清蜡、连续油管清蜡等清防蜡工艺，平均历史清蜡周期 121d。该典型结蜡井位于 JX1-1 油田 2D 井区，原油密度 0.94g/cm^3，地面原油黏度 197.80mPa·s，胶质、沥青质含量 19.9%，含蜡量 6.8%，油层温度 60℃，饱和压力 10.44MPa，原始地层压力 13.6MPa，析蜡温度 37～41℃。

以 Y06 井典型生产周期为例，计算不同临界干扰产量百分比下沿程井筒结蜡剖面(图 5-4-12)和动态清蜡周期(图 5-4-13)。

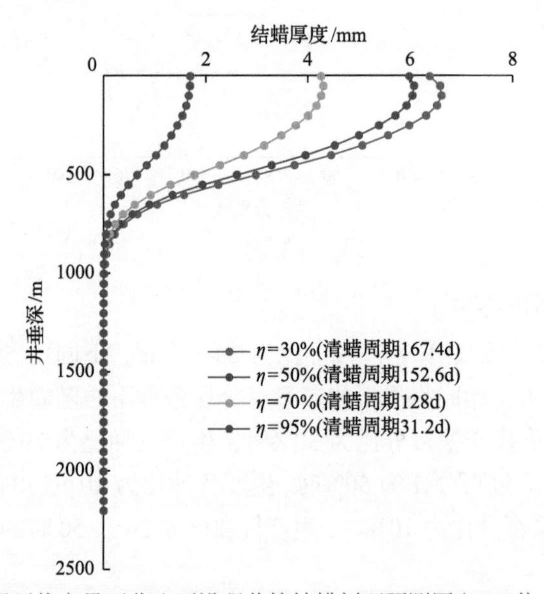

图 5-4-12 不同临界干扰产量百分比下沿程井筒结蜡剖面预测图(Y06 井，2013 年 6～11 月)

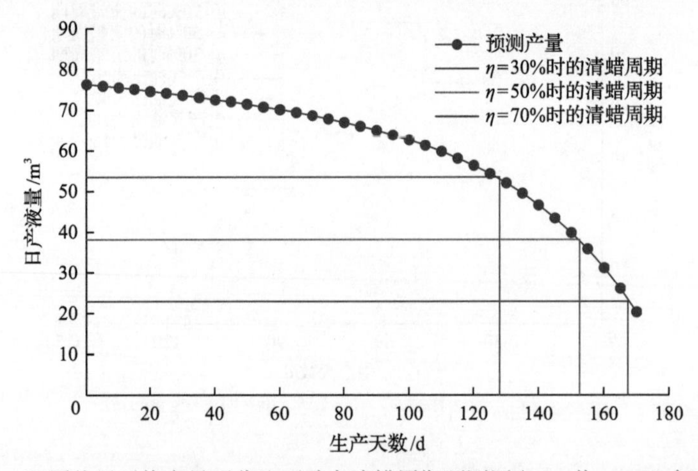

图 5-4-13 不同临界干扰产量百分比下动态清蜡周期预测图(Y06 井，2013 年 6～11 月)

计算结果表明，当临界干扰产量百分比为70%时，对应清蜡周期为128d，井筒最大结蜡厚度为4.3mm；当临界干扰产量百分比为50%时，对应清蜡周期为152.6d，井筒最大结蜡厚度为6.08mm；当临界干扰产量百分比为30%时，对应清蜡周期为167.4d，井筒最大结蜡厚度为6.52mm，结蜡深度1100m(现场通井规通井至840m和975m多次遇阻，实际作业遇阻深度与预测结蜡深度偏差不大，表明计算模型精度可满足现场实际需求)。

对Y06井的7个明显结蜡周期进行预测：实际清蜡周期平均121d，预测清蜡周期平均118.1d，平均误差6.29%(表5-4-5)。

表5-4-5 JX1-1油田三口典型井预测清蜡周期与实际清蜡周期对比表

井号	开始日期	结束日期	初始产液量/(m^3/d)	清蜡作业前产液量/(m^3/d)	实际清蜡周期/d	预测清蜡周期/d	误差率/%
Y01	2014/7/19	2014/9/10	50.4	43.2	53	45	15.1
	2014/9/15	2014/12/4	62.9	45.6	80	70	12.5
	2015/3/10	2015/5/21	44.4	13.7	72	82	13.9
	2016/7/14	2016/9/10	53.2	32.9	58	68	17.2
	2016/9/22	2016/11/29	50.4	17.0	68	81	19.1
Y05	2015/2/3	2015/4/3	60.9	19.6	59	65	10.2
	2015/4/5	2015/6/13	50.6	24.6	69	82	18.8
	2015/6/26	2015/8/15	37.4	26.8	50	54	8.0
Y06	2013/6/21	2013/11/27	76.4	26.2	159	165	3.8
	2013/12/10	2014/4/26	70.1	32.8	137	145	5.8
	2014/5/5	2014/6/24	46.5	26.5	50	44	12.0
	2014/7/30	2014/10/31	29.6	14.0	93	95	2.2
	2014/11/4	2015/2/20	20.5	11.9	108	105	2.8
	2015/3/27	2015/8/4	25.6	12.4	130	122	6.2
	2016/9/19	2017/3/8	25.9	15.3	170	151	11.2
平均	—	—	—	—	90.4	91.6	10.6

按照上述理论方法，对JX1-1油田Y01、Y05和Y06井共计15个清蜡周期内的生产情况进行了动态清蜡周期预测(图5-4-14～图5-4-16)，预测结果与实测数据平均误差为10.6%，最大误差为19.1%，最小误差为2.2%，其预测精度满足现场实际需求(表5-4-4)。

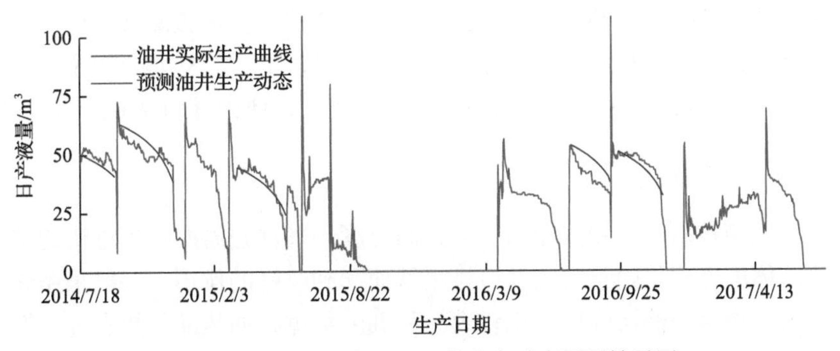

图5-4-14 JX1-1油田Y01井生产动态预测结果图

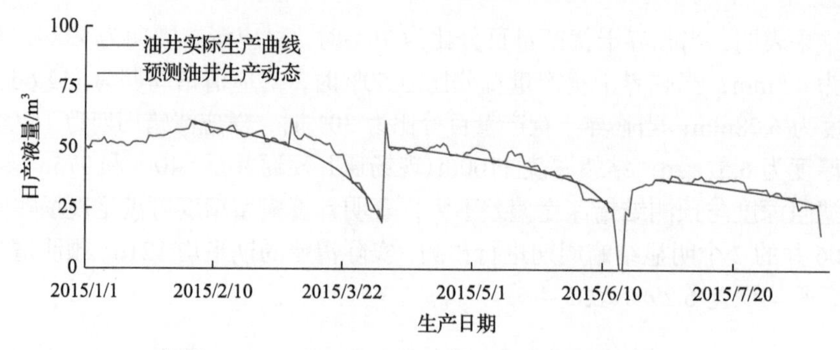

图 5-4-15　JX1-1 油田 Y05 井生产动态预测结果图

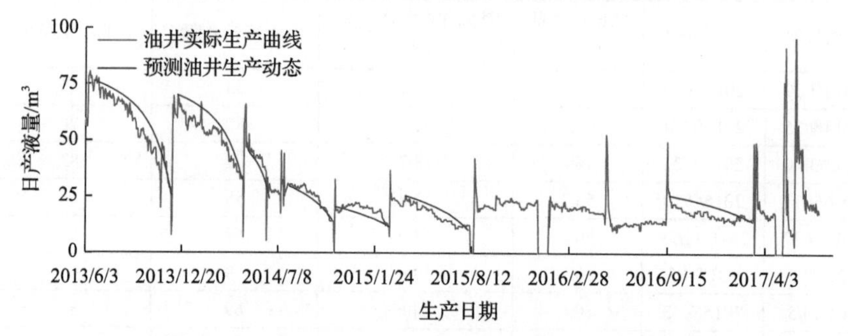

图 5-4-16　JX1-1 油田 Y06 井生产动态预测结果图

从计算结果可以看出，清蜡作业后，油井产能恢复，随着生产的进行，产液量逐渐降低，从生产安全期、生产过渡期到生产危险期，产液量降低速度越来越快。这是因为当油井出现结蜡状况时，油管内的过流面积减小，增加了井筒内的压力损失，导致油井产液量减小，随着产液量的减小，井筒流体温度变小，加剧了油管内壁的结蜡状况，进一步减小了油管内过流面积，所以油井的产液量降低速度越来越快。

5.4.3　结蜡井热循环洗井工艺

目前渤海油田使用的热力清蜡法主要是加热车清蜡和热油反洗清蜡。加热车清蜡主要是通过加热有机溶剂或地层水清蜡，热油反洗清蜡主要是使用邻井油质好、油温高的热油循环清蜡。

循环热清洗蜡具有工艺简单、施工方便、可与其他工艺措施配合使用、清蜡效果较好的优点。例如，金县 1-1 油田 Y02 井、Y04 井、Y08 井、Y25 井和锦州 21-1 油田 Y03 井、Y10h 井等均使用循环热清洗蜡与钢丝通井清蜡配合使用顺利完成清蜡工作。

1. *循环热清洗蜡原理*

循环热清洗蜡技术是利用热能来提高井筒温度，确保井筒温度超过蜡的熔点，并借助大排量热流体的循环将蜡携带至井口排出从而起到清蜡的作用。一般采用热容量大、对油井不会产生伤害、经济性好且比较容易得到的载体，如热油、热水等，有的也采用加热有机溶剂洗井清蜡。

渤海油田潜油电泵举升结蜡井热力循环洗井清蜡工艺流程为：在油套环空将热流体以高压形式注入，热流体通过井下过电缆封隔器流至电泵吸入口处与地层产出液混合，混合后的热流体通过电泵增压进入油管举升至井口（图 5-4-17）。当沿程井筒混合流体的温度高于溶蜡点温度时，可将井壁蜡质溶解，并通过大排量热流体冲刷作用，达到除蜡目的（杨万有等，2019）。

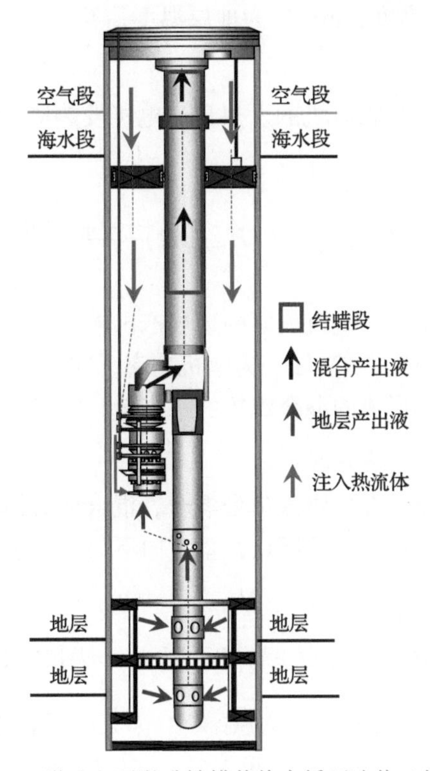

图 5-4-17　潜油电泵举升结蜡井热力循环洗井工艺示意图

2. 工艺参数优化设计方法

潜油电泵举升结蜡井热力循环洗井工艺的关键点是准确预测热循环流体掺入后井筒流体温度剖面分布情况。

为适当简化井下复杂的情况，作如下假设：①油井内传热条件为井筒内（井内流体到水泥环外边缘）的稳态传热和地层（海水或大气）部分的非稳态导热；②电泵井为点热源，动力电缆为均匀散热的热源线，功率恒定；③所释放的热量被外部流体完全吸收；④油井以定产量生产；⑤井筒管柱材料、结构、尺寸和热物理性质均匀一致；⑥考虑结蜡引起的油管传热系数的改变，且析蜡点以上蜡层的传热系数为恒定值。

1）井底至电机处井筒流体温度计算

地层产出流体沿着井筒向上流动至泵的吸入口，该段温度计算方程为

$$t_0(l)=-m_s\frac{W_2}{k_2}e^{\left(-\frac{k_2}{W_2}\times l\right)}+m_s\frac{W_2}{k_2}+(T_f-m_s\times l) \tag{5-4-19}$$

式中，$t_0(l)$为井底至电机段井底向上l高度处地层产出液温度，℃；m_s为地温梯度，℃/m；W_2为地层产出液水当量，W/℃；k_2为套管内地层产出液与地层的传热系数，W/(℃·m)；l为井底至井口沿井筒向上高度，m；T_f为地层温度，℃。

2）电机增温

产出液流经电机表面会吸收电机的发热量。电机发热使流体升温。电机处流经电机表面的地层产出液温度为

$$t_{pr}(H_r-H_p)=t_0(H_r-H_p)+\frac{N_m(1-\eta_m)}{W_0} \tag{5-4-20}$$

式中，$t_0(H_r–H_p)$为电机处未流经电机表面的地层产出液温度，℃；$t_{pr}(H_r–H_p)$为电机处流经电机表面的地层产出液温度，℃；N_m为电机功率，W；η_m为电机效率，无量纲；W_0为地层产出液与洗井热流体形成的混合流体的水当量，W/℃。

3）泵吸入口至井口段的温度计算

地层产出液和洗井热流体在泵吸入口处混合，混合的流体流经泵增压后经油管流至井口。根据能量守恒，以井口为坐标原点，垂直向下为正，建立微分方程组：

$$\begin{cases}-W_0\mathrm{d}T_w=k_1(T-t)\mathrm{d}l+\alpha_1q_c\mathrm{d}l\\-W_1\mathrm{d}T=k_1(T-T_w)\,\mathrm{d}l+k_2\left[T-(T_0+m\times l)\right]\mathrm{d}l-(1-\alpha_1)q_c\mathrm{d}l\end{cases} \tag{5-4-21}$$

式中，W_1为热循环洗井热流体当量，W/℃；T_w为泵吸入口至井口段地层产出流体和热循环洗井热流体混合温度，℃；T为泵吸入口至井口段热循环洗井热流体的温度，℃；k_1为油管内外的传热系数，W/(℃·m)；k_2为套管内地层产出液与地层的传热系数，W/(℃·m)；α_1为大扁电缆作用于油管内流体的加热比例系数；q_c为单位长度大扁电缆发热量，W/m；T_0为大气平均温度，℃。

方程(5-4-21)的通解为

$$\begin{cases}t(l)=C_1e^{r_1l}+C_2e^{r_2l}+T_0+m\times l-m\left(\dfrac{W_1}{k_2}-W\dfrac{k_1+k_2}{k_1k_2}\right)+\dfrac{\alpha k_2q_c+k_1q_c}{k_1k_2}\\T(l)=\left(1-\dfrac{W}{k_1}r_1\right)C_1e^{r_2l}+\left(1-\dfrac{W}{k_1}r_2\right)C_2e^{r_2l}+T_0+m\times l-m\dfrac{W-W_1}{k_1}+\dfrac{q_c}{k_2}\end{cases} \tag{5-4-22}$$

式中，

$$r_1=\frac{1}{2}\left[\left(\frac{k_1}{W}-\frac{k_1+k_2}{W_1}\right)+\sqrt{\left(\frac{k_1}{W}-\frac{k_1+k_2}{W_1}\right)^2+4\frac{k_1k_2}{WW_1}}\right] \tag{5-4-23}$$

$$r_2=\frac{1}{2}\left[\left(\frac{k_1}{W}-\frac{k_1+k_2}{W_1}\right)-\sqrt{\left(\frac{k_1}{W}-\frac{k_1+k_2}{W_1}\right)^2+4\frac{k_1k_2}{WW_1}}\right] \tag{5-4-24}$$

边界条件为

$$\begin{cases}\dfrac{W_1T(H_p)+W_2t_{pr}(H_r-H_p)}{W}=t(H_p)\\ T(H_r)\big|_{l=H_r}=T_{inj}\end{cases} \tag{5-4-25}$$

式(5-4-22)～式(5-4-25)中，C_1、C_2为系数，无量纲，其值可由边界条件确定；r_1、r_2为特征方程的特征根，无量纲；$T(H_r)$为热循环洗井热流体井口注入温度，℃；H_p为下泵深度，m；T_{inj}为热循环洗井热流体井口注入温度，℃；H_r为井深。

4）传热系数计算

对于海上结蜡油井，在计算传热系数时，需考虑以下两点。

(1)隔水管外海水或空气对传热系数的影响。

(2)油管内壁沉积的蜡层对传热系数的影响。

油管内外的传热系数k_1的计算公式为

$$\begin{cases}k_1=\left(\dfrac{1}{h_w\pi d_{wax}}+\dfrac{1}{2\pi\lambda_{wax}}\ln\dfrac{d_{ti}}{D_{wax}}+\dfrac{1}{2\pi\lambda_{tub}}\ln\dfrac{d_{to}}{d_{ti}}+\dfrac{1}{2\pi\lambda_r}\ln\dfrac{d_{ci}}{d_{to}}\right)^{-1}, & 0<l\leqslant H_{wax}\\ k_1=\left(\dfrac{1}{h\pi d_{ti}}+\dfrac{1}{2\pi\lambda_{tub}}\ln\dfrac{d_{to}}{d_{ti}}+\dfrac{1}{2\pi\lambda_r}\ln\dfrac{d_{ci}}{d_{to}}\right)^{-1}, & H_{wax}<l\leqslant H_r\end{cases} \tag{5-4-26}$$

套管内地层产出液与地层的传热系数k_2的计算公式为

$$\begin{cases}k_2=\left(\begin{aligned}&\dfrac{1}{2\pi\lambda_{cas}}\ln\dfrac{d_{co}}{d_{ci}}+\dfrac{1}{2\pi\lambda_a}\ln\dfrac{d_{c1i}}{d_{co}}+\dfrac{1}{2\pi\lambda_{cas}}\ln\dfrac{d_{c1o}}{d_{c1i}}+\\ &\dfrac{1}{2\pi\lambda_a}\ln\dfrac{d_{c2i}}{d_{c1o}}+\dfrac{1}{2\pi\lambda_{cas}}\ln\dfrac{d_{c2o}}{d_{c2i}}+\dfrac{1}{h_a\pi d_{c2o}}+\dfrac{1}{h\pi d_{ci}}\end{aligned}\right)^{-1}, & 0\leqslant l<H_{sea}\\ k_2=\left(\begin{aligned}&\dfrac{1}{2\pi\lambda_{cas}}\ln\dfrac{d_{co}}{d_{ci}}+\dfrac{1}{2\pi\lambda_a}\ln\dfrac{d_{c1i}}{d_{co}}+\dfrac{1}{2\pi\lambda_{cas}}\ln\dfrac{d_{c1o}}{d_{c1i}}+\\ &\dfrac{1}{2\pi\lambda_a}\ln\dfrac{d_{c2i}}{d_{c1o}}+\dfrac{1}{2\pi\lambda_{cas}}\ln\dfrac{d_{c2o}}{d_{c2i}}+\dfrac{1}{h_w\pi d_{c2o}}+\dfrac{1}{h\pi d_{ci}}\end{aligned}\right)^{-1}, & H_{sea}\leqslant l<H_{mud}\\ k_2=\left[\dfrac{1}{h\pi d_{ci}}+\dfrac{1}{2\pi\lambda_{cas}}\ln\dfrac{d_{co}}{d_{ci}}+\dfrac{1}{2\pi\lambda_{cem}}\ln\dfrac{d_h}{d_{co}}+\dfrac{1}{2\pi\lambda_f}\left(\ln\dfrac{2\sqrt{\alpha\tau}}{d_h}-0.29\right)\right]^{-1}, & H_{mud}\leqslant l<H_r\end{cases} \tag{5-4-27}$$

式中，d_{ti}、d_{to} 分别为油管内、外径，m；d_{ci}、d_{co} 分别为套管内、外径，m；d_h 为水泥环外缘直径，m；d_{c2i}、d_{c2o} 分别为表层套管内径和外径，m；d_{c1i}、d_{c1o} 为隔水导管内径和外径，m；λ_{wax}、λ_{tub}、λ_{cas}、λ_{cem}、λ_f、λ_a 分别为蜡层、油管、套管、水泥环、地层和环空中介质的导热系数，W/(m²·K)；h、h_w、h_a 分别为井筒流体与油管、海水、空气的对流传热系数，W/(m·k)；α 为地层的导温系数，m²/s；τ 为热循环洗井加热作用时间，s；H_{wax} 为结蜡深度，m；H_{mud} 为泥面深度，m；H_{sea} 为海平面深度，m。

3. 热循环洗井工艺矿场实践及效果分析

1）生产现状及存在问题

渤海J油田A1井生产沙河街组，油藏中深2700m，地层温度102℃，泵挂垂深1880m，原油黏度200mPa·s（50℃条件），原油密度0.893g/cm³（20℃条件），原油凝固点24℃，含蜡量35.2%，采用差示扫描量热法（DSC）测试样品热流曲线，得出原油析蜡温度52.0℃，溶蜡温度67.1℃。

自2012年1月投产以来，该井因井筒结蜡堵塞周期性出现产液量下降、流压上升（结蜡特征明显），现场多次实时进行连续油管、化学药剂、真空隔热油管、钢丝通井和循环热洗等清防蜡工艺进行清防蜡作业，平均清蜡周期 67d。2017 年 7 月 11 产液量57.5m³/d，产油量48.5m³/d，含水率15.7%，井底流压4.27MPa，井口温度49.5℃，油压1.1MPa。因井筒结蜡影响产液量持续下降、流压上升，于2017年9月10日产液量下降至15.2m³/d（降幅73.6%），产油量13.1m³/d（降幅73.0%），井底压力上升至7.83MPa，流压上升和产液量下降进一步表明地层能量充足，因井筒结蜡堵塞（油管内壁结蜡）造成沿程阻力增大，井口产液量急剧下降，清蜡周期仅为63d（图5-4-18）。

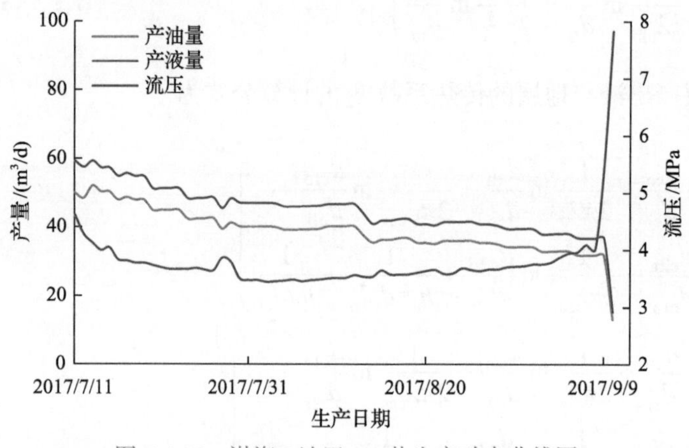

图5-4-18 渤海J油田A1井生产动态曲线图

计算渤海J油田A1井沿程井筒流体温度场分布，结合DSC实验测试结果，确定A1井井筒结蜡深度为390m（图5-4-19）。为了缓解结蜡对生产的影响，结合A1井生产动态特征，提出对A1井实施热循环洗井工艺解除井筒内的蜡堵塞问题。洗井过程中配合钢丝通井清蜡作业。

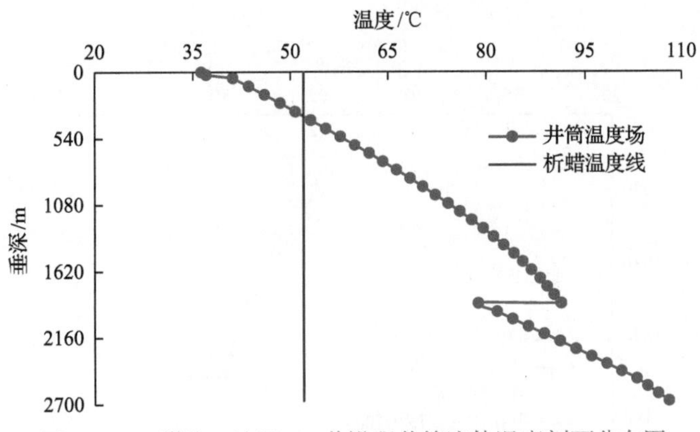

图 5-4-19　渤海 J 油田 A1 井沿程井筒流体温度剖面分布图

2) 工艺参数优化设计

渤海 J 油田 A1 井平稳生产时产液量 57m^3/d，含水率 5.5%，气油比 54(m^3/m^3)，油层垂深 2670m，井底温度 102℃，析蜡温度为 52.0℃，溶蜡温度为 67.1℃，电泵垂深 1878m，设计热流体循环洗井注入量取值分别为 2.5m^3/h、5m^3/h、10m^3/h、15m^3/h、20m^3/h，井口注入温度取值分别为 70℃、80℃、90℃、100℃。

计算结果表明：相同热流体循环洗井注入量条件下，随注入热流体注入温度的增加，井筒内沿程及井口混合产出液温度增加。相同热流体注入温度条件下，随热流体循环洗井注入量的增加，井筒内沿程及井口混合产出液温度增加(图 5-4-20～图 5-4-24)。

计算结果表明：热流体循环洗井注入量为 2.5m^3/h 时，井口注入温度在 70～100℃时，无法实现井筒溶蜡。热流体循环洗井注入量为 5m^3/h 时，井口注入温度大于等于 100℃时，可实现井筒溶蜡。热流体循环洗井注入量为 10m^3/h 和 15m^3/h 时，井口注入温度大于等于 80℃时，可实现井筒溶蜡。热流体循环洗井注入量为 20m^3/h 时，井口注入温度大于等于 70℃时，可实现井筒溶蜡(表 5-4-6)。

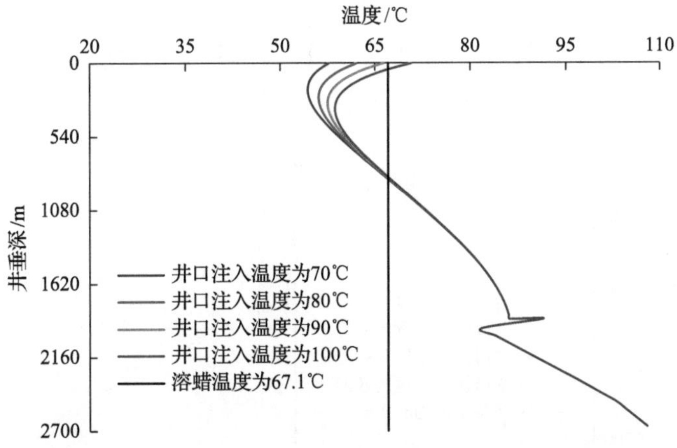

图 5-4-20　不同井口注入温度沿程井筒温度剖面(热流体循环洗井注入量为 2.5m^3/h)

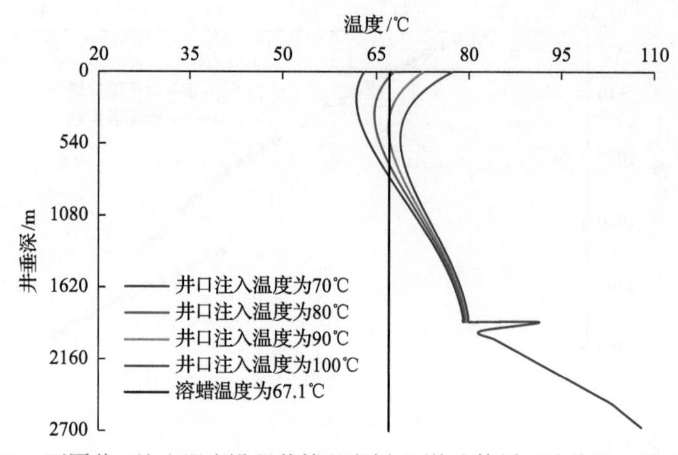

图 5-4-21　不同井口注入温度沿程井筒温度剖面（热流体循环洗井注入量为 $5m^3/h$）

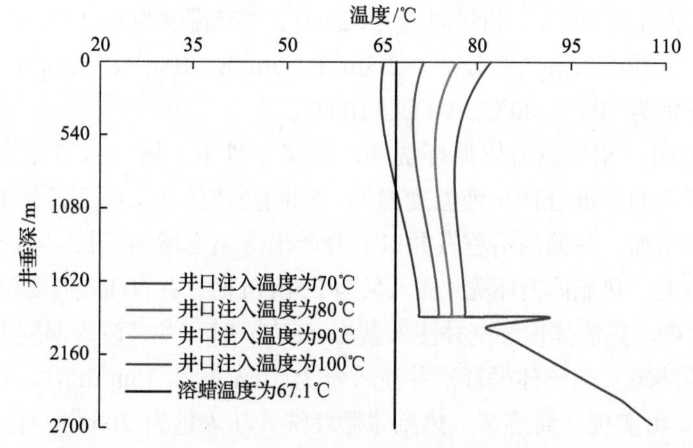

图 5-4-22　不同井口注入温度沿程井筒温度剖面（热流体循环洗井注入量为 $10m^3/h$）

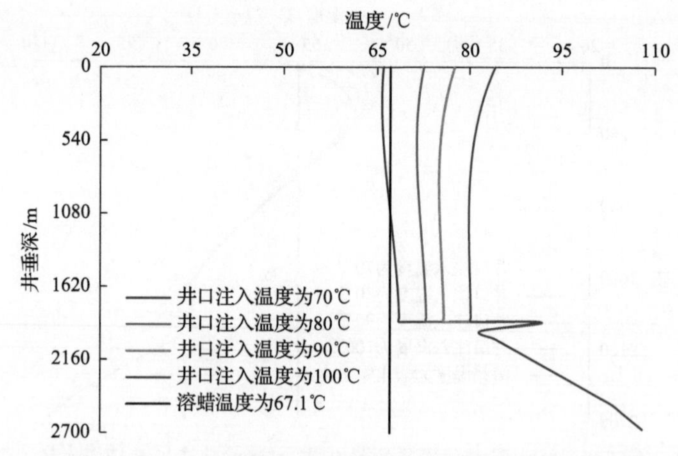

图 5-4-23　不同井口注入温度沿程井筒温度剖面（热流体循环洗井注入量为 $15m^3/h$）

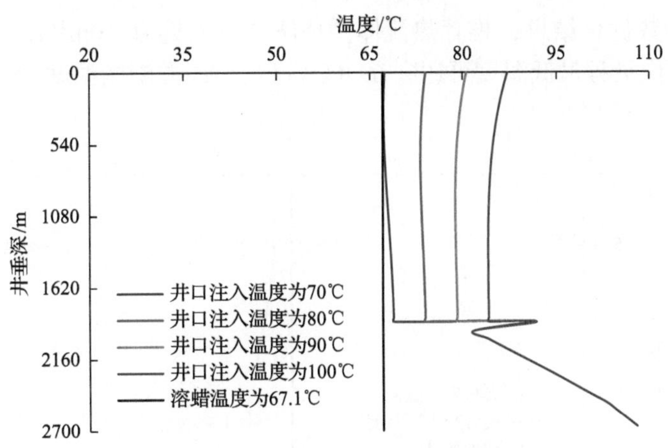

图 5-4-24　不同井口注入温度沿程井筒温度剖面(热流体循环洗井注入量为 $20m^3/h$)

表 5-4-6　不同热流体循环洗井注入量和注入温度下沿程井筒最低温度汇总表

热流体循环洗井注入量/(m^3/h)	井口注入温度/℃	沿程井筒最低温度/℃	是否可清蜡
2.5	70	54.4	×
	80	56.1	×
	90	57.5	×
	100	58.5	×
5	70	61.8	×
	80	64.6	×
	90	66.9	×
	100	68.8	√
10	70	64.7	×
	80	69.8	√
	90	73.4	√
	100	76.4	√
15	70	65.7	×
	80	71.3	√
	90	75	√
	100	79.8	√
20	70	67.2	√
	80	73.2	√
	90	78.8	√
	100	84.1	√

注：√表示可实现井筒清蜡；×表示不可实现井筒清蜡。

根据工艺参数优化结果，推荐热流体循环洗井注入量为 10m³/h，井口注入温度为 80℃，此时油管内沿程最低温度可达到 69.8℃，高于 A1 井溶蜡温度(图 5-4-25)。

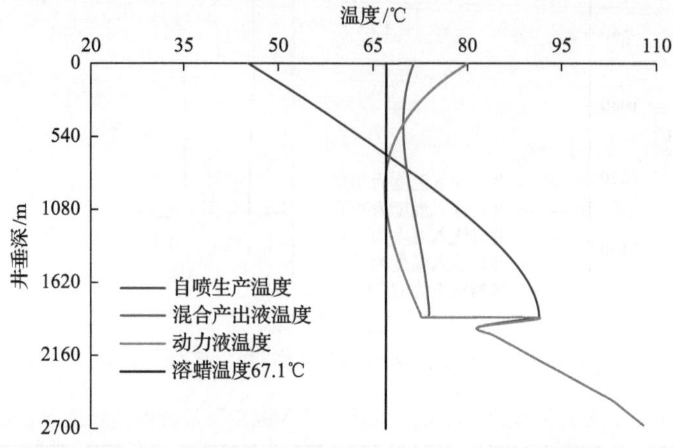

图 5-4-25　油管及油套环空内温度剖面(热流体循环洗井注入量 10m³/h，井口注入温度 80℃)

3) 实施效果分析

2017 年 9 月 12 日现场对 A1 井实施热循环洗井措施工艺，洗井过程中配合钢丝通井清蜡作业以解决井筒内蜡堵塞问题。现场作业实际热流体循环洗井注入量 10.5m³/h，实际井口注入温度 78℃，井口混合产出液温度 69.8～71.5℃，钢丝通井未发生遇阻现象，上提后发现通井工具头上有大量蜡块堆积(图 5-4-26)。

图 5-4-26　渤海 J 油田 A1 井通井打捞工具蜡堆积图

A1 井热循环洗井工艺实施作业后，2017 年 9 月 21 日产液量恢复至 56.5m³/d，产油量 47.0m³/d，含水率 16.8%，井底流压 3.86MPa，井口温度 53.8℃，油压 1.2MPa，稳定生产 85d(稳定生产期提升 34.9%)，2017 年 12 月 4 日产液量下降至 36.7m³/d，相比上个清蜡周期降幅仅 35.0%，产油量下降至 31.8m³/d，相比上个清蜡周期降幅仅 32.3%(图 5-4-27)。

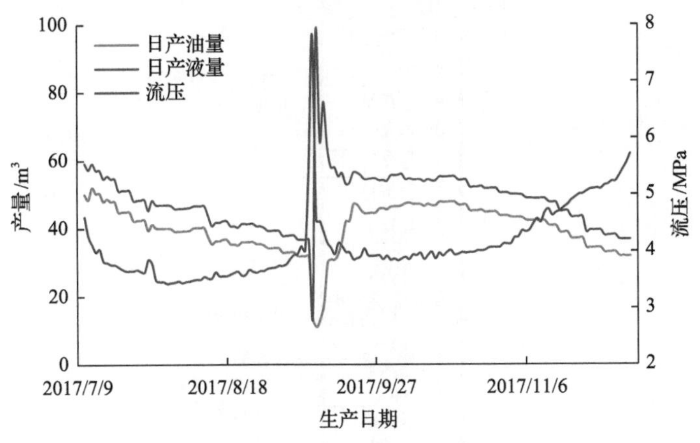

图 5-4-27　A1 井措施前后生产曲线图

实践证明，电泵井结蜡热循环洗井工艺井筒温度场计算方法可有效指导现场措施工艺的实施，可有效清除井筒结蜡、延长清蜡周期、延缓产液/产油量下降速度。

5.4.4　空心杆电加热防蜡工艺

20 世纪 90 年代兴起的空心杆电加热技术从某种程度上降低了稠油开采的难度。其基本原理是通过向空心杆内孔下入整体专用电缆，经终端器使电缆和空心杆内壁构成回路，加单相工频交流电，加热电压 350～700V 分段可调，由于频率比较低，主要通过加热电缆和被加热的空心抽油杆对稠油和高凝油的热传导实现加热降黏。空心杆电加热工艺在胜利油田、辽河油田等应用广泛。

渤海油田根据生产需求引进空心杆电加热技术，用于结蜡油井防蜡工艺，并在现场应用 3 井次，均达到了预期的防蜡效果。

1. 空心杆电加热工艺原理

空心杆集肤效应电加热采油装置主要由空心抽油杆、矿物绝缘加热电缆、地面变频控制柜和特种变压器构成，电缆和空心抽油杆下部相连，与地面的电控箱构成回路，利用空心抽油杆表面产生集肤效应，交流电通过导体产生热量实现电热转换，对油管内部原油实现自下而上全程加热。加热温度的大小可根据单井的不同情况通过调节地面变频控制柜的加热功率进行自动调整(图 5-4-28)。

集肤效应是指导体在接通高频交流电条件下，其内部的电流分布不均匀而产生的一种电学现象。由电磁学原理可知，如果通过导体的电流不断变化，而且呈增大趋势，那么在变化的电流周围会产生一个逐渐增大的磁场，变化的磁场也会产生一个相应的电场，继而产生第二个电流，且两个电流是相互平行的。导体中的电流在这种作用下逐渐被逼迫到导体表面，使得内部电流呈非线性分布。集肤效应随着频率的增大而增大。特别是当频率较高时，电流主要集中在导线表面，形成一个薄薄的电流层，导体的电阻随之增大，其发热量也变大。

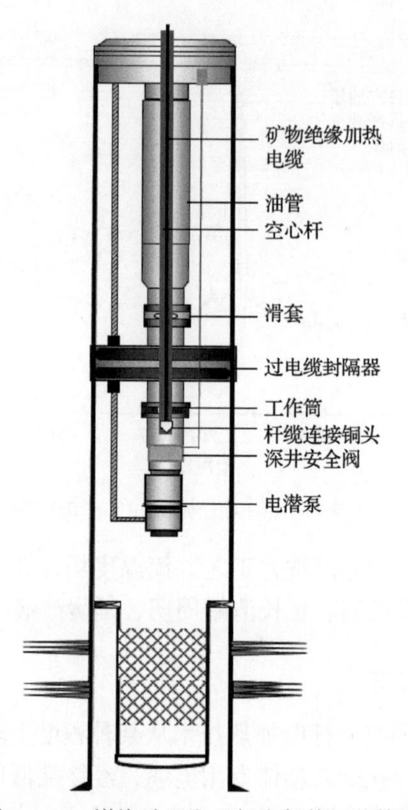

图 5-4-28　渤海油田空心杆电加热工艺管柱

空心杆电加热工艺管柱有以下特点。

(1)能够实现电潜泵上部井段加热。

(2)可以采取下入深井安全阀实现管内井控功能。

(3)可以在采油树帽处悬挂抽油杆，也可以设计免拆井口投捞电缆配套采油树。

(4)抽油杆下入深度不宜超过井斜角 60°。

2. 空心杆电加热井筒流体温度计算方法

根据空心杆电加热深度，采用分段方式计算井筒流体温度分布。

1)井底至加热点处温度场

井底至加热点处温度分布数学模型与无辅助工艺井温度分布数学模型相同，井底至加热点处可以分为三段计算温度场，井底至泵吸入口处、泵吸入口至泵出口(电潜泵内部)、泵出口至加热点。

(1)井底至泵吸入口处。

地层流体沿井筒上升时，由于向周围地层散热，其温度逐渐降低。取井底为坐标原点，垂直向上为正，根据能量守恒定律，其能量平衡方程式为

$$-W_{\rm d}{\rm d}t = k_{\rm 1d}(t_{\rm c1} - t_{\rm e}){\rm d}l \tag{5-4-28}$$

式中，$W_{\rm d}$为产出液水当量，W/℃；$t_{\rm c1}$为产出液温度，℃；$k_{\rm 1d}$为单位套管长传热系数，W/(m·℃)；l为井底至井口沿井筒向上高度，m；$t_{\rm e}$为沿井筒地层温度，℃，可根据井底原始地层温度$t_{\rm r}$和地温梯度m计算，$t_{\rm e} = t_{\rm r} - ml$。

平衡方程的解为

$$t = \frac{mW}{k_1}\left[1 - {\rm e}^{\left(-\frac{k_1 l}{W}\right)}\right] + t_{\rm r} - ml \tag{5-4-29}$$

(2)电潜泵内部温度场。

泵的出口温度可以表示为

$$t_{\rm o} = t_{\rm b} + D_{\rm tm} + D_{\rm tc} = t_{\rm b} + \frac{10^3 N_{\rm m}(1-\eta_{\rm m})}{CQ_{\rm c}} + \frac{3L_{\rm s}I^2 r}{CQ_{\rm c}} \tag{5-4-30}$$

式中，$t_{\rm b}$为流体到达机组前的温度，℃；$D_{\rm tm}$为 BC 段电机发热使流体产生的温升，℃；$D_{\rm tc}$为小扁电缆发热增温，℃；$N_{\rm m}$为电机功率，kW；$\eta_{\rm m}$为电机效率，小数；$Q_{\rm c}$为产出流体的质量流量，kg/s；C为流体比热，J/(kg·℃)；I为电机的工作电流，A；r为小扁电缆单位长度电阻，Ω；$L_{\rm s}$为小扁电缆的总长度，m。

(3)泵出口至加热点。

泵出口至加热点能量守恒方程式如下：

$$-W_{\rm d}{\rm d}t + q_{\rm L}{\rm d}l = k_{\rm 2d}(t - t_{\rm e}){\rm d}l \tag{5-4-31}$$

式中，$t_{\rm e} = t_{\rm ep} - ml$；$q_{\rm L} = 3I^2 R$；$k_{\rm 2d}$为从油管到地层的传热系数，W/(m·℃)；$q_{\rm L}$为大扁电缆单位长度发出的热量，W/m；$R$为大扁电缆单位长度电阻，Ω；$t_{\rm ep}$为泵出口处的地层温度，℃。

解式(5-4-31)得到泵出口至加热点的温度分布为

$$t_{\rm c2} = \left(t_{\rm o} - t_{\rm ep} - \frac{3I^2 R}{k_{\rm j2}} - \frac{mW}{k_{\rm j2}}\right){\rm e}^{\left(-\frac{k_{\rm j2} l}{W}\right)} + \frac{mW}{k_{\rm j2}} + t_{\rm ep} - \frac{3I^2 R}{k_{\rm j2}} - ml \tag{5-4-32}$$

2)加热点至井口温度场

空心杆加热点至井口处油管中原油吸收空心杆的散热及大扁电缆的散热，忽略举升之功，根据能量守恒定律，其能量平衡方程式为

$$-W{\rm d}t + (q_{\rm L} + q_{\rm k}){\rm d}l = k_{\rm j2}(t - t_{\rm e}){\rm d}l \tag{5-4-33}$$

式中，$k_{\rm j2}$为从油管到地层的传热系数，W/(m·℃)；$q_{\rm k}$为空心杆单位长度发出的热量，W/m。

解式(5-4-33)得到

$$t=\left(t_o-t_{ep}-\frac{q_L+q_k}{k_{j2}}-\frac{mW}{k_{j2}}\right)e^{\left(-\frac{k_{j2}l}{W}\right)}+\frac{mW}{k_{j2}}+t_{ep}-\frac{q_L+q_k}{k_{j2}}-ml \tag{5-4-34}$$

3)工艺参数设计

(1)空心抽油杆下深。

油井加热深度取决于油井的供液能力和原油物性的差异，对于特稠油通常要求泵上及泵下均要加热，且加热深度深。对于高凝、高含蜡原油要求井筒中每一点的温度都高于原油析蜡温度。井筒电加热时，选择的电加热深度需要确保井筒中每一点的温度都高于原油拐点温度。为防止计算误差，实际加热深度可以增大100～200m，一方面保证举升时流体的流动能力，另一方面从节能方面考虑，尽量减少能量损耗带来的费用。

(2)确定电加热功率。

根据原油黏温曲线确定加热温度，按式(5-4-35)确定所需加热功率：

$$p=\frac{1.163CQ(T_2-T_1)}{\eta_d} \tag{5-4-35}$$

式中，p为所需功率，W；Q为产出流体的质量流量，kg/s；T_2为加热温度，℃；T_1为初始温度，℃；η_d为电热效率，无量纲(一般取0.5～0.8，根据现场实测决定)。

3. 空心杆电加热工艺矿场实践及效果分析

1)生产现状及存在问题

YD01井为一口大位移井，最大井斜角81.9°，生产层位为东二段Ⅳ、Ⅴ油组，共分两段防砂，完钻井深3958.22m，油层有效垂厚34.8m，油层中深1388m，含蜡量6.64%，沥青质含量3.8%，胶质含量16.71%，析蜡点48℃左右。该井2012年1月26日投产，2012年2月13日计量数据：频率30Hz，产液量57m^3/d，产油量56m^3/d，含水率2.0%。

自2012年5月以来产液量不断下降、流压不断上升，井口温度在20～48℃，处在析蜡温度以下，井筒频繁出现蜡堵，产油量逐渐下降，采取的措施有挤注柴油、热油洗井、钢丝作业通井、加热车通井、自生热解堵、连续油管清蜡等，清蜡效果均不理想，措施频繁，平均清蜡作业周期74d。该井生产过程中井口产出液温度低于析蜡温度(48～52℃)，建议实施空心杆电加热防蜡工艺技术，将井口产出液温度提升至52℃以上。

2)工艺参数优化设计

采用空心杆电加热防蜡工艺，需设计加热深度和加热功率。通过YD01井井筒流体温度分布曲线可知，日产液量为40m^{3}时，对应井深700m处温度约48℃(图5-4-29)。

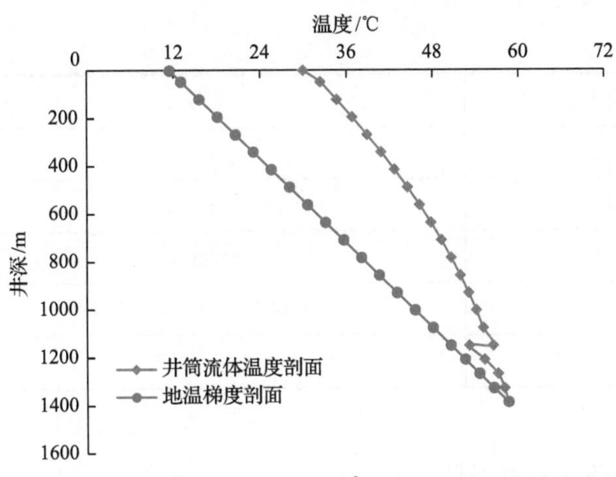

图 5-4-29 YD01 井日产液量 $40m^3$ 时井筒流体温度分布曲线

按照电加热深度设计方法推荐加热深度应高于 800m，综合考虑井身结构，YD01 井 1300mm 左右井斜角为 59°，满足抽油杆下放加热及电加热电缆投放要求，设置 800～1300m 为空心杆电加热加热深度范围。本次加热选用中频柜功率 150kW，计算分析了不同加热深度条件下井口产出液温度的变化情况(表 5-4-7)。

表 5-4-7 不同加热深度条件下井口温度预测结果

加热深度/m	加热总功率/kW	产液量/(m^3/d)	井口温度/℃
800	150	50	52
1000			55
1300			60

3) 施工程序

施工过程中所需电加热配套设备有地面加热设备、加热电缆、免拆井口采油树等(表 5-4-8)。

表 5-4-8 空心杆电加热所需设备清单

序号	工具名称	型号	数量
1	地面加热设备	—	1 套
2	加热电缆	Φ15mm	1000m
3	免拆井口采油树	3000psi	1 套
4	改造双公	88.9mm 加厚油管扣、双公扣	1 个
5	抽油杆方卡	—	1 套
6	空心抽油杆	Φ36mm	1100m
7	抽油杆悬挂器	Φ56.5mm	1 个

续表

序号	工具名称	型号	数量
8	杆缆连接头	ϕ36mm	1个
9	电缆绞车	—	1套
10	钢圈	R53/R31	1个/2个
11	变扣	25.4mmNPT×39.7mm 抽油杆扣	1个
12	抽油杆盲堵	—	1个

施工步骤如下。

(1)拆采油树，组装防喷器具。

(2)起原井下管柱。

(3)下入电泵生产管柱。

(4)下空心抽油杆管柱：①抽油杆方卡设备配套柴油机提前就位并进行试验。卡瓦、吊卡提前吊至钻台(各两套)，并做详细检查。丈量抽油杆(必须用钢卷尺)并进行编号，认真填写抽油杆记录表。检查抽油杆有无伤痕、有无弯曲变形，丝扣有无损伤。在钻台上面准备好抽油杆通径规(39.7mm 抽油杆)、丝扣油。②按照 39.7mm 杆缆连接头+39.7mm 抽油杆+抽油杆悬挂器顺序自下而上连接下入。③用抽油杆下放工具将抽油杆管柱缓慢下放，坐落在改造双公内，卸下下放工具，用抽油杆盲堵将抽油杆悬挂器堵死。

(5)将生产管柱(抽油杆管柱随之下放)下放至四通。

(6)安装采油树，试启泵生产。

(7)停泵，下入加热电缆，加热电缆工具串组合为电缆铜头+16mm 热电缆+中频柜+变压器+电源。测试加热电缆与杆缆连接头连接成功后，做电缆与采油树的密封并接地。连好地面加热设备(电缆铺设线路由平台负责)，试通电运行。

(8)开井低频(根据现场情况，以 10～15Hz 频率起泵)生产后，根据生产情况，逐步调整至正常生产水平。

4)实施效果分析

2016 年 12 月 20 日下入空心电加热杆，日产液量在 20～48m^3 波动，井口温度 41～66℃，加热效果良好，多次上调加热功率及电泵升降频测试后，产液量仍无明显改善；为了达到更好的生产效果，2017 年 12 月动管柱加深加热杆，由下深 800m 加深至 1300m，多次上调加热功率，电加热杆输入电流上提至 140A，日产液量逐步上升至 75m^3，井口温度 64℃，高于生产井析蜡温度 52℃，井口日产液量持续稳定在 60～70m^3，取得了良好的增产效果(图 5-4-30)。

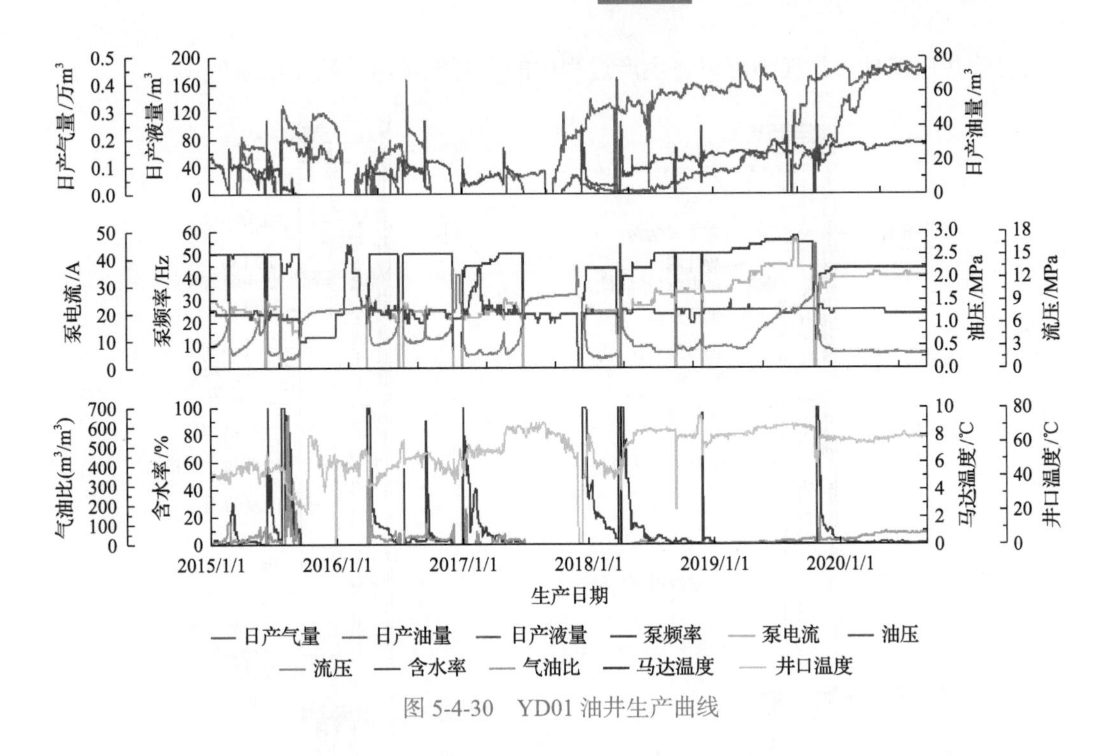

图 5-4-30 YD01 油井生产曲线

5.5 双泵举升工艺创新与实践

海上油田相较于陆地油田，具有单井产液量高、检泵作业成本昂贵等特点，常规采油平台有修井机或者钻机模块，故障井可及时开展检泵作业。但是无修井设备平台检泵作业需租赁钻井船，导致躺井时间长、检泵成本高。双泵举升工艺是在 244.5mm 套管内下入两套潜油电泵机组，两套潜油电泵机组通过独立的电缆进行供电和控制，通过井下泵工况监测电泵生产过程中的参数，根据生产制度调整两套潜油电泵机组的交替运行，从而达到延长电泵机组寿命的目的。

5.5.1 工艺管柱设计

根据分层开采需求以及生产过程中的动态测试需求，工艺管柱分为单 Y 接头双泵管柱和双 Y 接头双泵管柱(图 5-5-1)。

1. 单 Y 接头双泵管柱

单 Y 接头双泵管柱主要由防砂管柱和生产管柱组成。防砂管柱通过顶部封隔器和底部封隔器实现射孔层段的封隔，筛管实现射孔层段的防砂，从而实现油层的合采(张俊斌等，2014)。

该管柱由生产油管、井下安全阀、过电缆封隔器、Y 接头、上潜油电泵机组和下潜油电泵机组等组成。上潜油电泵机组悬挂在 Y 接头的一侧，下潜油电泵机组悬挂在 Y 接头的另一侧。井下安全阀作为生产过程中的油管井控工具；过电缆封隔器作为生产过程中的套管井控工具；放气阀可以将生产过程中的套管气排出，防止电泵气锁。

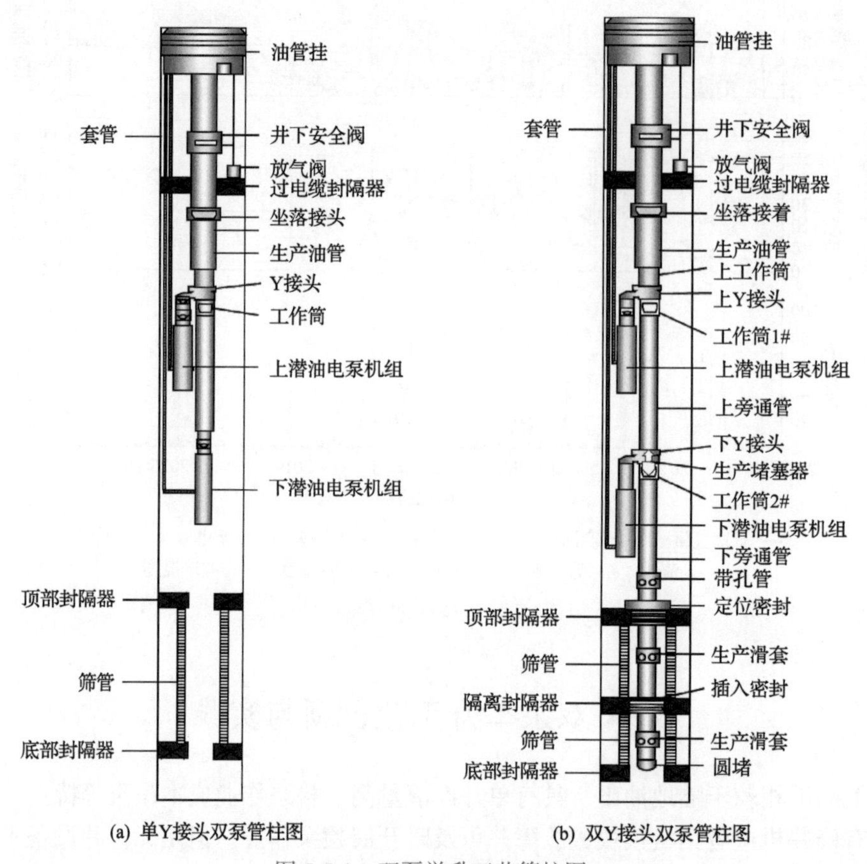

(a) 单Y接头双泵管柱图　　(b) 双Y接头双泵管柱图

图 5-5-1　双泵举升工艺管柱图

生产过程分为下潜油电泵机组生产和上潜油电泵机组生产两个过程。下潜油电泵机组生产流程：地层产液通过筛管进入井筒内，通过下潜油电泵机组进行增压举升，增压后的井液进入生产油管内，最终排到地面。上潜油电泵机组存在单流阀，可防止增压后的井液进入上潜油电泵机组。上潜油电泵机组生产流程：地层产液通过筛管进入井筒内，通过上潜油电泵机组进行增压举升，增压后的井液进入生产油管内，最终排到地面。下潜油电泵机组存在单流阀，可防止增压后的井液进入下潜油电泵机组。

2. 双 Y 接头双泵管柱

双 Y 接头双泵管柱主要由防砂管柱和生产管柱组成。防砂管柱通过顶部封隔器、筛管、隔离封隔器和底部封隔器实现全部射孔段的封隔和防砂，隔离封隔器实现油藏的层间封隔，从而实现油藏的分采。

该管柱由生产油管、井下安全阀、过电缆封隔器、上 Y 接头、上潜油电泵机组、下 Y 接头、下潜油电泵机组、定位密封、生产滑套和插入密封等组成。上潜油电泵机组和下潜油电泵机组均位于 Y 接头的同一侧，通过 Y 接头的另一侧可以下入钢丝/电缆测试工具，实现油井生产过程中的动态测试；定位密封实现与顶部封隔器的定位、密封和封隔；插入密封实现与隔离封隔器的密封和封隔；生产滑套实现对开采层的控制；插入密封和生产滑套组合可实现油藏的分采控制。

生产过程分为下潜油电泵机组生产和上潜油电泵机组生产两个过程。下潜油电泵机组生产流程：地层产液通过筛管进入井筒内和生产滑套内，再通过带孔管进入套管环空，通过下潜油电泵机组进行增压举升，增压后的井液进入上旁通管，再进入上 Y 接头，最后通过生产油管排到地面。上潜油电泵机组存在单流阀，从而防止增压后的井液进入上潜油电泵机组，工作筒 2 井和生产堵塞器配合防止增压后的井液进入下旁通管。上潜油电泵机组生产流程：地层产液通过筛管进入井筒内和生产滑套内，再通过带孔管进入套管环空，通过上潜油电泵机组进行增压举升，增压后的井液进入上 Y 接头，最后通过生产油管排到地面。下潜油电泵机组存在单流阀，从而防止增压后的井液进入下潜油电泵机组，工作筒 1 井和生产堵塞器配合防止增压后的井液进入下旁通管。

5.5.2 关键工具

1. Y 接头

Y 接头形状如 Y 字母，共有 3 个连接部位、上螺纹和生产油管连接，电泵机组侧螺纹和电泵连接，测试油管螺纹和工作筒及旁通管连接。Y 接头可以实现潜油电泵机组和旁通油管并行下入，可将潜油电泵机组增压举升的液体引入上部生产油管，同时还具备测井工具的下入通道(图 5-5-2)。

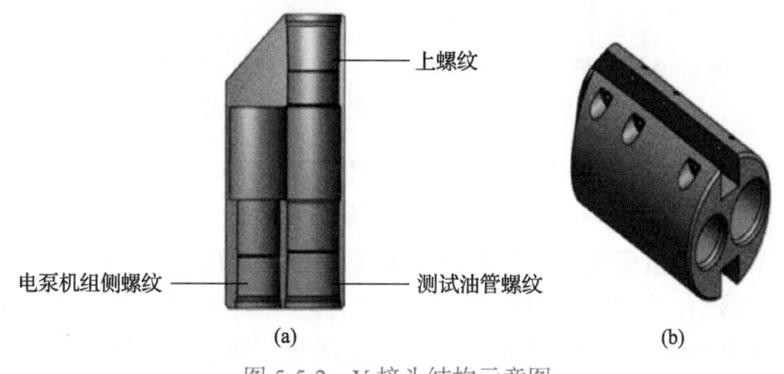

图 5-5-2 Y 接头结构示意图

目前海上常用 Y 接头规格有 216mm、211mm、210mm、166mm 和 150mm，具体参数见表 5-5-1。

表 5-5-1 海上常用 Y 接头参数表 (单位：mm)

型号	216mmY 接头	211mmY 接头	210mmY 接头	166mmY 接头	150mmY 接头
最大外径	216	211	210	166	150
适用套管	244.5	244.5	244.5	193.7	177.8
套管内径	220.5	220.5	220.5	174.63	157.1
电泵机组最大外径	143	143	138	107	95

续表

型号	216mmY 接头	211mmY 接头	210mmY 接头	166mmY 接头	150mmY 接头
直孔上端油管螺纹(A)	101.6	88.9	88.9	88.9	73.0
直孔下端油管螺纹(B)	73.0	73.0	88.9	73.0	60.3
侧孔油管螺纹(C)	73.0	73.0	73.0	73.0	60.3
旁通管(与 B 连接)	73.0	73.0	73.0	60.3	54.0

2. 生产堵塞器

堵塞器通过与工作筒配合实现定位和密封功能，从而实现对测试通道的隔离。根据应用需求和功能不同，可将堵塞器分为生产堵塞器和测试堵塞器，生产堵塞器用于油井生产，测试堵塞器用于动态测试。

生产堵塞器用于油井正常生产过程，防止电泵增压产液进入旁通管。主要由打捞头、弹簧、外筒、密封筒、密封盘根和导向头等组成，通过钢丝专用工具(SB 型打捞工具/JDC 型打捞工具)实现生产堵塞器的投捞(图 5-5-3)。

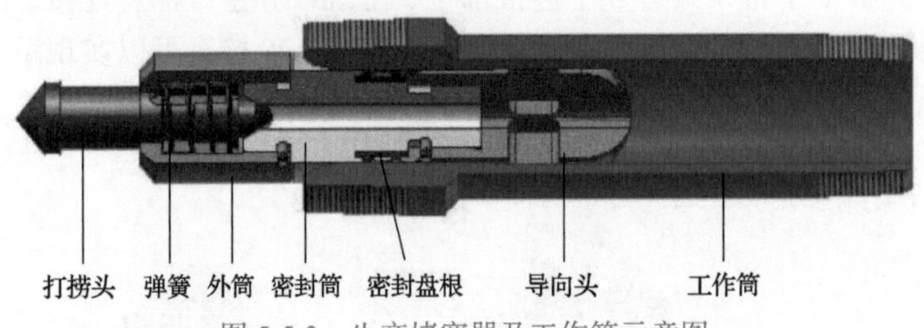

图 5-5-3　生产堵塞器及工作筒示意图

生产堵塞器投捞流程：钢丝工具串携带着生产堵塞器下入工作筒处，通过钢丝加重杆向下震击，实现专用工具和打捞头脱手。当需要修井或者进行测试作业时，通过钢丝作业下入专用工具，到位后钢丝工具串向下震击，专用工具抓住打捞头；通过向上震击，打捞头首先向上移动，打捞头和密封筒分开，这样生产堵塞器上下压力一致，此时再向上震击，从而使生产堵塞器从工作筒内出来，完成生产堵塞器的投捞。

测试堵塞器根据钢丝作业类型，分为钢丝测试堵塞器和电缆测试堵塞器。在测试作业中要防止电泵增压产液进入旁通管。测试堵塞器主要由打捞头、胶筒、外筒、弹簧、密封、密封筒、平衡杆和导向头组成，通过钢丝专用工具(SB 型打捞工具/JDC 型打捞工具)投捞(图 5-5-4，图 5-5-5)。

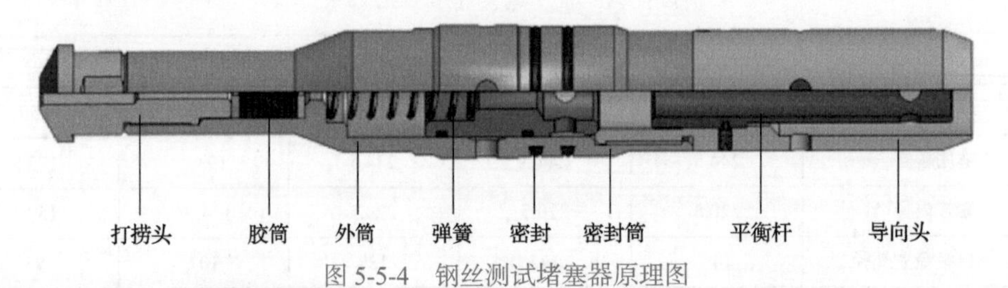

图 5-5-4　钢丝测试堵塞器原理图

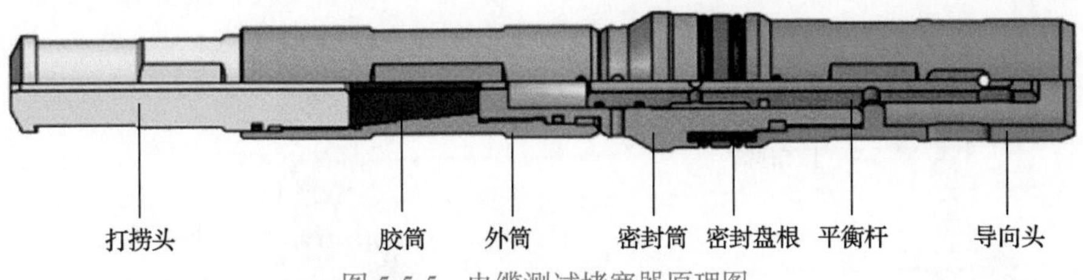

图 5-5-5 电缆测试堵塞器原理图

测试堵塞器投捞流程如下：钢丝/电缆工具串携带着测试堵塞器下入工作筒处，测试堵塞器通过密封筒实现与工作筒的定位配合，通过密封筒/密封盘根实现与工作筒的密封，测井工具继续通过旁通管向下直至地层测试位置，通过胶筒实现与钢丝/电缆的动密封。测试完成后，向上提测试仪器串，由于测试堵塞器的上部压力高于下部压力，此时通过向上震击使测试堵塞器内置的平衡杆向上移动，平衡杆打开后，测试堵塞器上下压力平衡，此时再向上震击测试堵塞器，完成测试堵塞器的打捞。

目前海上常用堵塞器主要有 61mm、58.75mm、54mm 和 50mm 这 4 种规格，具体参数见表 5-5-2 和表 5-5-3。

表 5-5-2 生产堵塞器参数表 （单位：mm）

最大外径	密封筒内径	配套 Y 接头外径
63	61	210
59.55	58.75	210/169
56	54	210
52	50	150

表 5-5-3 钢丝/电缆测试堵塞器参数表 （单位：mm）

最大外径	密封面外径	配套 Y 接头外径	适用电缆	适用钢丝
63	61	210	5.6/8.0	2.8/3.2
59.55	58.75	210/169	5.6/8.0	2.8/3.2
56	54	210	5.6/8.0	2.8/3.2
52	50	150	5.6	2.8

3. 工作筒

工作筒分为上工作筒和下工作筒。上工作筒连接上 Y 接头和上部生产油管，通过与隔离套配合，实现对上潜油电泵机组的隔离，防止下潜油电泵机组增压后的井液通过上潜油电泵机组进入套管，造成下潜油电泵机组的工作失效(图 5-5-6，图 5-5-7)。

下工作筒与上 Y 接头和旁通管连接，通过和生产堵塞器与测试堵塞器配合，实现生产和测试过程中生产油管和测试油管的隔离。

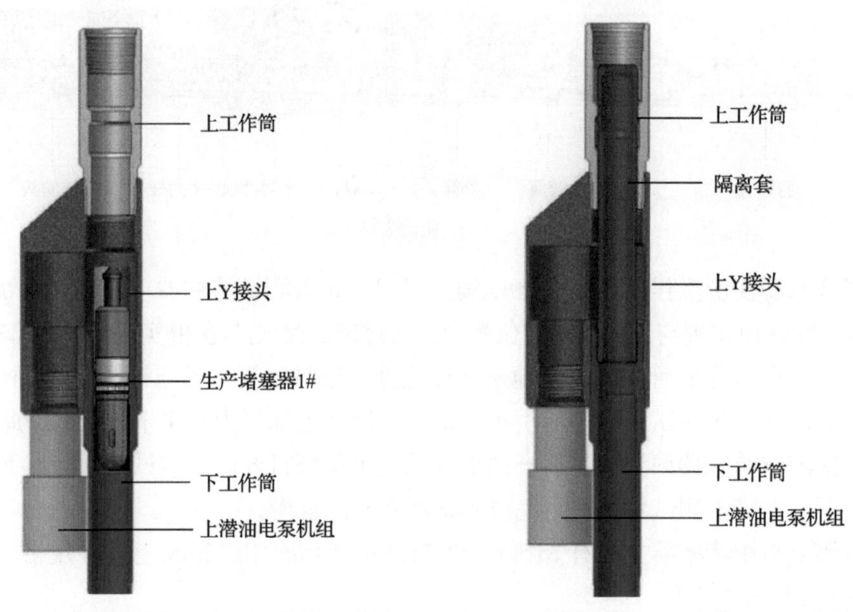

图 5-5-6　生产堵塞器 1#与下工作筒配合图　　图 5-5-7　隔离套与上工作筒和下工作筒配合图

目前海上常用下工作筒主要有 61mm、58.75mm、54mm 和 50mm 这 4 种规格（表 5-5-4）。

表 5-5-4　下工作筒参数表　　（单位：mm）

长度	密封面内径	上部连接扣型	下部连接扣型
365	61	88.9	73.0
375	58.75	88.9	73.0
375	54	88.9	73.0
375	50	60.3	60.3

表 5-5-5 为海上常用上工作筒的具体参数。

表 5-5-5　上工作筒参数表　　（单位：mm）

长度	最大外径	最小内径	连接扣型
400	115	68	88.9

4. 隔离套

下潜油电泵机组生产时，在上潜油电泵机组的单流阀出现密封失效故障，无法阻止下潜油电泵机组增压后的液体回流进入上潜油电泵机组，可以通过钢丝作业投入隔离套，隔离套通过与上工作筒和下工作筒密封配合，从而实现对上潜油电泵机组通道的封堵。

表 5-5-6 为海上常用隔离套的具体参数。

表 5-5-6　隔离套参数表　（单位：mm）

长度	最大外径	最小内径	投捞规格	密封尺寸
660	69	46.2	63.5mmGS 打捞工具	68/61

5.5.3　双泵举升工艺矿场实践及效果分析

1. 双泵举升技术应用分析

截至 2020 年底，双泵举升工艺在渤海油田共计应用 40 井次(表 5-5-7)。双泵举升工艺采油井的潜油电泵平均检泵周期大于 1500d，最高达 3996d，而常规单电泵采油井的电泵检泵周期约 1400d，检泵周期提升达到 10.8%。

表 5-5-7　潜油电泵机组在渤海油田的双泵举升工艺采油井中的应用情况统计表

井名称	启泵日期	停机日期	检泵周期/d
JZ9-3-YS01H	2009/9/21	2018/12/21	3379
JZ9-3--YS02H	2009/10/1	正常运转	3996
JZ9-3--YS03H	2009/9/15	2012/5/22	981
JZ9-3-YS04H	2009/10/6	2019/12/30	3738
QK17-2-YS35	2015/12/13	至今	1732
QK17-2-YS37	2015/12/20	2018/4/11	844
BZ26-3-YS03H	2010/10/1	2015/2/10	1594
BZ26-3-YS04H	2010/10/1	2016/10/24	2216
BZ26-3-YS05H	2011/10/26	2013/10/22	728
BZ3-2-YS01H	2012/7/16	正常运转	2977
BZ3-2-YS05H	2016/11/27	正常运转	1382
BZ3-2-YS05H	2012/7/9	2016/11/19	1595
BZ3-2-YS06H	2016/12/8	正常运转	1371
BZ3-2-YS06H	2012/7/5	2016/12/4	1614
BZ3-2-YS07	2016/12/10	正常运转	1369
BZ3-2-YS07	2012/7/30	2016/11/25	1580
BZ3-2-YS09H	2012/7/24	2014/7/9	716
BZ3-2-YS10H	2013/11/17	2020/3/9	2305
BZ3-2-YS16H	2013/11/15	正常运转	2490
BZ34-6-YS01	2015/7/19	正常运转	1879
BZ34-6-YS01	2014/5/10	2015/1/18	254
BZ34-7-YS02H	2014/5/11	2015/1/19	254
BZ34-2-YS4	2006/5/29	2006/11/23	179
BZ34-4-YS2	2010/6/28	2011/1/11	198
BZ34-2-YS08	2006/6/24	2007/2/11	233

续表

井名称	启泵日期	停机日期	检泵周期/d
BZ34-3-YSD	2007/3/15	2012/3/25	1838
BZ34-3-YS1	2014/3/26	2016/10/3	923
BZ34-3-YS1	2008/4/12	2012/7/16	1557
BZ34-3-YS2	2012/12/6	2018/5/7	1979
BZ34-3-YS3	2015/7/3	2016/11/9	496
BZ34-3-YS3	2012/12/6	2015/2/16	803
BZ34-5-YS1Sb	2014/3/14	2017/2/22	1077
BZ34-5-YS1Sb	2007/9/17	2013/12/24	2291
BZ34-5-YS1Sb	2006/11/30	2007/6/29	212
BZ19-4-YS01	2016/5/12	正常运转	1581
BZ19-4-YS01	2010/4/23	2016/5/5	2205
BZ19-4-YS02	2016/5/6	正常运转	1587
BZ19-4-YS02	2010/4/23	2016/5/2	2202
BZ19-4-YS03H	2010/4/23	2018/10/4	3087
BZ19-4-YS07H	2016/5/19	2017/11/19	550

2. 典型井双泵举升工艺矿场实践与效果分析

1) 开发现状及需求

YS-01 井是新开发井，该平台属于无修井机平台，为降低油田开发成本，延长工艺管柱寿命，选择双泵举升工艺管柱。同时油藏有产液剖面和压力恢复等地层参数测试需求，生产管柱的设计为双 Y 接头双泵工艺管柱。

2) 工艺方案及参数设计

预测该井未来 6 年内日产液量在 40～120m^3 范围内波动，同时结合油井的基本参数进行电泵选型设计，最终选择的上潜油电泵和下潜油电泵均为 456 系列，其中上潜油电泵级数为 175 级，泵挂深度 1300m；下潜油电泵级数为 250 级，泵挂深度 1550m(表 5-5-8)。

表 5-5-8　YS-01 井电泵基本参数表

上潜油电泵		下潜油电泵		变频调节的流量范围/(m^3/d)
泵型	级数	泵型	级数	
DC1100	175	D475N	250	150～400

3) 作业工序

主要作业工序如下。

(1) 下防砂管柱，防砂管柱到位后逐级对底部封隔器、隔离封隔器和顶部封隔器进行坐封，再对封隔器进行验封，确保封隔器坐封合格。

(2) 下入冲洗验封管柱，对完井井筒进行冲洗确保井筒干净，为后续生产管柱的下入做准备。

(3) 下入生产管柱，生产管柱为双 Y 接头双泵工艺管柱，下管柱前确保生产滑套位于开启状态。

(4) 投入堵塞器，坐封过电缆封隔器。

(5) 座采油树，启泵生产。

4) 生产流程设计

电泵轮换原则：为满足单井长效生产的要求，上潜油电泵机组和下潜油电泵机组采取交替生产，交替周期按半年执行。

生产流程如下：上潜油电泵生产时，井液从筛管进入井筒，再通过上潜油电泵机组进入生产油管内，最终举升到井口；下潜油电泵生产时，井液从筛管进入井筒，再通过下潜油电泵机组进入生产油管内，最终举升到井口 (图 5-5-8)。

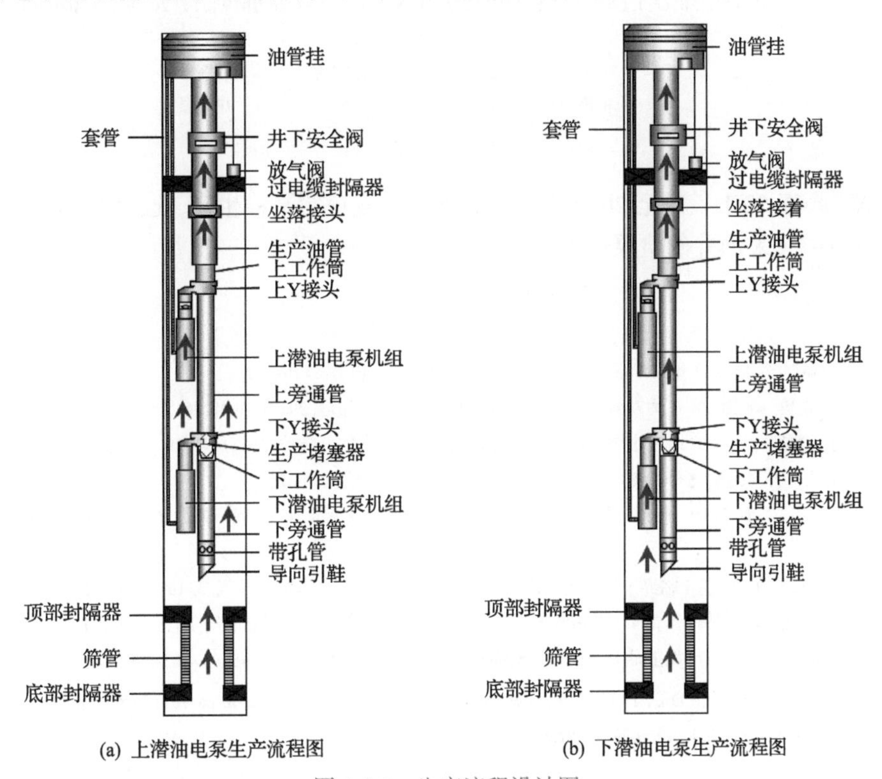

图 5-5-8 生产流程设计图

5) 实施效果分析

YS-01 井从 2016 年 5 月下入双 Y 接头双泵工艺管柱，开始进行电泵生产 (图 5-5-9)。

YS-01 井生产初期主要排出压井液，产液量波动比较明显。初期采用上潜油电泵进行生产，日产液量维持在 200m^3，井下电泵机组电压 1.33kV，电流 26A，频率 30Hz；从 2016 年 8 月转下潜油电泵生产，产液量逐渐上升，日产液量维持在 283m^3，井下电泵机组电压 1.5kV，电流 35A，频率 41Hz；从 2017 年 10 月开始，日产液量出现逐级下降的趋势，日产油量维持在 120m^3，日产油量维持在 30～50m^3，井下电泵机组电压 1.81kV，

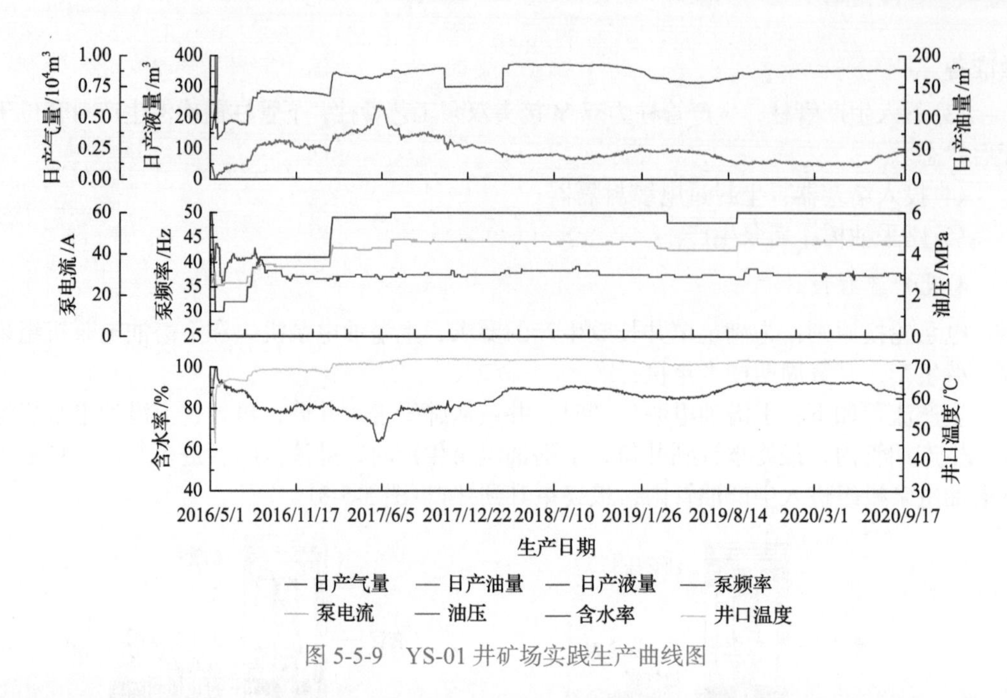

图 5-5-9 YS-01 井矿场实践生产曲线图

电流 45A，频率 50Hz。截至 2020 年 9 月，该井一直正常平稳生产，已平稳运行 1603d，超过常规单电泵采油井的检泵周期。

参考文献

纪树立. 2017. 耐高温潜油电泵关键技术在渤海油田的应用. 钻采工艺, 40(3): 120-123

李汉勇, 宫敬, 雷俊勇, 等. 2010. 压力对含水原油析蜡过程的影响. 油气储运, 29(7): 494-496, 500

马进文, 金文刚, 李昌胜, 等. 2012. 电潜泵井防腐工艺探讨. 石油化工腐蚀与防护, 29(1): 18-19

隋晓明. 2013. 高含砂井对潜油电泵的破坏机理及改进措施. 中国机械, (7): 134-135

杨万有, 郑春峰, 李昂, 等. 2019. 海上电泵结蜡井热循环洗井工艺参数优化设计. 西南石油大学学报(自然科学版), 41(1): 129-136

杨万有, 郑春峰, 李昂. 2019. 基于临界干扰量的动态清蜡周期预测新模型. 中国海上油气, 31(5): 124-132

张俊斌, 秦世利, 李勇, 等. 2014. 流花 4-1 油田水下双电潜泵完井系统设计. 中国海上油气, 26(3): 98-101

郑春峰, 魏琛, 张海涛, 等. 2017. 海上油井井筒结蜡剖面预测新模型. 石油钻探技术, 45(4): 103-109

Brown T S, Niesen V G, Erickson D D. 1994. The effects of light ends and high pressure on paraffin formation\\The SPE Annual Technical Conference and Exhibition, New Orleans

第 6 章　同井采油采气工艺创新与实践

海上生产平台一旦建成，平台井槽数量固定，传统注采工艺采油、采气、注水均需单独占用井槽。随着油气田的开发，新钻的开发井及调整井数量受井槽数量的限制，油田的产能得不到最大程度的释放。同井采油采气、同井采油它源注水技术可实现一口井既能正常采油又能采气或注水，一井多用，将大大节约钻井成本，显著增加油田的收益。同井采油采气工艺技术可有效提高井槽利用效率，一井多用，为油田稳产上产提供技术支持，为无地面注水设备且地面空间紧张的海上油田及深海油田的水驱开发提供了新的解决思路(李丹，2014；李倩茹，2017；张继成等，2017)。

部分海上油田开发井同时钻遇油层、气层，若合采油层、气层，现有电潜泵、地面处理设备等无法满足；若单独开采油层或气层，油田产能无法得到有效释放。经济高效地同时开发井下油层和气层已成为该类油田面临的主要挑战之一。同井采油采气工艺通过井下管柱工艺建立油路、气路两条独立开采通道，实现一口井既能正常采油，又能实现气路独立开采，有效提高油田开采效率，释放产能。

6.1　同井采油采气管柱工艺

一般情况下，海上的开发层位分布主要有以下三种情况：上油下气、下油上气、油气交叉(图 6-1-1)。根据层位分布的不同，需开发出适用于不同层位需求的同井采油采气工艺。

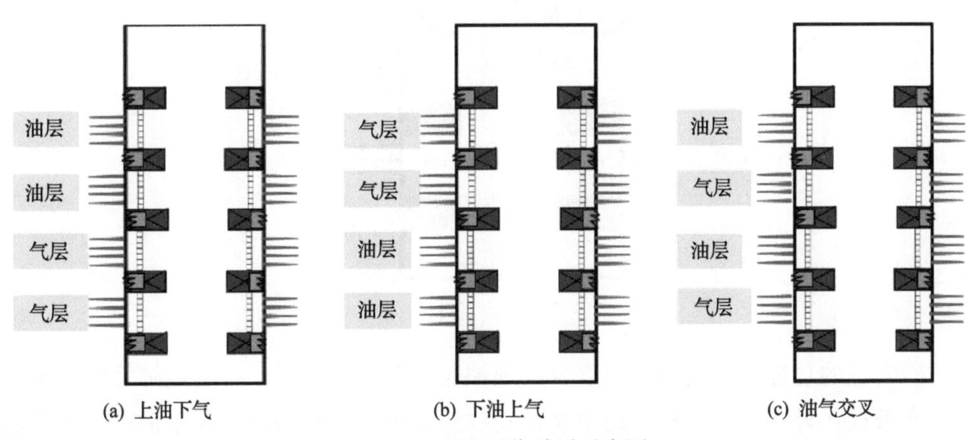

图 6-1-1　开发层位关系示意图

6.1.1 上油下气同井采油采气管柱工艺

上油下气同井采油采气管柱工艺主要由防砂管柱、外层生产管柱和内层生产管柱组成：防砂管柱主要由顶部封隔器、筛管、隔离封隔器和底部封隔器组成；外层生产管柱主要由圆堵、带孔管、油管、插入密封、定位转向分流总成、滑套、深井安全阀、电泵机组、单流阀、同井采油采气 Y 接头、坐落接头、过电缆封隔器、油管挂等组成；内层生产管柱主要由 Y 接头配套插入密封、内层油管、油管挂等组成(图 6-1-2)。

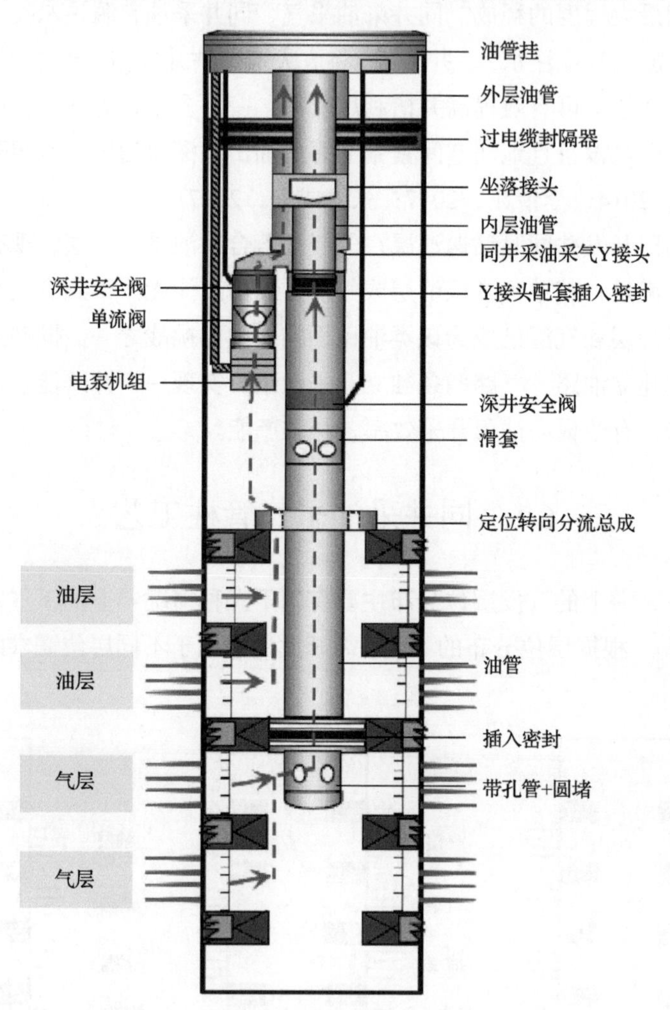

图 6-1-2 上油下气同井采油采气管柱示意图

防砂管柱的功能是通过封隔器组合实现油层、气层的封隔，并通过筛管防止地层砂进入生产管柱；外层生产管柱、内层生产管柱组合可以实现潜油电泵采油举升和气层自喷生产；开关滑套与电泵机组配合，实现气层排液采气，以及对气层进行诱喷。

油路生产过程如下：油层产液经筛管进入油套环空，经过电泵机组增压举升，增压后的油层产液通过同井采油采气 Y 接头进入内、外层生产管柱环空，最终进入地面生产流程。

气路生产过程如下：气层产气经筛管进入带孔管，经同井采油采气 Y 接头下部生产管柱及内层生产管柱至地面生产流程。

6.1.2 下油上气同井采油采气管柱工艺

下油上气同井采油采气管柱工艺主要由防砂管柱、外层生产管柱和内层生产管柱组成：防砂管柱主要由顶部封隔器、筛管、隔离封隔器和底部封隔器组成；外层生产管柱主要由圆堵、带孔管、油管、插入密封、定位转向分流总成、滑套、深井安全阀、电泵机组、单流阀、同井采油采气 Y 接头、坐落接头、过电缆封隔器、油管挂等组成；内层生产管柱主要由 Y 接头配套插入密封、油管、油管挂等组成(图 6-1-3)。

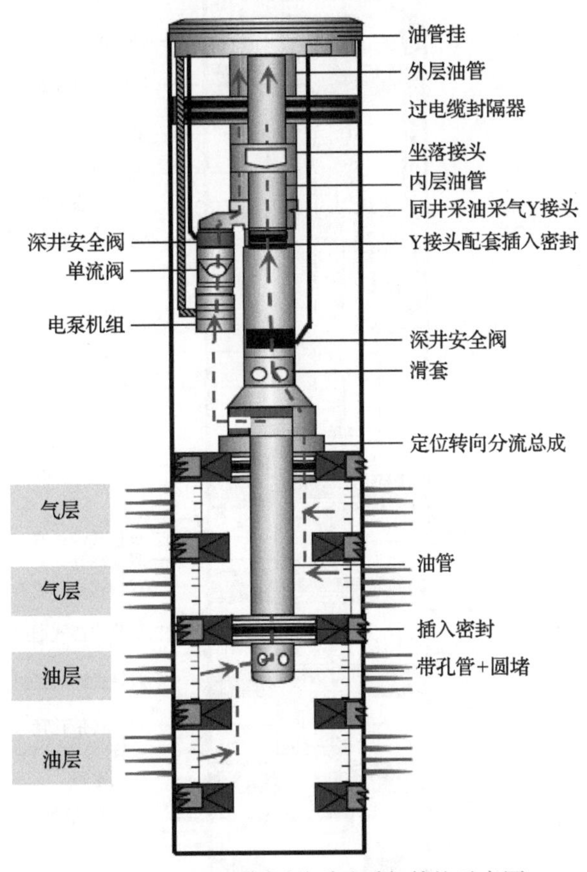

图 6-1-3 下油上气同井采油采气管柱示意图

油路生产过程如下：油层产液经筛管进入带孔管，经过油管、定位转向分流总成进入油套环空，经过电潜泵增压后的地层产液通过同井采油采气 Y 接头进入内、外层生产管柱环空，最终进入地面生产流程。

气路生产过程如下：气层产气经筛管进入定位转向分流总成，经同井采油采气 Y 接头下部生产管柱及内层生产管柱至地面生产流程。

6.1.3 油气交叉同井采油采气管柱工艺

油气交叉同井采油采气管柱工艺主要由防砂管柱、外层生产管柱和内层生产管柱组成：防砂管柱主要由顶部封隔器、筛管、隔离封隔器和底部封隔器组成；外层生产管柱主要由圆堵、带孔管、插入密封、双管式环空堵头、双层油管、双管式带孔管、双管式插入密封、双管式桥式通道、滑套、深井安全阀、电泵机组、单流阀、同井采油采气 Y 接头、坐落接头、过电缆封隔器、油管挂等组成；内层生产管柱主要由 Y 接头配套插入密封、油管挂等组成(图 6-1-4)。

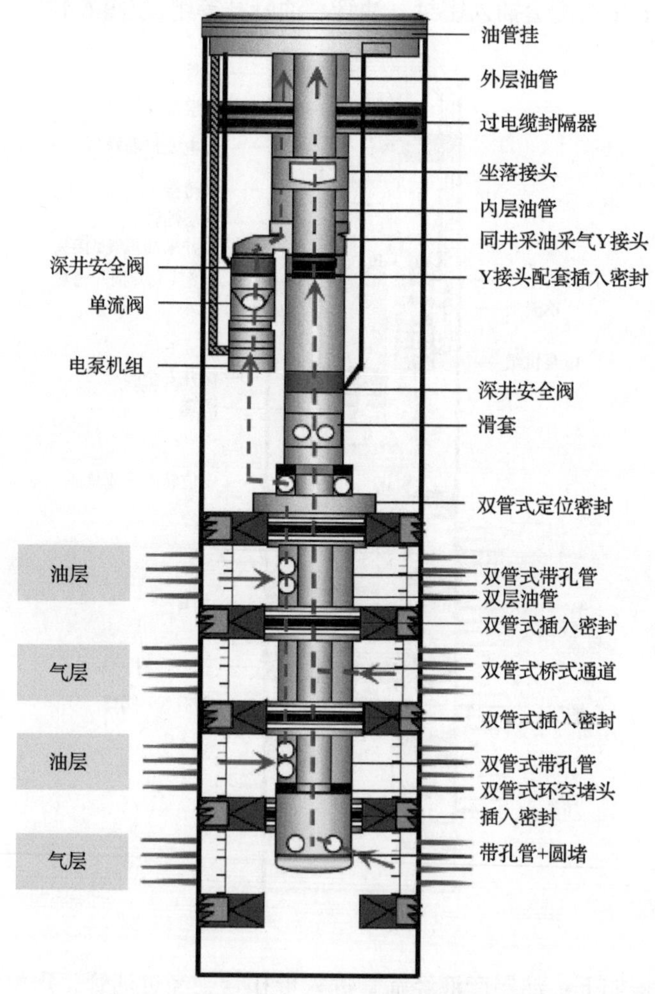

图 6-1-4　油气层交叉同井采油采气管柱示意图

油路生产过程如下：油层产液经筛管进入双管式带孔管，经过双管式油管、插入密封、定位密封等双管式井下工具进入油套环空，经过电潜泵增压举升，增压后的地层产液通过同井采油采气 Y 接头进入内、外层生产管柱环空，最终进入地面生产流程。

气路生产过程如下：气层产气经筛管进入双管式带孔管或双管式桥式通道，经双管式油管、插入密封等双管式工具、滑套、深井安全阀同井采油采气工具进入内层生产管柱，最终进入地面生产流程。

6.2　同井采油采气配套工具

6.2.1　同井采油采气 Y 接头及配套工具

同井采油采气 Y 接头及配套工具主要由 114.3mm 油管、73.0mm 油管、同井采油采气 Y 接头、82.6mm 插入密封、82.6mm 插入密封工作筒组成，其中采油路油管与电潜泵相连，82.6mm 插入密封工作筒与采气路油管相连。同井采油采气 Y 接头上部 73.0mm 油管为采气路，114.3mm 油管与 73.0mm 油管环空为采油路(图 6-2-1，表 6-2-1)。

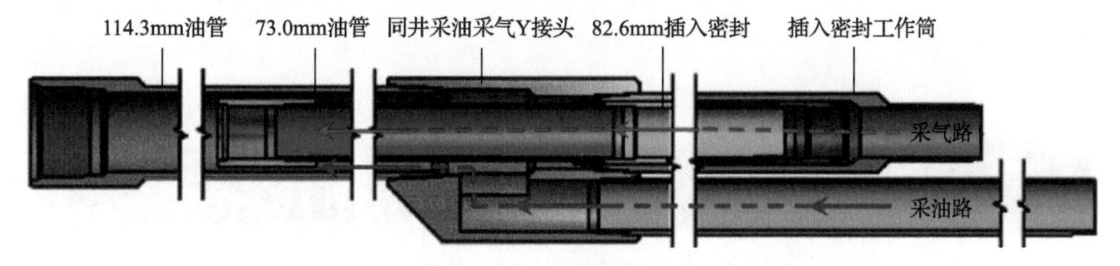

图 6-2-1　同井采油采气 Y 接头及配套工具示意图

表 6-2-1　同井采油采气 Y 接头及配套工具技术参数表

最大外径/mm	长度/m	气路当量过流直径/mm	油路当量过流直径/mm	耐温等级/℃	耐压等级/MPa
210	4	62	46.9	150	60

6.2.2　井口改造

井口主要由采油树、上油管四通、变径法兰、下油管四通、上油管挂、下油管挂等组成。其中气路流体通过采油树开采，油路流体通过上油管四通开采(图 6-2-2)。

6.2.3　定位转向分流总成

定位转向分流总成主要针对油层在下、气层在上的井，可实现防砂段中心管油路转至油套环空，防砂段环空气路转至电潜泵侧油管(图 6-2-3，表 6-2-2)。

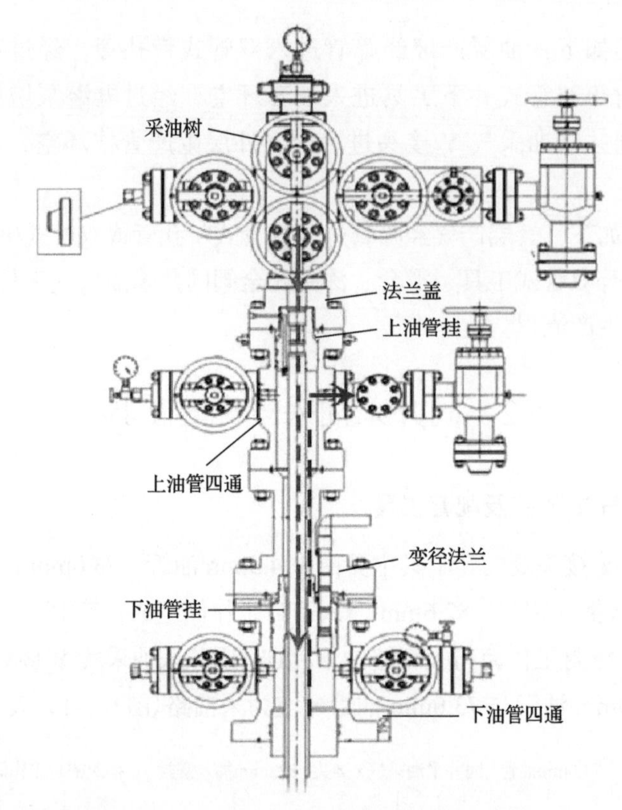

图 6-2-2　井口结构示意图

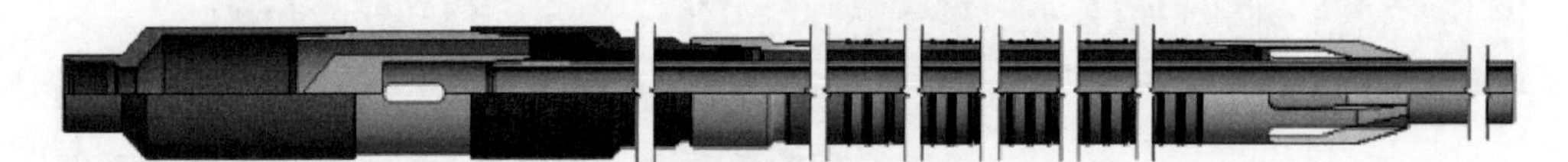

图 6-2-3　定位转向分流总成结构示意图

表 6-2-2　定位转向分流总成技术参数表

技术参数	6in 定位转向分流总成	4in 定位转向分流总成
最大外径/mm	194.5	132.1
长度/m	5.3	2.9
气路当量过流直径/mm	82.7	46.3
油路当量过流直径/mm	76	50.6
耐温等级/℃	150	150
耐压等级/MPa	60	60

6.2.4　双管式油管、双管式插入密封等双管式配套工具

双管式配套工具主要针对油层、气层交叉开采需求，双管式工具环空开采油路，内层油管开采气路。

双管式配套工具结构相似，均为在常规油管、定位密封、插入密封等工具内部内置油管，以双管式油管为例，内层油管采用 O 形圈直插式密封，外层油管采用常规油管扣密封。双管式配套工具尺寸相对较多，具体可依据产量需求选择不同尺寸外层油管内置不同尺寸内层油管(图 6-2-4)。

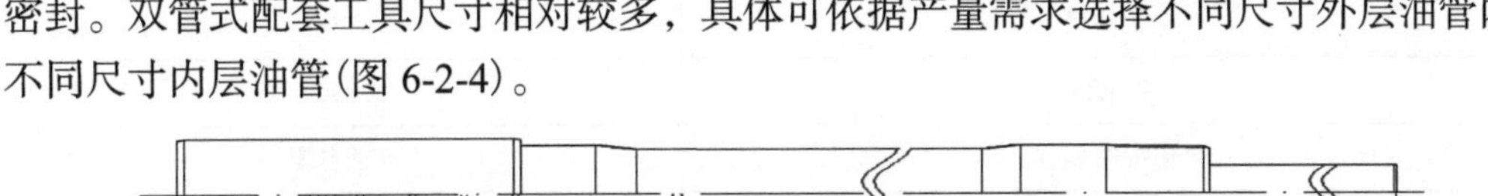
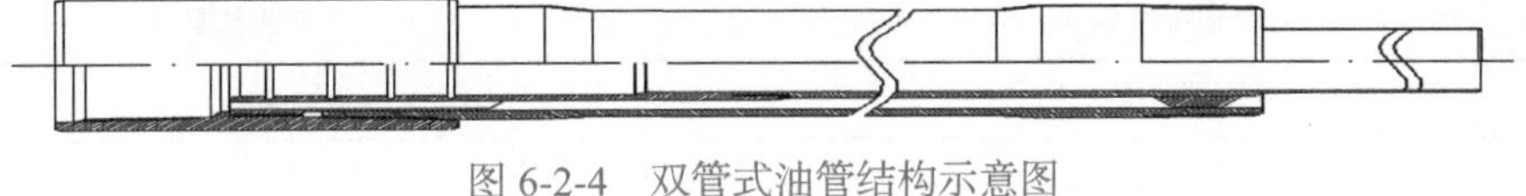

图 6-2-4　双管式油管结构示意图

6.3　同井采油采气矿场实践与效果分析

6.3.1　生产现状及存在问题

S3 井于 2005 年 1 月投产，下入 244.5mmY 型分采生产管柱。投产初期下入额定排量 200m^3、额定扬程 1000m 的电泵机组，日产液量 143m^3，含水率 0.9%，油压 3.5MPa。2006 年 10 月主动加深泵挂作业，泵挂斜深增加 320m，作业前后日产液量 120m^3，日产油量 117m^3，含水率 2.5%，但随着地层压力逐渐下降，产液量也下降。2016 年 10 月电泵机组故障，下入额定排量 100m^3、额定扬程 1700m 的电泵机组检泵，检泵作业后生产平稳，日产液量 65m^3，日产油量 43m^3，含水率 33.8%。

该井钻遇明化镇组Ⅱ、Ⅲ油组(Nm_{II}、Nm_{III})油组潜力油组，其中 Nm_{II}油组钻遇 13.8m 厚气层，同层位临井 S05 钻遇 Nm_{II}油组，生产层位厚度仅 1.6m，日产气量高达 5.0 万 m^3，分析认为 S3 井具有较大的产气潜力。Nm_{III}油组钻遇 4.7m 厚油层，砂体物性好，井控储量高，若补射可进一步动用该砂体。建议补孔后采用同井采油采气工艺，实现气层和油层独立开采，预计日产液量 90m^3，日产油量 63m^3，含水率 30%，日产气量 7.0 万 m^3。该工艺的实施可保障油井产油量，还可缓解现场用气紧张的难题。

6.3.2　工艺方案及参数设计

依据油藏同井采油采气需求，生产管柱采用下油上气同井采油采气管柱，设计电泵额定排量 120m^3/d，额定扬程 2000m，电机功率 75kW，泵挂斜深 1890m，外层采用 114.3mm 油管生产，内层采用 73.0mm 油管生产，油气转换通道采用 4in 定位转向分流总成(表 6-3-1)。

表 6-3-1　S3 井同井采油采气工艺参数设计表

工艺参数	措施后井下/地面运行参数
管柱类型	同井采油采气管柱
额定排量/(m^3/d)	120
额定扬程/m	2000

续表

工艺参数	措施后井下/地面运行参数
电机功率	75
泵挂斜深/m	1890
电缆类型	4#圆电缆
变压器范围/kVA	160
变压器电压挡位/V	700～1890
外层生产油管内径(采液通道)/mm	114.3
内层生产管柱内径(采气通道)/mm	73.0
定位转向分流总成通径/mm	101.6

6.3.3 实施效果分析

2020 年 1 月实施同井采油采气工艺，作业后采液通道电泵采用 35Hz 软启动启井，随后逐步调至工频生产，含水率恢复期 3d 左右，作业后日产液量 80～100m^3，日产油量 50～80m^3，含水率在 57%～80%波动，液路运行平稳。作业后气路获得较高产能，现场采气控制生产，气路井口油压 12.5MPa，日产气量 4.7 万 m^3，油田外输需要气源时调大气嘴提高产气量，最大日产气量 9.5 万 m^3，外输结束后控制日产气量在 5.0 万 m^3 左右生产，该工艺实施后截至 2020 年 7 月已平稳运行 6 月，累计日增气量 1020 万 m^3，日增油量 2930m^3，取得了较好的经济效益(图 6-3-1)。该工艺的成功应用不仅解决了油田现场用气紧张的难题，而且为油层、气层同存的储层条件提供了新的开发思路。

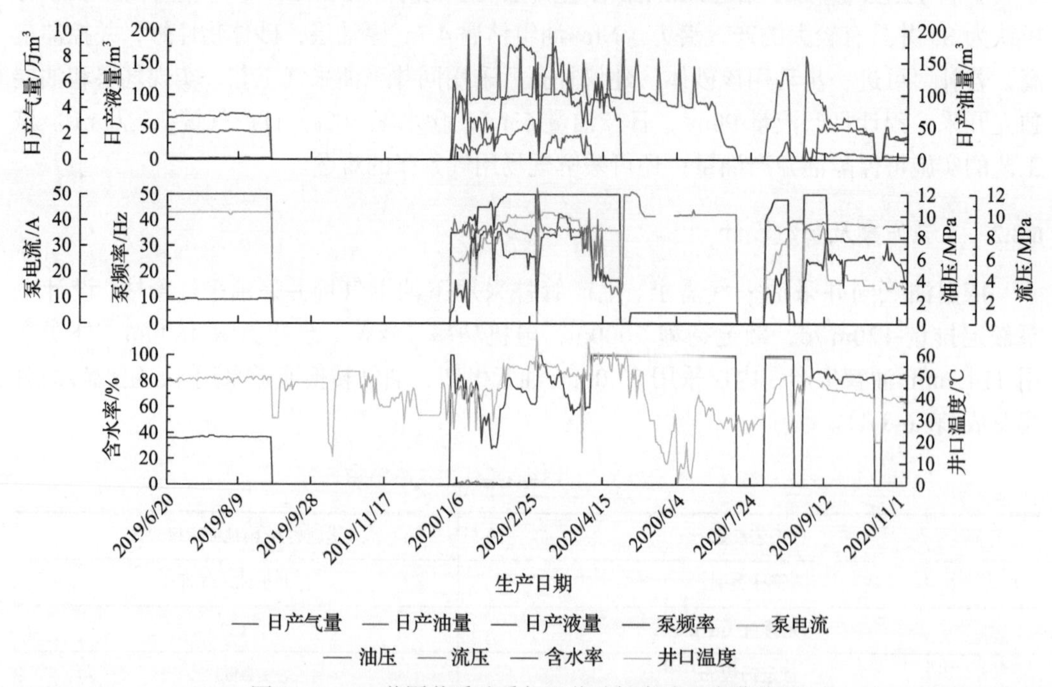

图 6-3-1 S3 井同井采油采气工艺矿场实践生产曲线图

参 考 文 献

李丹. 2014. 高含水油井同井注采技术研究及应用. 大庆: 东北石油大学: 8-21
李倩茹. 2017. S-1 区同井注采试验与效果评价. 大庆: 东北石油大学: 45-71
张继成, 匡力, 郑灵芸, 等. 2017. 一种计算同井注采泵合理排量的方法. 西安石油大学学报(自然科学版), 32(5): 49-54